DEIN COACH ZUM ERFOLG!

Dein ActiveBook auf MySTARK:

Du kannst auf alle digitalen Inhalte (Prüfung 2022, interaktive Aufgaben, Videos) online zugreifen. Registriere dich dazu unter **www.stark-verlag.de/mystark** mit deinem **persönlichen Zugangscode:**

C06571-002472

Die Inhalte dieser Auflage stehen bis Schuljahresende zur Verfügung.

MySTARK

Das Active**Book** *bietet dir:*

- Viele interaktive Übungsaufgaben zu prüfungsrelevanten Themenbereichen
- Sofortige Ergebnisauswertung
- Detailliertes Feedback
- Lernvideos zu zentralen Themen

DEIN COACH ZUM ERFOLG!

So kannst du interaktiv lernen:

Interaktive Aufgaben

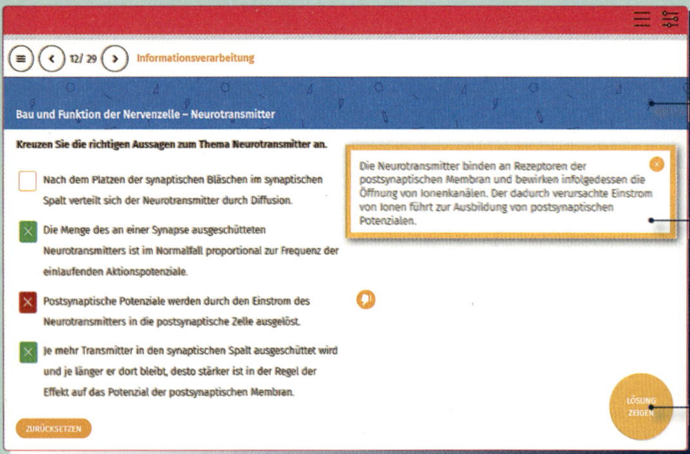

Prüfungsrelevante Themenbereiche

Hilfreiches Feedback bei falschen Antworten

Sofortige Ergebnisauswertung

Lernvideos

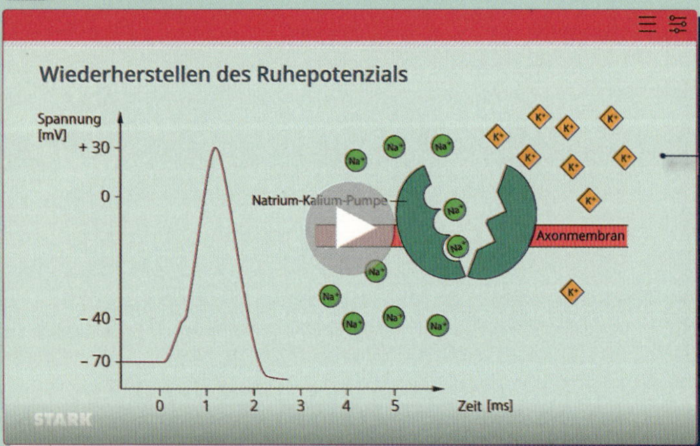

Lernvideos zu wichtigen Themen

Systemvoraussetzungen:
- Mindestens 1024×768 Pixel Bildschirmauflösung
- Chrome, Firefox oder ähnlicher Webbrowser
- Adobe Reader oder kompatibler anderer PDF-Reader
- Internetzugang

2023

Abitur

Original-Prüfungsaufgaben
mit Lösungen

Hessen

Biologie LK

STARK

© 2022 Stark Verlag GmbH
17. ergänzte Auflage
www.stark-verlag.de

Inhalt

Sobald die Original-Prüfungsaufgaben 2022 freigegeben sind, können Sie sie als PDF auf der Plattform MyStark herunterladen (Zugangscode vgl. Farbseiten vorne im Buch).

Lösungen der Aufgaben:

Silke Franz (2021, 2022), Jürgen Apel (2017–2021), Egbert Weisheit (2017–2020)

Die Original-Prüfungsaufgaben wurden vom hessischen Kultusministerium erstellt.

Vorwort

Liebe Schülerinnen und Schüler,

Sie haben in Hessen Biologie als Leistungskurs gewählt und bereiten sich auf das **Landesabitur 2023** vor.

- Mit diesem Band helfen wir Ihnen, sich erfolgreich auf diese Prüfung vorzubereiten. In den **Hinweisen und Tipps** zum Landesabitur stellen wir Ihnen die allgemeinen Rahmenbedingungen der Abiturprüfung im Leistungskurs und Informationen zu Inhalten und Struktur der Aufgaben sowie zur Bewertung vor.
- Im Weiteren geben wir Ihnen Hilfen zur Auswahl und Bearbeitung der Prüfungsaufgaben. Dabei spielen die Arbeit mit Materialien und der Umgang mit den **Operatoren** eine besondere Rolle.
- Weiterhin enthält dieses Buch die offiziellen, vom hessischen Kultusministerium gestellten **Abitur-Prüfungsaufgaben des Landesabiturs 2017 bis 2022** für den **Leistungskurs**. Sobald die **Prüfung 2022** freigegeben ist, kann sie als PDF auf der Plattform MyStark heruntergeladen werden.
- Zu jeder Aufgabe sind von unseren Autoren vorgeschlagene und vollständig ausformulierte **Lösungen** hinzugefügt.
- Die mit grauen Rauten gekennzeichneten Bearbeitungshinweise geben Ihnen **detaillierte Tipps zu den erwarteten Lösungsansätzen**. Versuchen Sie aber zunächst, die einzelnen Aufgaben selbstständig zu lösen.
- Lernen Sie gerne am **PC** oder **Tablet**? Nutzen Sie das **ActiveBook** auf der Plattform **MyStark**, um mithilfe von **interaktiven Aufgaben** Ihr biologisches Fachwissen effektiv zu trainieren. Außerdem stehen Ihnen hier hilfreiche **Lernvideos** zu zentralen Themen zur Verfügung (vgl. Farbseiten vorne im Buch).

Sollten nach Erscheinen dieses Bandes noch wichtige Änderungen in der Abitur-Prüfung 2023 vom Hessischen Kultusministerium bekanntgegeben werden, finden Sie aktuelle Informationen dazu ebenfalls auf der Plattform MyStark.

Die Autorin und die Autoren wünschen Ihnen für die Prüfungsvorbereitung und für das Abitur viel Erfolg!

Stichwortverzeichnis 2017 – 2021

Hinweise und Tipps zum Landesabitur

1 Rahmenbedingungen des Landesabiturs

1.1 Ablauf der schriftlichen Prüfungen

Die Aufgaben für die schriftlichen Abiturprüfungen werden zentral gestellt[1].
Im Normalfall ist seit dem Jahr 2021 die Auswahl durch die Prüfungsteilnehmer*innen aus zwei Aufgabenvorschlägen, A und B, zu treffen. Jeder der Aufgabenvorschläge bezieht sich dabei auf mindestens zwei Halbjahre.
In den Abiturprüfungen 2021 und 2022 wurden den Fachlehrkräften als Reaktion auf die durch die Corona-Pandemie erschwerte Abiturvorbereitung drei Aufgabenvorschläge (A, B und C) zur Auswahl vorgelegt. Von den zwei vorausgewählten Aufgaben mussten sich die Prüfungsteilnehmer*innen dann für eine entscheiden. Für das Jahr 2022 sind in diesem Band zwei Aufgabenvorschläge enthalten, was dem Umfang einer normalen Prüfung entspricht.
Bis zur Prüfung 2020 standen vier Aufgabenvorschläge zur Wahl. Ein Halbjahr wurde dabei verpflichtend festgelegt und zu den Inhalten dieses Halbjahres zwei Vorschläge zur Auswahl angeboten. Für die beiden anderen Kurshalbjahre wurde je ein Vorschlag zur Auswahl vorgelegt.
Ihre unterrichtenden Lehrkräfte beurteilen und bewerten Ihre Lösungen, die Zweitkorrektur wird von Kolleginnen und Kollegen Ihrer Schule oder anderen Lehrkräften des Schulamtsbereichs durchgeführt. Die mündlichen Prüfungsaufgaben werden weiterhin dezentral, d. h. von Ihren Lehrerinnen und Lehrern formuliert und bewertet.
Grundlage für das schriftliche Abitur im Leistungskurs sind Ihre Kurse in den Halbjahren Q1, Q2 und Q3 und grundlegenden Vorkenntnisse aus den Kursen E1 und E2.
Die Gesamtbearbeitungszeit der Leistungskursprüfung beträgt ab 2019 300 Minuten, inklusive Auswahlzeit.

1.2 Struktur und Anforderungen der Prüfungsaufgaben

Die Struktur der Prüfungsaufgaben stützt sich auf die „Vereinbarung über die Abiturprüfung der gymnasialen Oberstufe in der Sekundarstufe II“[2].
Den Aufgaben liegt das Konzept der **Kompetenzorientierung** zugrunde:

Kompetenzbereiche	Teilbereiche	
Erarbeitung und Anwendung fachlicher Kenntnisse	F1	fachliche Kenntnisse konzeptbezogen darstellen, strukturieren und vernetzen
	F2	naturwissenschaftliche Definitionen, Regeln, Gesetzmäßigkeiten und Theorien erarbeiten und anwenden

1 Erlasse, Operatoren etc. unter: www.kultusministerium.hessen.de; Suche → Landesabitur
2 EPA (Einheitliche Prüfungsanforderungen) Biologie unter www.kmk.org; Suche → Abitur

Erkenntnisgewinnung und Fachmethoden	E1	naturwissenschaftliche Untersuchungen planen, durchführen, auswerten und Ergebnisse interpretieren
	E2	naturwissenschaftliche Modelle erarbeiten und in ihren Gültigkeitsbereichen anwenden
	E3	den Prozess naturwissenschaftlicher Erkenntnisgewinnung reflektieren und die Naturwissenschaften als wissenschaftliche Disziplin charakterisieren
Kommunikation in naturwissenschaftlichen Zusammenhängen	K1	Informationen zu naturwissenschaftlichen Zusammenhängen erschließen
	K2	naturwissenschaftsbezogene Sachverhalte dokumentieren und präsentieren
	K3	fachlich kommunizieren und argumentieren
Bewertung und Reflexion	B1	fachbezogene Sachverhalte in naturwissenschaftlichen Zusammenhängen sachgerecht beurteilen und bewerten
	B2	naturwissenschaftsbezogene Sachverhalte unter Berücksichtigung persönlicher, gesellschaftlicher und ethischer Aspekte reflektieren

Alle Prüfungsaufgaben enthalten die drei **Anforderungsbereiche** Reproduktion (AFB I), Reorganisation/Transfer (AFB II) und problemlösendes Denken (AFB III). Im AFB I müssen Sie gelerntes Wissen wiedergeben (30 % der Bewertungseinheiten). Im AFB II sollen Sie Ihr Wissen neu geordnet anwenden. Dafür gibt es 50 % der Bewertungseinheiten. Im AFB III schließlich müssen Sie in größeren Zusammenhängen argumentieren (20 % der Bewertungseinheiten).
Damit sichergestellt ist, dass alle Schülerinnen und Schüler unter vergleichbaren Voraussetzungen lernen und geprüft werden, wurden sogenannte **Operatoren** für die Aufgaben ausgewählt. Es sind Arbeitsanweisungen, die eine definierte Bedeutung haben, sie führen zur konsequenten Nutzung von Denkmustern, wie sie in der Biologie grundlegend sind. Auf der Grundlage einer bundesweit anerkannten Liste der Kultusministerkonferenz gilt für das Landesabitur in Hessen eine eigene Auswahl[3].
Die Operatoren müssen Sie auf das in der Aufgabe angebotene **fachspezifische Material** (Texte, Abbildungen, Schemata, grafische Darstellungen, Tabellen etc.) anwenden. In der folgenden Tabelle finden Sie die alphabetische Liste der Operatoren mit Erklärungen, der Zuordnung zu den Anforderungsbereichen und Aufgabenbeispielen.

Operator	**Bedeutung**	**Bereich**	**Aufgabe**
abschätzen	Durch begründete Überlegungen Größenordnungen physikalischer Größen angeben	II–III	–
analysieren	Eine konkrete Materialgrundlage untersuchen, einzelne Elemente identifizieren, Beziehungen zwischen Elementen erfassen und zusammenhängend darstellen	II–III	2017, A1, B2 2019, B2 2020, A2, B2 2021, A, B, C

3 www.kultusministerium.hessen.de; Suche → Landesabitur Operatoren

angeben, nennen	Sachverhalte, Begriffe oder Daten ohne Erläuterungen, Begründungen und Lösungswege aufzählen	I	2018, A1, B1 2019, A2
anwenden	Einen bekannten Sachverhalt/eine bekannte Methode auf eine neue Problemstellung beziehen	II	–
auswerten	Daten, Einzelergebnisse oder sonstige Sachverhalte zu einer abschließenden Gesamtaussage zusammenführen	II	–
begründen	Einen Sachverhalt oder eine Aussage argumentativ auf Gesetzmäßigkeiten oder kausale Zusammenhänge zurückführen	II–III	2017, A1, B2 2018, B1
berechnen	Durch Rechenoperationen zu einem Ergebnis gelangen und die Rechenschritte dokumentieren	I–II	–
beschreiben	Aussagen, Sachverhalte, Strukturen o. Ä. in eigenen Worten strukturiert und fachsprachlich wiedergeben	I–II	2017, A1, B1 2021, A, B, C
beschriften, einzeichnen, benennen	Elemente, Sachverhalte, Begriffe oder Daten mit einer kennzeichnenden Aufschrift, Nummer oder Namensangabe versehen	I–II	2017, A1
bestimmen, ermitteln	Einen Zusammenhang oder einen möglichen Lösungsweg aufzeigen und das Ergebnis formulieren	II	2017, B1 2018, A2
beurteilen	Zu einem Sachverhalt/einer Aussage unter Verwendung von Fachwissen und Fachmethoden eine begründete Einschätzung geben	III	2018, A2 2019, B1
beweisen	Im mathematischen Sinn zeigen, dass eine Behauptung/Aussage richtig ist, z.B. unter Verwendung bekannter mathematischer Sätze, logischer Schlüsse und Äquivalenzumformungen	III	–
darstellen	Sachverhalte o. Ä. strukturiert fachsprachlich oder grafisch wiedergeben und Bezüge sowie Zusammenhänge aufzeigen	II	2017, A2, B1 2021, A
deuten	Phänomene, Strukturen, Sachverhalte oder Ergebnisse auf Erklärungsmöglichkeiten untersuchen und diese gegeneinander abwägen und auf das ursprüngliche Problem beziehen	II–III	2018, B1, B2 2019, A1, A2 2020, A1, B1 2021, B
diskutieren, erörtern	Zu einer Aussage, Problemstellung oder These eine Argumentation entwickeln, die zu einer begründeten Bewertung führt	III	2018, A1, B1
entscheiden	Bei Alternativen sich begründet und eindeutig auf eine Möglichkeit festlegen	II	–

entwerfen	Herstellen und Gestalten eines Systems von Elementen unter vorgegebener Zielsetzung	II	–
entwickeln	Sachverhalte und Methoden zielgerichtet in einen Zusammenhang bringen; eine Hypothese, eine Skizze oder ein Modell weiterführen und ausbauen	II–III	2017, A2 2019, A2, B2 2020, A2, B2
erklären	Sachverhalte o. Ä. unter Verwendung der Fachsprache auf fachliche Grundprinzipien oder kausale Zusammenhänge zurückführen	II–III	2017, A2, B2 2018, A1, B1
erläutern	Sachverhalte o. Ä. so darlegen und veranschaulichen, dass sie verständlich werden	II	2017, A1, A2
formulieren	Eine Fragestellung, eine Strukturformel, eine Reaktionsgleichung oder einen Reaktionsmechanismus notieren	II	–
herleiten	Einen Sachverhalt/Ergebnis aus gegebenen Daten oder Gesetzmäßigkeiten entwickeln	II–III	2021, B
implementieren	Algorithmen und Datenstrukturen in einer Programmiersprache aufschreiben	II–III	–
modellieren	Zu einem Ausschnitt der Realität ein fachliches Modell anfertigen	II–III	–
ordnen, einordnen, zuordnen	Sachverhalte begründet in einen genannten Zusammenhang stellen	II	2017, B2 2018, A1 2020, A2
prüfen	Sachverhalte, Aussagen oder Ergebnisse an Gesetzmäßigkeiten messen, verifizieren oder Widersprüche aufdecken	II–III	2021, A
skizzieren	Eine grafische Darstellung so anfertigen, dass die wesentlichen Eigenschaften deutlich werden	I–II	2019, B2
Stellung nehmen	Wie Operator „beurteilen", aber zusätzl. die eigenen Maßstäbe darlegen und begründen	III	–
überführen	Eine Darstellung in eine andere Darstellungsform bringen	I–II	–
untersuchen	Sachverhalte unter bestimmten Aspekten betrachten	II–III	–
vergleichen, gegenüberstellen	Nach vorgegebenen oder selbst gewählten Gesichtspunkten Gemeinsamkeiten, Ähnlichkeiten und Unterschiede ermitteln und darstellen	II–III	2017, B1 2018, A1 2019, A1
zeichnen	Eine hinreichend exakte grafische Darstellung anfertigen	I–II	–

zeigen, bestätigen	Einen Sachverhalt oder eine Behauptung unter Verwendung gültiger Schlussregeln oder Berechnungen auf bekannte, gültige Aussagen zurückführen	II–III	2019, B2 2021, A
zusammenfassen	Das Wesentliche in strukturierter und komprimierter Form unter Verwendung der Fachsprache herausstellen	I–II	2017, A1, B2 2019, A1, A2

Tipps:

- Die Formulierung der Aufgaben verknüpft häufig zwei (oder drei) Operatoren und gibt gelegentlich zusätzliche Informationen. Es wird aber immer nur die Leistung im Zusammenhang mit den Operatoren erwartet.
- Überprüfen Sie, inwieweit Ihnen diese Operatoren aus dem Fach Biologie und den Fächern in den Aufgabenfeldern 1 und 2 geläufig sind; durchsuchen sie z. B. die Leistungsnachweise Q1 bis Q3 auf die verwendeten Operatoren.
- Im Kapitel 2 der „Hinweise und Tipps" geben wir Ihnen Hinweise zur Beachtung der Operatoren und zu Lösungsstrategien.

1.3 Hinweise zum Prüfungsinhalt

Für das Fach Biologie werden in den aktuellen Abiturerlassen die nachfolgenden verbindlichen Themenfelder benannt[4]. Sie beziehen sich auf das Kerncurriculum gymnasiale Oberstufe Biologie[5] (KCGO, Stand 2016).
Darüber hinaus werden in den Erlassen Konkretisierungen oder Schwerpunktsetzungen vorgenommen. Abweichungen gegenüber dem Originaltext des KCGO werden wie folgt gekennzeichnet:

- alle Streichungen sind durch ein Auslassungszeichen – […] – markiert.
- eventuelle Ergänzungen wären durch *kursiven* Druck hervorgehoben.
- eventuelle Konkretisierungen in Form von Stichworten wären durch ein *kursiv* gedrucktes *„insbesondere"* hervorgehoben.

Auf die nachfolgend aufgeführten Themenfelder und Konkretisierungen des KCGO werden sich die Prüfungsaufgaben 2023 schwerpunktmäßig beziehen:

Q1.1 Von der DNA zum Protein

grundlegendes Niveau (Grundkurs und Leistungskurs)

- Aufbau und Replikation der DNA: Watson-Crick-Modell (Schema), Nukleotide, semikonservative Replikation, kontinuierliche und diskontinuierliche Replikation (Schema)
- Ablauf und Ort der Proteinbiosynthese: Transkription, Struktur und Funktion von mRNA, Translation bei Prokaryoten, Ribosom, tRNA, genetischer Code einschließlich des Umgangs mit der Code-Sonne
- vier Strukturebenen der Proteine (Schema)

4 Die Abiturerlasse finden Sie unter www.kultusministerium.hessen.de (Suche → Abiturerlass 2023) oder über Internet-Suchmaschinen mit den Begriffen Abiturerlass + Hessen + 2023.

5 Das Kerncurriculum finden Sie unter www.kultusministerium.hessen.de (Suche → KCGO Biologie) oder über Internet-Suchmaschinen mit den Begriffen KCGO + Biologie + Hessen.

erhöhtes Niveau (Leistungskurs)
- Proteinbiosynthese bei Eukaryoten: Processing
- Bau und Vermehrung von DNA- und RNA-Viren (Prinzip)

Q1.2 Gene und Gentechnik

grundlegendes Niveau (Grundkurs und Leistungskurs)
- Bau und Vermehrung von Bakterien (Schema)
- Regulation der Genaktivität: Operonmodell/Jacob-Monod-Modell (Schema) am Beispiel des Lac-Operons
- Genmutationen (Substitution, Deletion, Insertion, Duplikation)
- Evolutionsaspekt: Auswirkungen von Genmutationen mit Folgen auf den Ebenen Phänotyp, Organismus […]
- genetischer Fingerabdruck (Übersicht): Funktion von Restriktionsenzymen, PCR und Gelelektrophorese

erhöhtes Niveau (Leistungskurs)
- Neukombination von Genen mit molekulargenetischen Techniken: Einbringen von Fremd-DNA in Wirtszellen (Plasmide als Vektoren), Klonierung […]
- Regulation der Genaktivität bei Eukaryoten: Transkriptionsfaktoren (Prinzip), epigenetische Modifikation durch DNA-Methylierung (Prinzip)

Q1.3 Humangenetik

grundlegendes Niveau (Grundkurs und Leistungskurs)
- Erbgänge: monohybrid, autosomal, gonosomal, dominant-rezessiv einschließlich Analyse von Stammbäumen
- […]

erhöhtes Niveau (Leistungskurs)
- Krebs: Mutationen an Proto-Onkogenen und Tumor-Supressorgenen als Ursachen von Krebs
- […]

Q2.1 Strukturierung von Ökosystemen an einem Beispiel: hier Fließgewässer

grundlegendes Niveau (Grundkurs und Leistungskurs)
- abiotische Faktoren und deren Einfluss (Übersicht): Temperatur, Licht, Wasser, RGT-Regel, Toleranzkurven, physiologische und ökologische Potenz
- biotische Faktoren (Übersicht): intra- und interspezifische Konkurrenz, Parasitismus, Symbiose, Räuber-Beute-Beziehung […]
- ökologische Nische
- evolutionsbiologischer Aspekt: Ökofaktoren als Selektionsfaktoren
- Definition: Biotop und Biozönose
- [...]
- Stoffkreislauf und Trophieebenen am Beispiel des Kohlenstoffkreislaufes: Produzenten, Konsumenten, Destruenten
- Energiefluss: Nahrungsbeziehungen (Nahrungskette, Nahrungsnetz)
- Nachhaltigkeit am Beispiel des ausgewählten Ökosystems (Prinzip)

erhöhtes Niveau (Leistungskurs)
- Thermoregulation ausgewählter Organismen: Ektothermie und Endothermie
- […]

Q2.2 Grundlegende Stoffwechselprozesse: Fotosynthese und Grundl. der Zellatmung

grundlegendes Niveau (Grundkurs und Leistungskurs)

- Blattaufbau mesophyter Pflanzen, Chloroplast als Ort der Fotosynthese
- Lichtabsorption: Chlorophyll-Absorptionsspektrum
- Primärreaktion / lichtabhängige Reaktionen (Schema): Fotolyse, energetisches Modell als Z-Schema ohne zyklische Phosphorylierung
- Sekundärreaktion / lichtunabhängige Reaktionen (Schema): Funktion von Rubisco, vollständige Summengleichung
- Zellatmung: Aufbau von Mitochondrien (Schema), Edukte und Produkte (Übersicht) der vier Teilschritte (Glykolyse, oxidative Decarboxylierung, Citratcyclus und Endoxidation), Summengleichung

erhöhtes Niveau (Leistungskurs)

- Primärreaktion / lichtabhängige Reaktionen: Lichtsammelfalle (Prinzip), chemiosmotisches Modell (Schema, Protonengradient)
- Sekundärreaktion / lichtunabhängige Reaktionen: Funktion von NADPH + H^+ und ATP bei der Reduktion von PGS zu PGA

Q3.1 Neurobiologie

grundlegendes Niveau (Grundkurs und Leistungskurs)

- Bau und Funktion der Nervenzelle: Ruhepotenzial, Aktionspotenzial, Erregungsleitung, Transmitterwirkung am Beispiel Acetylcholin-führender Synapsen, ligandenabhängige und spannungsabhängige Kanäle, Stoffeinwirkung an Acetylcholin-führenden Synapsen an einem Beispiel ([...] *insbesondere* Curare)
- Verarbeitung des Informationsflusses an Synapsen (EPSP, IPSP, räuml. u. zeitl. Summ.)
- von der Sinneswahrnehmung über die Erregungsleitung zur Reaktion: Sinnesorgan Auge (Aufbau, Signaltransduktion in der Netzhaut (Schema)), sensorische und motorische Nervenbahnen, Interneurone, neuromuskuläre Synapse

erhöhtes Niveau (Leistungskurs)

- […]
- Second-messenger-Vorgänge (Prinzip)

Q3.2 Verhaltensbiologie

grundlegendes Niveau (Grundkurs und Leistungskurs)

- […]
- […]
- proximate (exogen und endogen) und ultimate (Anpassungswert für die Fitnessmaximierung) Ursachen von Verhalten (Prinzip)
- angeborenes Verhalten: Reflex (Schema), Erbkoordination (Schema)
- […]
- […]
- Lernformen (Übersicht): allgemeine Beschreibung der klassischen Konditionierung, der operanten Konditionierung (einschließlich Lerndisposition) […]
- […]
- […]

erhöhtes Niveau (Leistungskurs)

- Verhaltensökologie (Prinzip): Angepasstheit von Verhalten an ökologische Bedingungen, Kosten-Nutzen-Bilanz
- […]
- […]

Erlaubte Hilfsmittel: Wörterbuch der deutschen Rechtschreibung; eingeführter Taschenrechner; Liste der fachspezifischen Operatoren.

Beachten Sie, dass im Kerncurriculum ausdrücklich auf die „Kompetenzerwartungen am Ende der **Jahrgangsstufe 9/10**" (Übergang zur Sekundarstufe II) verwiesen wird. Damit werden folgende Themen für die Vorbereitung zum Abitur bedeutsam, die nicht ausdrücklich in den Themenfeldern für die Qualifikationsstufe genannt werden: Vererbung beim Menschen, Mitose, Meiose, Mendelsche Regeln, einfache Stammbaumanalysen (monohybrid, autosomal, gonosomal).
Folgende Inhalte der **Einführungsphase** sind ebenfalls nicht ausdrücklich in den Themenfeldern der Qualifikationsphase genannt: Enzyme, Enzymregulation, Katalyse, Membranaufbau, Zellzyklus, Diffusion und Osmose.
Diese Inhalte müssen Sie ebenso wie die in den Abiturerlassen genannten Themen ohne Zuhilfenahme von Materialien wiedergeben können.

In den Abiturerlassen werden also detailliert diejenigen Unterrichtsthemen festgelegt, die Sie in der Prüfung ohne die Zuhilfenahme von Materialien wiedergeben können müssen. Es ist daher sehr wichtig, dass Sie sich mit den Inhalten im Rahmen Ihrer Abiturvorbereitung vertraut machen. Sie sollten den Text der Handreichungen evtl. auch im Unterricht mit Ihren Lehrerinnen und Lehrern besprechen.

Beispiel für die Vorbereitung eines Abiturthemas:

Die Proteinsynthese		
Verbindliche Unterrichtsinhalte laut KCGO	**Verbindliche reproduktive Fachinhalte**	**Zusätzliche verbindliche reproduktive Fachinhalte für Leistungskurse**
Ablauf und Ort der Proteinbiosynthese	Transkription, Struktur und Funktion von mRNA, Translation bei Prokaryoten, Ribosom, tRNA, genetischer Code einschließlich des Umgangs mit der Code-Sonne	Proteinbiosynthese bei Eukaryoten: Processing; Bau und Vermehrung von DNA- und RNA-Viren (Prinzip)

Im Leistungskurs kann also von Ihnen erwartet werden, dass Sie den Ablauf der Transkription und Translation bei Prokaryoten beschreiben und evtl. Skizzen dazu anfertigen können. Auch die Übersetzung einer Triplett-Sequenz des codogenen Strangs der DNA in eine Aminosäuresequenz sollte Ihnen gelingen. Darüber hinaus müssen Sie unter anderem die Prozessierung eines Primärtranskripts (prä-RNA) eines Eukaryoten durch Spleißen bzw. die Synthese einer Cap-Struktur und eines Poly-A-Schwanzes beschreiben und die Bildung einer Raumstruktur (Sekundär-, Tertiär- und Quartärstruktur) bei einer Aminosäurekette darstellen können. Für die Bearbeitung von weiterführenden Aufgaben im Zusammenhang mit der Proteinsynthese muss Ihnen entsprechendes Material angeboten werden.

Tipps:
- Analysieren Sie die vorliegenden Abiturprüfungsaufgaben in gleicher Weise.
- Ordnen Sie Ihre Unterlagen aus dem Unterricht und ergänzen Sie Hinweise auf das verwendete Lehrbuch.
- Überprüfen Sie Ihre Unterlagen darauf, inwieweit sie mit den Handreichungen übereinstimmen.
- Erarbeiten Sie sich evtl. notwendige Ergänzungen (fragen Sie Ihre Lehrerinnen und Lehrer).
- Achten Sie darauf, die Vielzahl der Begriffe in geeigneter Weise zu ordnen, zu hierarchisieren.
- Zusätzlich zu den Inhalten aus Q1 bis Q3 müssen Sie die Voraussetzungen aus der Einführungsphase und aus der Jahrgangsstufe 9 oder 10 für die Prüfung erneut erarbeiten!
- Zur Prüfungsvorbereitung legen Sie sich am besten eine Tabelle wie die folgende im Querformat an:

Kurshalbjahr (9/10, E1, E2, Q1 bis Q3)	**KCGO**	**Themen/Stichworte aus dem eigenen Unterricht**	**In Beispielen verwendete Operatoren**	**In meinem Ordner auf Seite**

Ideal zur Überprüfung des biologischen Fachwissens und zum Aufdecken von Wissenslücken sind die im **ActiveBook** enthaltenen **interaktiven Aufgaben** (vgl. Farbseiten zu Beginn des Buches).
Zur Auffrischung des relevanten Prüfungsstoffs kurz vor der Prüfung empfehlen wir das „AbiturSkript Biologie“ (Best.-Nr. 6570S1).

1.4 Bewertung

Ihre Abiturarbeit wird zunächst von Ihrer Lehrerin/Ihrem Lehrer korrigiert und bewertet. Eine Zweitkorrektur (Korreferat) Ihrer Arbeit wird von Lehrerinnen oder Lehrern Ihrer eigenen Schule oder anderen Lehrkräften des Schulamtsbereichs durchgeführt, die vom Schulamt bestimmt wurden.
Grundlage sind Lösungshinweise und Bewertungsraster, die einen Bezug zum Kerncurriculum und erwartete Leistungen enthalten. Eine Zuordnung der o. g. Anforderungsbereiche (AFB I–III) zu den erwarteten Teilleistungen ist ebenfalls enthalten.

Tipp:
Unsere Lösungsvorschläge für die Original-Aufgaben aus dem Landesabitur in diesem Buch berücksichtigen selbstverständlich die Lösungshinweise und erwarteten Leistungen.

Die Korrektoren müssen die erwarteten Leistungen zugrunde legen, können aber in begründeten Fällen hiervon abweichen. Ihre Lehrerinnen und Lehrer haben damit die

Möglichkeit, den konkreten Unterricht und ihre gleichwertigen Lösungswege bei der Beurteilung Ihrer Lösungen zu berücksichtigen. Auch Lösungen, die im Bewertungsbogen nicht erfasst worden sind, fachlich aber richtig sind und schlüssig dargestellt wurden, werden berücksichtigt. (Das kann z. B. der Fall sein, wenn Sie einen biologischen Sachverhalt durch eine eigene Meinung beurteilen oder begründete Hypothesen aufstellen sollten.)
Bei der Bewertung werden alle von Ihnen in der Reinschrift erarbeiteten Teillösungen berücksichtigt. Neben der detaillierten Korrektur Ihrer Ausführungen in Form von Randbemerkungen werden zu jeder Teilaufgabe auch die Vorzüge und Mängel Ihres jeweiligen Lösungsansatzes zusammengefasst. Dabei werden nicht nur die fachliche Richtigkeit und Vollständigkeit berücksichtigt sondern auch die Schlüssigkeit Ihrer Argumentation, die Qualität Ihrer Darstellung (klarer Aufbau und richtige Verwendung der Fachsprache) sowie gegebenenfalls die Kreativität und Eigenständigkeit bei Ihren Lösungen. Ihre Arbeit kann mit ausreichend bewertet werden (5 Notenpunkte), wenn Sie annähernd die Hälfte der im Bewertungsbogen beschriebenen Bewertungseinheiten erreicht haben (46 %), d. h. hierfür müssen Sie mehr als nur reproduktive Leistungen des AFB I erbringen. Ein mit sehr gut beurteiltes Prüfungsergebnis erreichen Sie nur mit Leistungen auch aus dem AFB III.

2 Herangehen an Abituraufgaben

Im Folgenden können wir Ihnen nur eine kurze Auflistung der wichtigsten Punkte geben, die Sie beim Bearbeiten der Aufgaben beachten sollten. Ebenso kann an dieser Stelle nur exemplarisch auf einige Aspekte der Analyse von Materialien eingegangen werden.

2.1 Auswahl und Bearbeitung der Prüfungsaufgaben

Die Auswahl des Aufgabenvorschlags sollte zügig und trotzdem sorgfältig erfolgen. Wichtig ist hierbei, dass Sie sich zunächst einen Überblick über alle Aufgaben und Materialien verschaffen, auch wenn Sie aufgrund der thematischen Überschrift schon eine Vorentscheidung gefällt haben. Vielleicht verbirgt sich in der Aufgabe ein „Haken“, den Sie bei der schnellen Durchsicht nicht gesehen haben.

Für die weitere Bearbeitung setzen Sie sich einen Zeitplan, damit Ihnen nicht am Ende die Zeit für die letzte Aufgabe oder das Korrekturlesen fehlt.

Tipps:
- Analysieren Sie die fachlichen Anforderungen.
- Nutzen Sie zur Analyse Brainstorming und Mindmapping.
- Achten Sie auf die zur Verfügung stehende Zeit.

Bei der Erstellung Ihrer Lösungen sollten Sie sich, neben der fachlichen Richtigkeit, um **sprachliche Richtigkeit und eine angemessene äußere Form** bemühen. Alle Antworten sollten Sie (sofern es nicht ausdrücklich anders verlangt ist, z. B. die Angabe als Tabelle oder Skizze) durchgehend in vollständigen Sätzen unter Verwendung der passenden **Fachbegriffe** formulieren. Auch wenn zur Beantwortung der

Aufgabe kein Fließtext gefordert wird, sollten die unkommentierte Aufzählung einzelner Schlagworte (Ausnahme: Operator „nennen“) sowie unbeschriftete Skizzen und Tabellen vermieden werden.
Bei allen Lösungen sollten Sie außerdem beachten,
- dass Sie sich bei der Bearbeitung der Aufgabe an den Operator der Aufgabenstellung halten, damit Sie die **Lösung im Sinne der Aufgabenstellung** erstellen. Sie sollten z. B. beim Operator „nennen/angeben“ keine weiteren Erklärungen angeben, dies wäre auch nicht im Sinne einer sinnvollen Zeiteinteilung bei der Prüfung.
- dass die Darstellung **logischen und erkennbaren Ordnungsprinzipien** folgt. Für längere Teilantworten bietet sich die „klassische“, aus dem Deutschunterricht bekannte Einteilung in eine kurze Einleitung (meist reichen hier 1–2 Sätze), einen in sinnvolle Absätze gegliederten Hauptteil und Schlusssatz an.
- dass die Ausführungen **eindeutig formuliert** sind und soweit sinnvoll auch mit anderen Teilen Ihrer Klausur verknüpft werden.

Tipps:
- Beachten Sie die Operatoren (ein bis drei pro Aufgabe!).
- Achten Sie auf die Verwendung der Fachsprache, notfalls können Sie Strukturen und Zusammenhänge auch umschreiben. Markieren Sie solche Textstellen und überprüfen Sie sie später auf jeden Fall!
- Trennen Sie Beschreibung und Analyse.
- Gliedern Sie Ihre Ausführungen entsprechend der Aufgabenstellung.
- Lassen Sie sich durch die Quellenangaben zu einem Schulbuch, das Sie nicht verwendet haben, nicht irritieren.
- Aufgaben im Anforderungsbereich III erfordern oft implizit vorheriges Beschreiben und Vergleichen.
- Lassen Sie sich durch „komplizierte“ wissenschaftliche Namen nicht irritieren, vergeben Sie evtl. eigene Abkürzungen (Legende nicht vergessen)

Zum Schluss sollten Sie – sofern es möglich ist – 10 bis 20 Minuten einplanen, um Ihre Lösungen noch einmal zu lesen und eventuelle Fehler (Grammatik, Zeichensetzung, Rechtschreibung) zu berichtigen. Denken Sie daran, dass Ihnen für eine mangelhafte äußere Form bis zu zwei Notenpunkte abgezogen werden können! Sie müssen auch in Biologie die Anzahl der Wörter in ihrem Text angeben. Es wird ein Fehlerquotient errechnet (> 3 % führen zu 1 Notenpunkt, > 6 % zu 2 Notenpunkten Abzug). Achten Sie auch darauf, dass Verweise auf Abbildungen korrekt sind. Eine lesbare Schrift und eine übersichtliche Gestaltung sind deshalb besonders wichtig. Zuletzt sollten Sie die Seiten vollständig durchnummerieren.

2.2 Arbeiten mit Materialien

Ein wesentlicher Bestandteil biologischer Aufgabenstellungen ist die Analyse von Material in Form von Text, Tabellen sowie Grafiken. Die umfassende Untersuchung der dargestellten Sachverhalte ist oft der Schlüssel zu einer erfolgreichen Lösung der Aufgabe. Die Aufgaben beziehen sich in der Regel konkret auf einzelne Materialien; es kann aber sinnvoll sein die anderen Materialien hinzu zu ziehen.

Daten aus biologischen Experimenten werden häufig in Form von **Tabellen** zusammengefasst. Eine andere Art der Darstellung von Zahlenmaterial sind die zu den Grafiken zählenden **Diagramme**. Zur Auswertung einer Tabelle oder eines Diagramms gibt es einige Grundregeln, die sich auf fast alle Tabellen und Diagramme unterschiedlichen Aufbaus und Inhaltes anwenden lassen.

- Welche Größen sind in der Tabelle / dem Diagramm dargestellt? Achten Sie auf die Überschriften und den Begleittext.
- Was für ein Diagrammtyp liegt vor (z. B. Säulendiagramm, Optimumskurve)?
- Welche Größen sind gegeneinander aufgetragen? Welche ist die variable, welche die abhängige Größe?
- Was sind die Bezugsgrößen: Zahlenarten (absolute Zahlen, Prozentzahlen), Zahlenwerte (gerundet, geschätzt, vorläufig)?
- Welche Auffälligkeiten / Tendenzen sind zu erkennen?
- Was wurde mit welcher Methode untersucht?
- Welche Kategorien werden miteinander in Beziehung gesetzt (z. B. bei Tabellen in Kopfzeile, Spalten und Vorspalten)?
- Welche Besonderheiten weist das Material auf?
- Welche Hauptaussagen lassen sich formulieren (Trends/Tendenzen)?
- Welche Teilaussagen lassen sich machen (Minima, Maxima, Zunahme, Abnahme, Stagnation, Zahlensprünge, Anomalien, Gleichmäßigkeiten und regelhafte Verläufe, unterschiedliche Phasen, Wechselbeziehungen zwischen verschiedenen Variablen/Merkmalen ...)?
- Welcher Arbeitsauftrag ist mit dem Diagramm/der Tabelle verbunden? (Unabhängig davon sollten Sie Ihre Lösung damit beginnen, eine kurze Beschreibung der Darstellung auf der Basis der o. g. Fragestellungen zu geben.)
- Welche Antwort gibt die Tabelle/das Diagramm auf die Fragestellung? Zu welchen Teilbereichen lassen sich keine Aussagen treffen?
- Welche Aussagen werden durch die Daten nahe gelegt?
- Welche neuen Fragen werden durch die Informationen der Tabelle/des Diagramms aufgeworfen?
- Was sind mögliche Ursachen für die der Tabelle/dem Diagramm entnommenen Sachverhalte?
- Die vorliegenden Daten sind z. T. echte experimentelle Ergebnisse. Sie kennen aber nur geglättete Daten oder Kurven. Verwenden Sie einen dickeren Stift und glätten Sie experimentelle Kurven!

Abbildungen in der Biologie zeigen meist entweder Strukturen (z. B. einen Blattquerschnitt) oder Prozesse (z. B. die Transformation einer Zelle). Der erste Schritt Ihrer Lösung sollte auch hier immer darin bestehen, die bildlich dargestellte Information in Worte zu fassen. Die weitere Analyse ist dann sehr stark von der Art der Abbildung und der damit verbundenen Fragestellung abhängig. Aber auch hier gibt es wieder einige Grundregeln, die zu beachten sind:

- Wie ist die Abbildung zustande gekommen? Ist es z. B. die Skizze eines mikroskopischen Bildes oder die schematische Darstellung eines Experimentes? (Beachten Sie dabei auch den vorangestellten Text und die Bildunterschrift.)

- Welchem Themengebiet ist die Abbildung zuzuordnen (z. B. Gentechnik)?
- Was wissen Sie über die dargestellten Strukturen oder Abläufe? Welche Fachbegriffe können Sie zuordnen?
- Was sind die wichtigen Merkmale der dargestellten Objekte oder Sachverhalte? Vergleichen Sie Teilabbildungen miteinander. Formulieren Sie Kern- und Teilaussagen.
- Welche Arbeitsanweisung ist mit der Abbildung verknüpft? Sollen Sie z. B. die Abbildung zur Erläuterung eines Sachverhaltes verwenden oder wird von Ihnen eine Hypothese über den Ablauf eines dargestellten Experimentes erwartet?
- Welche für die Beantwortung der Fragestellung relevanten Informationen lassen sich aus den Darstellungen entnehmen und welche Fragen stellen sich?
- Welche Ursachen und Mechanismen könnten hinter den dargestellten Prozessen stecken? Wie sind auftretende Besonderheiten zu erklären?

Die Analyse der Aufgabenstellung ist in Leistungsnachweisen ein wiederkehrendes Problem. Denken Sie daran, dass es immer um die Erarbeitung im Sinne der „Operatoren" geht und dass neben reproduktivem Wissen aus dem Unterricht der Inhalt der vorliegenden Texte und grafischen Darstellungen im Mittelpunkt ihres Denkens stehen muss.

Tipp:
Hier bieten sich vor allem *Mapping*-Verfahren wie *Mindmapping* und *Clustering* an. Auch das Verfahren des *vee-mapping* das vor allem im anglo-amerikanischen Raum mit großem Erfolg in Schulen angewendet wird (googeln Sie: *vee-mapping*).

3 Hinweise zur Benutzung dieses Buches

Dieses Buch enthält die **Original-Prüfungsaufgaben des Zentralabiturs 2017 bis 2022** für den **Leistungskurs**. Alle Aufgaben sind vollständig mit Arbeitsaufträgen, Materialien und **ausführlichen Lösungen**. Vor jedem Lösungsvorschlag finden Sie die in der gesamten Aufgabe thematisierten **Schwerpunkte** bzw. die für die Lösung geforderten **Vorkenntnisse.** Nach diesen allgemeinen Hinweisen zur Lösung der Aufgabe folgen die **Lösungsvorschläge**. Diese stellen Musterlösungen dar und sind bewusst ausführlicher gestaltet. Jeder Lösungsvorschlag ist zusätzlich mit **methodischen Hinweisen** versehen. Diese Hinweise erläutern – sofern nötig – kurz die Herangehensweise an die Teilaufgabe und geben Ihnen konkrete Tipps, was bei der jeweiligen Aufgabe zu beachten ist. Alle Tipps und Hinweise erkennen Sie an den Rauten am Seitenrand.
Ideal zur Überprüfung des biologischen Fachwissens und zum Aufdecken von Wissenslücken sind die im **ActiveBook** enthaltenen **interaktiven Aufgaben**. Daneben finden Sie dort hilfreiche **Lernvideos**, die komplizierte Zusammenhänge einfach erklären (vgl. Farbseiten zu Beginn des Buches).

Abiturprüfung 2017 Leistungskurs Biologie (Hessen)
A1: Ökologie und Stoffwechselphysiologie

Ameisenpflanzen

BE

1 Geben Sie je eine Definition sowie jeweils ein Beispiel für die interspezifischen Beziehungen „Parasitismus" und „Konkurrenz" an. 6

2 Fassen Sie die Ergebnisse der Untersuchungen in den Abbildungen 2.1 und 2.2 zusammen. Benennen und begründen Sie die Form der Vergesellschaftung von Ameisen mit Ameisenpflanzen der Gattung *Macaranga*. (Material 1 und 2) 8

3 Beschreiben Sie die Synthese von Jasmonsäure und erläutern Sie das Modell zur Regulation der Sekretion extrafloralen Nektars. (Material 3 und 4) 15

4 Analysieren Sie die Ergebnisse der Freilandexperimente im Hinblick auf die Bildung und Wirkung von Jasmonsäure. (Material 3, 4 und 5) 13

5 Erklären Sie die biologische Funktion der Veränderbarkeit der Produktion extrafloralen Nektars und der von Futterkörperchen. (Material 1, 3, 4, 5 und 6) 8

50

Material 1

Ameisenpflanzen

In den Tropen haben zahlreiche Pflanzen Allianzen mit unterschiedlichsten Insekten entwickelt, die sie vor Fressfeinden schützen. In Südostasien ist die Baumgattung *Macaranga* beheimatet. Bei diesen Bäumen handelt es sich um sogenannte Ameisenpflanzen.

An Pflanzen der Gattung *Macaranga* leben Ameisen der Gattung *Crematogaster*. Diese entfernen Pilzsporen und Eier anderer Insekten, greifen Raupen an und verdrängen Käfer von den Pflanzen. Außerdem kappen sie die Ranken von Schlingpflanzen, sobald diese den Wirtsbaum berühren. Die Ameisen werden mit extrafloralem Nektar aus extrafloralen Nektarien belohnt. Dies sind Nektardrüsen, die sich im Gegensatz zu floralen Nektarien außerhalb der Blüte meist an den Laubblättern befinden und durch die die Pflanzen Nektar (= wässerige Zuckerlösung) ausscheiden. Viele *Macaranga*-Arten produzieren zusätzlich noch sogenannte Futterkörperchen, von denen sich hauptsächlich die den Baum besiedelnden Ameisen ernähren. Aber auch andere räuberische Insekten und Nektarkonsumenten werden aus der Umgebung angelockt. Extraflorale Nektarien und Futterkörperchen werden nicht zur Anlockung von bestäubenden Insekten genutzt.

Futterkörperchen weisen einen relativ hohen Gehalt an Lipiden und Proteinen auf. Für deren Produktion werden bis zu 7 % des im Boden verfügbaren Stickstoffs und mehr als 5 % der aus der Fotosynthese gewonnenen Energie aufgewendet.

Man unterscheidet zwei Typen von Ameisenpflanzen: Fakultative Ameisenpflanzen sind solche, die nur zum Nahrungserwerb besucht werden; als obligate Ameisenpflanzen bezeichnet man Arten, die dauerhaft von Ameisen bewohnt werden.

Material 1 basiert auf:
http://www.ice.mpg.de/ext/fileadmin/extranet/common/documents/press_releases/Pressem_Boland2001.pdf (abgerufen am 22. 01. 2015)./ http://www.innovations-report.de/html/berichte/umwelt-naturschutz/bericht-6286.html (abgerufen am 22. 01. 2015).
Frauke Skiba, Marko Spieler, Unterricht Biologie Heft 306: Ameisenpflanzen: Vor- und Nachteile des Zusammenlebens, Friedrich Verlag, Juli 2005, S. 51–55.

Material 2

Untersuchungen an Ameisenpflanzen und deren Besiedlern

In einem Fütterungsexperiment untersuchte man das Verhalten von Ameisen, die eine obligate Ameisenpflanze besiedelten. In einem Wahlversuch bot man den Besiedlern Insekteneier, Insekten und Futterkörperchen an. Dabei konnte man beobachten, dass die Besiedler (Ameisen) nahezu alle Insekteneier von der Pflanze entfernten und Insekten durch Bisse vertrieben. Futterkörperchen dienten zu 100 % als Nahrungsquelle.

In einem zweiten Versuch wurde bei 30 Ameisenpflanzen die Ausbildung zusätzlicher Futterkörperchen stimuliert, bei weiteren 30 Ameisenpflanzen wurden dagegen die Futterkörperchen entfernt. Im Kontrollversuch wurden die Pflanzen nicht manipuliert. Nach 30 Tagen wurde die Anzahl der Ameisen und die Altersstruktur der Ameisenpopulation bestimmt. Das Ergebnis ist in Abbildung 2.1 dargestellt.

Abbildung 2.1
Individuenanzahl verschiedener Entwicklungsstadien einer Ameisenkolonie in Abhängigkeit vom Futterkörperchen-Angebot an einer obligaten Ameisenpflanze *(Macaranga bancana)*

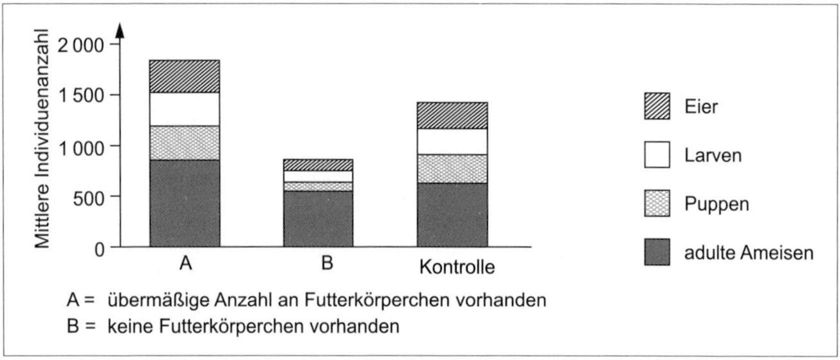

Bei einer weiteren Untersuchung wurde die Blattmasse vor und 40 Tage nach dem Ausschluss von Ameisen bei drei verschiedenen *Macaranga*-Arten ermittelt. Das Ergebnis dieser Untersuchung wurde mit Pflanzen in Anwesenheit von Ameisen (Kontrolle) verglichen. Das Ergebnis dieser Untersuchung zeigt Abbildung 2.2.

Abbildung 2.2
Blattmasseverlust bei obligaten und fakultativen *Macaranga*-Pflanzen ohne und mit Ameisenbesiedlung

	Macaranga bancana	*Macaranga hosei*	*Macaranga tanarius*
Art der Vergesellschaftung	obligate Ameisenpflanze	obligate Ameisenpflanze	fakultative Ameisenpflanze
Blattmasseverlust in %	ohne Ameisen: 2,6 Kontrolle: 1,2	ohne Ameisen: 1,7 Kontrolle: 0,2	ohne Ameisen: 4,2 Kontrolle: 3,2

Material 2 basiert auf:
Frauke Skiba, Marko Spieler, Unterricht Biologie Heft 306: Ameisenpflanzen: Vor- und Nachteile des Zusammenlebens, Friedrich Verlag, Juli 2005, S. 51–55.
Brigitte Fiala, Biologie in unserer Zeit, 21. Jg. Nr. 5: Partnerschaften von Pflanzen und Ameisen, VCH 1991, S. 241–247. http://jxb.oxfordjournals.org/content/52/363/2057.full.pdf+html (abgerufen am 22. 01. 2015)

Material 3

Biosynthese von Jasmonsäure

Jasmonsäure ist ein süßlich duftendes Pflanzenhormon, das verschiedene Reaktionen bewirkt.

Die Synthese von Jasmonsäure erfolgt in mehreren Schritten (siehe Abbildung). Stress (z. B. Angriff von Herbivoren auf eine Pflanze) führt zum Anstieg der Konzentration an freier α-Linolensäure.

α-Linolensäure liegt im Chloroplasten normalerweise nicht als freie Fettsäure vor, sondern ist Bestandteil von Membranlipiden.

Abbildung 3.1
Biosynthese von Jasmonsäure (Schema)

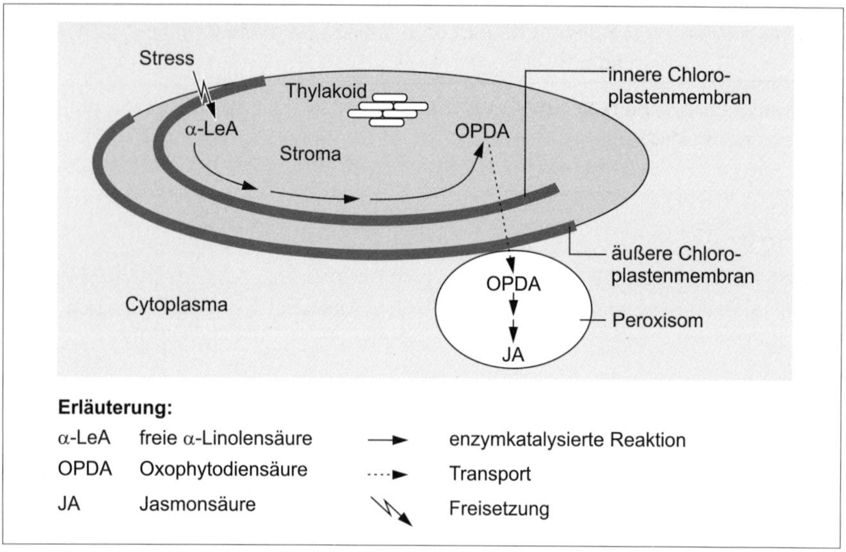

Material 3 basiert auf:
Bettina Hause http://sundoc.bibliothek.uni-halle.de/habil-online/05/05H016/habil.pdf
(abgerufen am 10. 02. 2015)

Material 4

Regulation des Nektarflusses

Bei fotosynthetisch aktiven Organismen gibt es zwei Gruppen von Pigmentsystemen: zum einen die Gruppe der Fotosynthesepigmente und zum anderen die Gruppe der Fotorezeptoren.

Phytochrome sind Fotorezeptoren, die in der Lage sind, kleinste Lichtmengen zu absorbieren. In einer aktuellen Studie fanden Wissenschaftler heraus, dass die Lichtsteuerung, die mithilfe von Phytochrom abläuft, entscheidend in die Funktionsweise der Nektarproduktion bei der Ameisenpflanze *(Macaranga tanarius)* eingreift.

Es zeigte sich auch, dass nicht die Lichtmenge, sondern die Lichtqualität eine entscheidende Rolle spielt. Während der Dämmerungszeiten überwiegt der Rotanteil des Lichts. Das Phytochrom absorbiert diese langwelligen roten Lichtanteile und wird dadurch aktiviert. Bei Dunkelheit geht es allmählich wieder in die inaktive Form über.

Die folgende Abbildung zeigt ein Modell zur Regulation der Sekretion extrafloralen Nektars (EFN).

Jasmonsäure verbindet sich u. a. im Zellplasma enzymkatalysiert mit der Aminosäure Isoleucin (Ile). Im Zellkern induzieren Jasmonsäure und der Jasmonsäure-Isoleucin-Molekülkomplex vielfältige Genexpressionsänderungen. Sie sind Grundlage für die Reaktion der Pflanze auf Stress, z. B. nach Fraßschäden durch Herbivoren. Herbivoren sind insbesondere während der Dämmerung aktiv.

Modell zur lichtgesteuerten Regulation der Sekretion extrafloralen Nektars

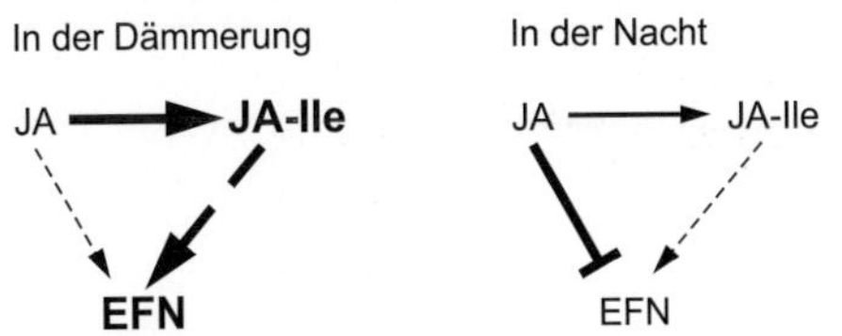

Erläuterung:

JA	Jasmonsäure
JA-Ile	Jasmonsäure-Isoleucin-Molekülkomplex
EFN	extrafloraler Nektar
——►	enzymkatalysierte Reaktion
- - -►	Genexpression
Stärke des Pfeils	Intensität der Reaktion
⊢——	Hemmung

Hinweis: Die Ursache für die unterschiedliche Wirkung der Jasmonsäure in der Dämmerung und bei Nacht ist nicht Gegenstand der Aufgabenstellung.

Material 4 basiert auf:
http://internetchemie.info/news/2010/sep10/nektarproduktion.html (abgerufen am 12. 02. 2015).
http://www.pflanzenforschung.de/indexphp?cID=5826 (abgerufen am 10. 02. 2015).
http://www.clib-jena.mpg.de/theses/ice/ICE01001.pdf.
http://www.pnas.org/content/107/40/17228.full.pdf+html (abgerufen am 10. 02. 2015).
http://sundoc.bibliothek.uni-halle.de/habil-online/05/05H016/habil.pdf (abgerufen am 11. 02. 2015).
http://aob.oxfordjournals.org/content/111/6/1021.full.pdf+html (abgerufen am 12. 02. 2015).

Material 5

„Bodyguards" der *Macarangas* – „Hilfe auf Zuruf"

Pflanzen haben eine Vielzahl von Abwehrmechanismen gegen Fressfeinde entwickelt. In einer Versuchsreihe wurde untersucht, wie Ameisenpflanzen der Art *Macaranga tanarius* auf Beschädigungen reagieren.

Die Versuchsreihe wurde unter natürlichen Freilandbedingungen in der Nähe von Tampin (Halbinsel Malaysia) im August und September 1999 und August 2000 durchgeführt.

In einer Untersuchung mit Ameisenpflanzen der Art *Macaranga tanarius* wurde die Nektarproduktion aus extrafloralen Nektarien vor und 24 Stunden nach verschiedenen Behandlungen gemessen. Die Veränderung der Nektarproduktion ist als relative Änderung angegeben (siehe Abbildung 5.1).

Abbildung 5.1
Nektarproduktion von *Macaranga tanarius* unter verschiedenen Bedingungen

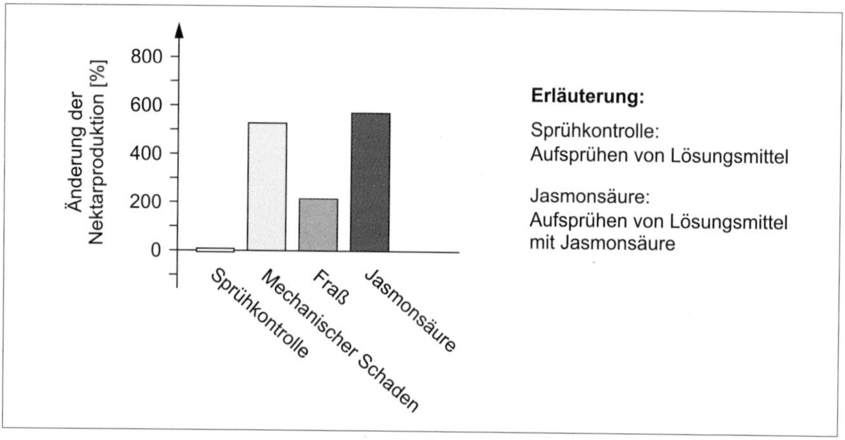

In einer zweiten Freilanduntersuchung wurden 30 Ameisenpflanzen der Art *Macaranga tanarius* sechs Wochen lang alle vier Tage mit gelöster Jasmonsäure besprüht oder künstlich mit Nadelstichen beschädigt. Anschließend wurde das Ausmaß an Fraßschäden von Herbivoren im Vergleich zu nicht beschädigten, unbehandelten Kontrollpflanzen ermittelt (siehe Abbildung 5.2). Zeitgleich wurde die Anzahl aller auf den Ameisenpflanzen auftretenden Insekten registriert. Diese wurden nach ihrem Verhalten in drei Gruppen eingeteilt: verteidigende Insekten, die sich räuberisch von Fraßinsekten ernähren, sowie Nektarbesucher (Ameisen) und Fraßinsekten (siehe Abbildung 5.3).

Abbildung 5.2
Auswirkung unterschiedlicher Behandlung von Ameisenpflanzen auf das Ausmaß von Fraßschäden durch Insekten

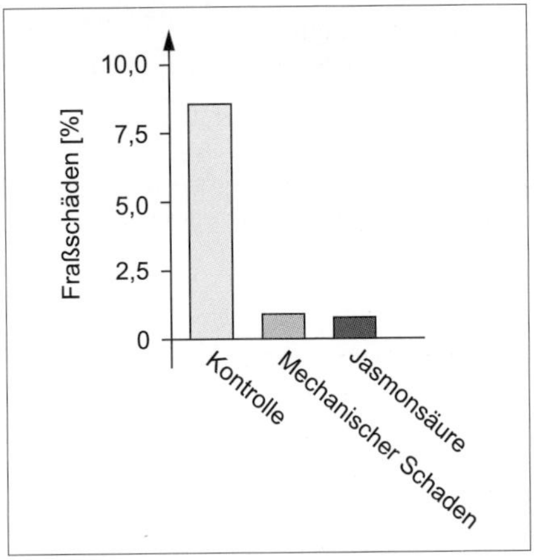

Erläuterung:
Kontrolle: keinerlei Behandlung

Abbildung 5.3
Individuenzahl verschiedener Insektengruppen auf Jasmonsäure-behandelten Pflanzen und Kontrollpflanzen

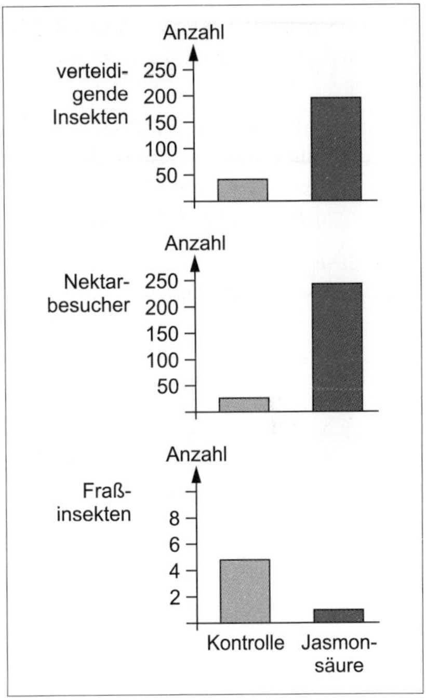

Material 5 basiert auf:
http://www.ice.mpg.de/ext/fileadmin/extranet/common/documents/press_releases/Pressem_Boland2001.pdf (abgerufen am 22. 01. 2015).
http://www.ncbi.nlm.nih.gov/pmc/articles/PMC14712/ (abgerufen am 22. 01. 2015).
Frauke Skiba, Marko Spieler, Unterricht Biologie Heft 306: Ameisenpflanzen: Vor- und Nachteile des Zusammenlebens, Friedrich Verlag, Juli 2005, S. 51–55.

Material 6

Zeitliche Veränderung (A bis F) der Produktion von extrafloralem Nektar und Futterkörperchen bei Ameisenpflanzen

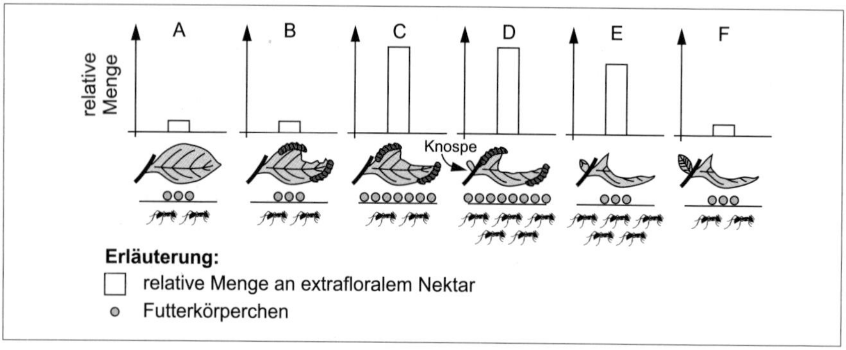

Material 6 basiert auf:
Frauke Skiba, Marko Spieler: Unterricht Biologie Heft 306: Ameisenpflanzen: Vor- und Nachteile des Zusammenlebens, Friedrich Verlag, Juli 2005, S. 51–55.

Lösungsvorschläge

In der Aufgabe thematisierte Unterrichtsinhalte sind:
- *Zellbiologie: Zellorganellen (hier: Chloroplasten, Peroxisomen), Transport durch Biomembranen, enzymkatalysierte Syntheseschritte*
- *Genetik: Proteinbiosynthese, Regulation der Genexpression*
- *Ökologie: Interspezifische Beziehungen zwischen Organismen (hier: Parasitismus, Konkurrenz, Symbiose, Räuber-Beute-Beziehungen), Steuerung von Stoffwechselprozessen durch abiotische und biotische Faktoren, Populationsdynamik*

1 *Der Operator „Angeben" verlangt eine reproduktive Bearbeitung. Es sind also lediglich die im Unterricht erarbeiteten Definitionen der beiden Begriffe und entsprechende Beispiele wiederzugeben. Stellen Sie sich die Frage, was ein parasitisch lebender Organismus tut, um zu leben bzw. zu überleben. Je nach Unterrichtserfahrung können Sie ein Beispiel aus dem Tier- oder dem Pflanzenreich wählen.*

Definition Parasitismus:
Parasitismus kennzeichnet die Beziehung zwischen zwei Arten, die zumindest zeitweise mehr oder weniger unmittelbar miteinander leben. Die eine Art, der Parasit, zieht dabei auf Kosten der anderen Art, des Wirts, einen Nutzen aus dem Zusammenleben.
Der Parasit schädigt seinen Wirt, indem er ihm Nahrung oder körpereigene Stoffe entzieht, tötet ihn in der Regel aber nicht, weil er sich dadurch selbst seiner Lebensgrundlage berauben würde.

Beispiele für Parasitismus aus dem Tier- und Pflanzenreich
(nur ein Beispiel verlangt):
- Spulwürmer und Bandwürmer leben im Darm von Wirbeltieren und schädigen ihre Wirte durch den Entzug von Nährstoffen und Vitaminen.
- Läuse und Flöhe leben in der Körperbehaarung von Säugetieren und Vögeln und saugen Blut von ihren Wirten.
- Der Kuckuck ist ein Brutparasit: Die Vogelmutter legt ihr Ei in das Nest eines artfremden Vogelpaares. Das geschlüpfte Jungtier wirft als Parasit die Jungvögel der parasitierten Singvogelart aus dem Nest und beansprucht für diese Saison alle von den fütternden „Vogeleltern" herangeschaffte Nahrung für sich.
- Blattläuse stechen die Leitungsbahnen in den Blättern und Stängeln höherer Pflanzen an und saugen zuckerhaltige Fotosyntheseprodukte der Wirte.
- Misteln wachsen auf den Ästen von Bäumen. Sie betreiben zwar Fotosynthese, beziehen aber Wasser und Mineralstoffe von ihrem Wirt.

Definition Konkurrenz:
Alle Lebewesen, die im gleichen Lebensraum die gleichen begrenzten Ressourcen (z. B. Nahrung, Wasser oder Brutplätze) nutzen, stehen im Wettbewerb miteinander. Durch die Überschneidung ihrer Ansprüche beeinflussen sich die betreffenden

Lebewesen negativ. Allgemein wird zwischen intraspezifischer (innerartlicher) und interspezifischer (zwischenartlicher) Konkurrenz unterschieden.

Beispiele für Konkurrenz aus dem Tier- und Pflanzenreich
(nur ein Beispiel verlangt):
- Die Singvögel eines Waldes konkurrieren um geeignete Nistplätze (intra- und interspezifische Konkurrenz).
- Männliche Hirsche einer Art konkurrieren um Reviere und einen Harem von Hirschkühen (intraspezifische Konkurrenz).
- Die in einem Wald vorkommenden Pflanzen konkurrieren um Wasser, Licht und Mineralstoffe (intra- und interspezifische Konkurrenz).
- Keimlinge einer Pflanzenart konkurrieren um Wasser, Licht und Mineralstoffe (intraspezifische Konkurrenz).

2 *Die Aufgabenstellung enthält drei Operatoren: „Zusammenfassen", „Benennen" und „Begründen". Die Zusammenfassung erfordert, die in Form eines Balkendiagramms (Abb. 2.1) und einer Tabelle (Abb. 2.2) dargestellten Ergebnisse zweier Experimente mit Ameisenpflanzen und deren Besiedlern strukturiert und in komprimierter Form in der Fachsprache darzustellen. Trennen Sie Ihre Aussagen zu den beiden unterschiedlichen Experimenten, da sich die Untersuchungen aus zwei unterschiedlichen Fragestellungen ableiten, die sich aus dem Text in Material 1 erschließen.*
Die Benennung des Vergesellschaftungstyps und die zugehörige Begründung lassen sich nur finden, wenn man die zusammengefassten Ergebnisse der Experimente in Bezug zueinander setzt, also schon interpretiert.

Zusammenfassung der Untersuchungen in Material 2:
- **Zu Abbildung 2.1:** In dem im Vortext beschriebenen Wahlversuch wurde zunächst geklärt, dass sich die Ameisen, die die obligate Ameisenpflanze *Macaranga bancana* besiedeln, zu 100 % von den von der Pflanze gebildeten protein- und lipidhaltigen Futterkörperchen ernähren.
  Die Stimulation der Futterpflanzen in Gruppe A, mehr Futterkörperchen auszubilden, führte zu einer deutlich höheren Individuenzahl der Ameisenpopulation in allen Entwicklungsstadien gegenüber der Kontrollgruppe, bei der die „normale" Menge an Futterkörperchen zur Verfügung stand.
  Die Entfernung der Futterkörperchen bei Gruppe B führte zu einer deutlichen Reduktion der Individuenzahl in der Ameisenpopulation in allen Entwicklungsstadien. Während die Zahl der adulten Tiere gegenüber der Kontrollgruppe im Verlauf des Versuchs nur vergleichsweise geringfügig abnahm, war ein relativ starker Rückgang der Zahl der Eier, Larven und Puppen zu verzeichnen.

– **Zu Abbildung 2.2:** Hier geht es um den Verlust an Blattmasse dreier Arten von Ameisenpflanzen der Gattung *Macaranga* mit und ohne Besiedelung durch Ameisen. Die Besiedelung ist der Normalfall, die Situation ohne Ameisen wurde experimentell herbeigeführt.
Ein Verlust an Blattmasse durch Blattfraß (durch Insekten und deren Larven sowie weitere Konsumenten) ist bei allen drei Arten mit und ohne Vergesellschaftung mit Ameisen, ob fakultativ oder obligat, zu erkennen. Ebenfalls für alle drei Arten gilt, dass ohne Vergesellschaftung mit Ameisen der Blattverlust höher war als bei der Kontrollgruppe mit Ameisenbesiedelung. Deutlich ist der Unterschied bezüglich der Größenordnung des Effekts „Schutz vor Blattverlust" zwischen den obligaten und den fakultativen Ameisenpflanzen: Bei den obligaten Ameisenpflanzen fiel der Effekt wesentlich größer aus.

Benennung und Begründung der Form der Vergesellschaftung von Ameisen mit Ameisenpflanzen:
Bei dieser Form der Vergesellschaftung handelt es sich um eine **Symbiose**. Die verschiedenen Arten angehörenden Partner leben räumlich eng zusammen und ziehen beide einen Nutzen aus ihrer Beziehung: Während die Ameisenpflanzen den Ameisen Nahrung liefern, minimieren die Insekten durch Säuberung ihrer Wirtsbäume den Verlust fotosynthetisch aktiver Blattfläche durch Fressfeinde. Gegeneinander aufgerechnet, übersteigt vermutlich der Nutzen für beide Partner die jeweils entstehenden „Kosten" (Energieeinsatz).

Ob eine lebensnotwendige Beziehung zwischen den Symbiosepartnern besteht, lässt sich aus dem Material nicht mit Sicherheit ableiten.

3 *Die geforderte strukturierte und fachsprachliche Beschreibung der Synthese der Jasmonsäure ist aus dem Text und aus der Abbildung in Material 3 abzuleiten. Lesen Sie zunächst die unter der Abbildung gegebenen Erläuterungen (Legende). Suchen die dann den Anfang und das Ende des im Schema dargestellten Synthesewegs. Folgen Sie den Pfeilen mit den entsprechenden Bedeutungen und setzen Sie dies fachsprachlich exakt um.*
Ähnlich verfahren Sie mit dem Text und der Modelldarstellung in Material 4. Danach müssen Sie die dargestellten Zusammenhänge erläutern, d. h. den Sachverhalt der Regulation der Sekretion des extrafloralen Nektars so darlegen und veranschaulichen, dass er verständlich wird.

Beschreibung der Synthese der Jasmonsäure:
Die Jasmonsäure ist das Endprodukt eines mehrstufigen enzymgesteuerten Synthesewegs, der mit der Freisetzung von α-Linolensäure in den Chloroplasten der Blattzellen nach Stress (hier: Befall und Fraß durch Herbivoren) beginnt. Die freie α-Linolensäure wird über Zwischenstufen enzymatisch zu Oxophytodiensäure umgesetzt. Diese wird dann durch die innere und die äußere Chloroplastenmembran in Peroxisomen abgegeben. In den im Zytoplasma befindlichen Peroxisomen erfolgt über mindestens einen Zwischenschritt die enzymkatalysierte Umsetzung der Oxophytodiensäure zur Jasmonsäure.

Erläuterung des Modells zur Regulation der Sekretion extrafloralen Nektars:
Die Regulation der Sekretion extrafloralen Nektars erfolgt im Schwachlicht der Dämmerung bzw. der völligen Dunkelheit über als Phytochrome bezeichnete Fotorezeptoren. Der Rotanteil des Dämmerlichts wird vom Phytochrom absorbiert und führt zur Aktivierung der Enzyme, die die Synthese des Jasmonsäure-Isoleucin-Molekülkomplexes (JA-Ile-Komplex) katalysieren. Dieser in hohen Konzentrationen gebildete Komplex induziert im Zellkern unter anderem die Expression der für die Nektarbildung verantwortlichen Gene. Die Produktion extrafloralen Nektars wird folglich gesteigert. Auch Jasmonsäure selbst kann bei Rotlicht in geringerem Maße die Genexpression zur extrafloralen Nektarbildung induzieren.
Bei völliger Dunkelheit ist die Produktion des extrafloralen Nektars reduziert bzw. eingestellt, da die Jasmonsäure ohne Rotlicht-Einwirkung die extraflorale Nektarbildung hemmt und gleichzeitig die Expression der Nektarbildungsgene fast zum Erliegen kommt, da der JA-Ile-Komplex nur noch in geringem Maße synthetisiert wird.

4 *„Analysieren" ist ein Operator im Anforderungsbereich II und III. Er verlangt, die konkrete Materialvorgabe in den Materialien 3, 4 und 5 zu untersuchen, d. h. vor allem die drei experimentellen Erhebungen in den Abbildungen 5.1–5.3 zu beschreiben, eine Beziehung zwischen den Ergebnissen zu erfassen und diese zusammenhängend darzustellen. Beginnen Sie mit der Abb. 5.1, die Sie mithilfe eines Rückgriffs auf die Lösung zur Aufgabe 3 bearbeiten. Abb. 5.2 und 5.3 sind im Zusammenhang zu betrachten, wobei sich das Ergebnis in Abb. 5.2 aus der Betrachtung der Ergebnisse in Abb. 5.3 zwingend ergibt.*

Abbildung 5.1 zeigt, dass die Schädigung der Blätter der fakultativen Ameisenpflanze *Macaranga tanarius* sowohl durch Fraß als auch durch experimentelle mechanische Verletzung zu einer deutlichen Erhöhung der Produktion extrafloralen Nektars um ca. 200 bzw. ca. 500 % führt. Das heißt im Umkehrschluss, dass beide Schädigungen die Freisetzung von α-Linolensäure aus Membranlipiden bewirken, in deren Folge es zur Synthese der Jasmonsäure kommt, die unter Einwirkung von Dämmerungslicht auf Phytochrome die vermehrte Synthese von Nektar bewirkt (vgl. Aufgabe 3). Ein entsprechender Effekt kann auch über das Aufsprühen einer Lösung des Pflanzenhormons Jasmonsäure erreicht werden. Hier fällt die prozentuale Änderung sogar noch etwas höher aus als bei der mechanischen Beschädigung (siehe Abb. 5.1). Das Aufsprühen des Lösungsmittels allein dient als Kontrolle und hat keine Wirkung.
Abbildung 5.3 zeigt, dass durch die Behandlung der Ameisenpflanzen mit Jasmonsäure der Anteil der auf den Pflanzen befindlichen Fraßinsekten deutlich verringert ist. Dies lässt sich mit der stark erhöhten Anzahl verteidigender Insekten, also Räuber, die die Fraßinsekten dezimieren, und einer Zunahme der Nektarbesucher, also Ameisen, die die Fraßinsekten und deren Entwicklungsstadien von den Pflanzen entfernen, erklären.

Mechanische Schäden an den Blättern oder das Aufsprühen von Jasmonsäure verringern demnach die Fraßschäden durch herbivore Insekten an den Ameisenpflanzen um ein Vielfaches gegenüber den Kontrollgruppen, die nur mit dem Lösungsmittel behandelt wurden (vgl. Abb. 5.2).

5 *Die biologische Funktion der variablen Produktion extrafloralen Nektars und der Futterkörperchen soll erklärt werden. Das heißt, die vorliegenden Sachverhalte sollen fachsprachlich richtig auf fachliche Grundprinzipien und kausale Zusammenhänge zurückgeführt werden. Betrachten Sie die Abbildung in Material 6 mit der Überlegung „Welches ist die unabhängige Variable und welches sind die abhängigen Variablen?". Lassen Sie sich nicht von der Darstellungsweise verunsichern, die Ihnen aus dem Unterricht unter Umständen nicht bekannt ist. Formulieren Sie die dargestellten Zusammenhänge und betrachten Sie diese im Zusammenhang mit den schon bearbeiteten Materialien unter dem Aspekt der Energieeffizienz (biologisches Grundprinzip).*

Der Befall der Ameisenpflanzen mit Fraßinsekten führt ohne Gegenmaßnahmen zu einer schweren Schädigung, die es zu vermeiden gilt. Dabei setzt die Pflanze die ihr zur Verfügung stehenden endlichen Ressourcen möglichst effizient ein, um Energie zu sparen und die Ressourcen zu schonen, indem die Produktion von extrafloralem Nektar und Futterkörperchen effektiv variiert wird, wodurch Überproduktionen vermieden werden können. Dies wird vor allem bei der durch Rotlicht gesteuerten Synthese des Nektars deutlich, da die Pflanzen bevorzugt und verstärkt in der Dämmerung von Fraßschädlingen aufgesucht werden. Die im Material 6 dargestellte synchrone Steigerung der Produktion von Futterkörperchen und Nektar, vom Beginn des Befalls mit Fraßschädlingen an bis zur maximalen Anlockung und Vermehrung der Ameisen auf den Ameisenpflanzen, führt zu einer schnellen Lösung des Problems „Fraßschäden". Danach wird die Produktion rasch wieder heruntergefahren, um Energie und stoffliche Ressourcen zu sparen.

Abiturprüfung 2017 Leistungskurs Biologie (Hessen)
A2: Ökologie und Stoffwechselphysiologie

Sonnenschutz bei Pflanzen	BE
1 Beschreiben Sie den Ablauf der lichtabhängigen nichtzyklischen Reaktionen der Fotosynthese grüner Pflanzen.	11
2 Beschreiben Sie die Veränderung der Xanthophyllzusammensetzung im Tagesverlauf in Abbildung 2.1. Erläutern Sie diese anhand des Xanthophyllzyklus in Abbildung 2.2. (Material 1 und 2)	11
3 Erklären Sie den Zusammenhang zwischen einer hohen Lichtintensität und dem pH-Wert des Thylakoidinnenraums. Stellen Sie unter Einbeziehung des Xanthophyllzyklus das Quenching für den Bereich Q2 dar. (Material 2, 3 und 4)	15
4 Entwickeln Sie eine begründete Hypothese für den Quenchingmechanismus Q1 unter Einbeziehung des PsbS-Proteins. Erklären Sie, auf welche Weise Q1 das Fotosystem II vor der Bildung von ROS schützt. (Material 1, 3 und 4)	13
	50

Material 1

Fotooxidativer Stress bei Pflanzen

Licht stellt für eine Pflanze einen Faktor dar, von dem sie direkt abhängig ist, der aber auch starken Schwankungen unterliegt und so Stress für die Pflanze bedeuten kann. Fotooxidativer Stress entsteht dann, wenn mehr Lichtenergie von den Antennenpigmenten absorbiert wird, als im fotosynthetischen Elektronentransport genutzt werden kann, da die Größe der Antennensysteme nicht kurzfristig geändert werden kann (Änderungen der Gesamtgröße der Antennensysteme benötigen Tage bis Wochen). Bei Absorption überschüssiger Anregungsenergie unter Starklichtbedingungen können Elektronen auf Sauerstoff übertragen werden, wodurch im Bereich des Redoxsystems zur Wasserspaltung des Fotosystems II reaktive Sauerstoffspezies ROS (= reactive oxygen species) gebildet werden. ROS sind besonders reaktionsfähige sauerstoffhaltige Moleküle oder Ionen, die Pigmente, Proteine und Lipide schädigen können. Um eine fotooxidative Schädigung durch diese reaktiven Sauerstoffspezies ROS zu verhindern, haben Pflanzen mehrere Anpassungsstrategien entwickelt.

Material 1 basiert auf:
Max-Planck-Institut für chemische Energiekonversion; http://www.mpg.de/468522/pdf.pdf (abgerufen am 02. 01. 2016).

Material 2

Der Xanthophyllzyklus

Die gelben bis roten Xanthophylle gehören zur Gruppe der Carotinoide und sind sauerstoffhaltige Abkömmlinge der Carotine. Die Xanthophylle Violaxanthin und Antheraxanthin wirken als Lichtsammelpigmente, Zeaxanthin dagegen nicht. Die drei Pigmentearten können im sogenannten Xanthophyllzyklus ineinander umgewandelt werden. Die zwei für den Xanthophyllzyklus verantwortlichen Enzyme sind auf der Stromaseite bzw. der Thylakoidinnenraumseite an die Thylakoidmembran gebunden und unterliegen einer strengen Kontrolle.

Abbildung 2.1
Xanthophyllzusammensetzung bei der Sonnenblume im Tagesverlauf

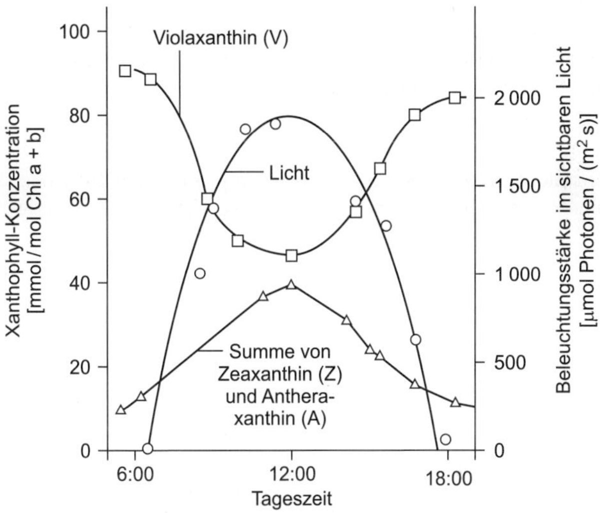

Erläuterung:
In der Pflanzenphysiologie wird die von einer Strahlungsquelle abgestrahlte Photonenmenge, die pro Zeiteinheit auf eine definierte Fläche trifft, im Bereich der fotosynthetisch relevanten Wellenlänge (PAR) als fotosynthetische Photonenflussdichte in µmol Photonen/(m^2 s) definiert. Das PAR-Konzept hat in der Pflanzenphysiologie das Lichtkonzept LUX abgelöst.

Lincoln Taiz, Eduardo Zeiger: Physiologie der Pflanzen, Spektrum Akademischer Verlag, Heidelberg 2000, S. 235.

Abbildung 2.2
Der Xanthophyllzyklus

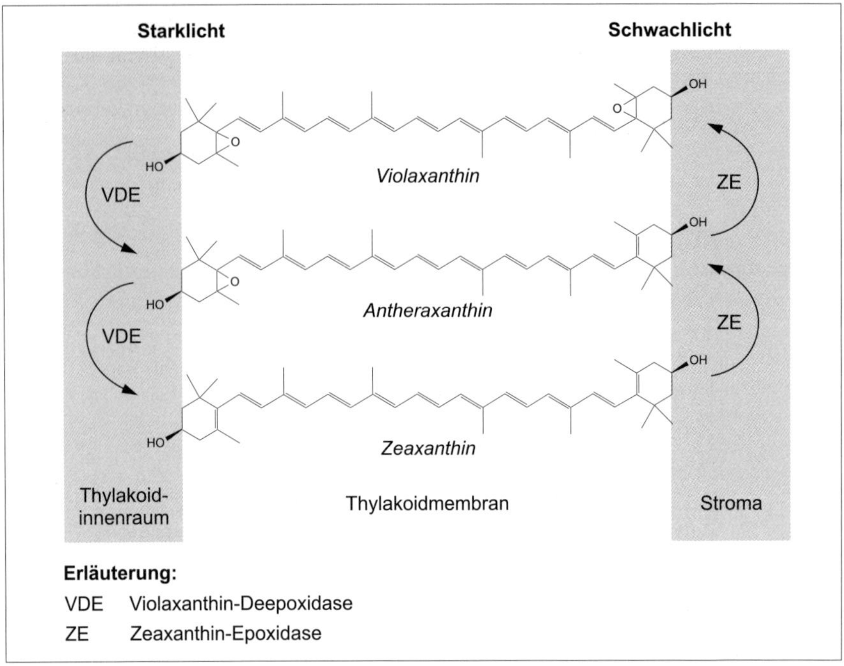

https://commons.wikimedia.org/wiki/File:Violaxanthin_cycle.png, public domain

Material 3

Struktur und Funktion des Fotosystems II in höheren Pflanzen

Das Fotosystem II (FSII) ist ein Multiproteinkomplex, der in höheren Pflanzen aus zwei vollständigen Reaktionszentren (RZ) und einigen Antennenkomplexen besteht. Die inneren Antennen enthalten neben einem Proteinanteil jeweils 15 Chlorophyll-a-Moleküle. Die kleinen Antennen sowie der LHCII-Komplex (= Lichtsammelkomplex II) binden an einem Proteingerüst sowohl Chlorophyll-a-Moleküle als auch Carotinoide des Xanthophyllzyklus (siehe Abbildung nächste Seite).

Die hauptsächliche Aufgabe des LHCII-Komplexes besteht im Transfer absorbierter Lichtenergie zum FSII-Reaktionszentrum. Dabei kann die Anregungsenergie eines Pigmentmoleküls bei einem räumlichen Abstand bis zu 5 nm auf ein benachbartes Pigment übertragen werden. Bei Schwachlicht übertragen alle angebundenen Antennenkomplexe ihre Anregungsenergie zum Reaktionszentrum FSII.

Das Fotosystem II zeichnet sich durch eine schnelle Donor-, aber langsame Akzeptorseite, den Plastochinon-Pool (= mobiles Plastochinon-Redoxsystem der Thylakoidmembran), aus. Das bedeutet, dass die Elektronenlücke durch die Fotolyse des Wassers schnell wieder aufgefüllt wird, während die Reduktion und anschließende Oxidation des Plastochinon-Pools (= mobiles Plastochinon-Redoxsystem der Thylakoidmembran) sehr viel langsamer verlaufen.

Struktur und Funktion des Fotosystems II

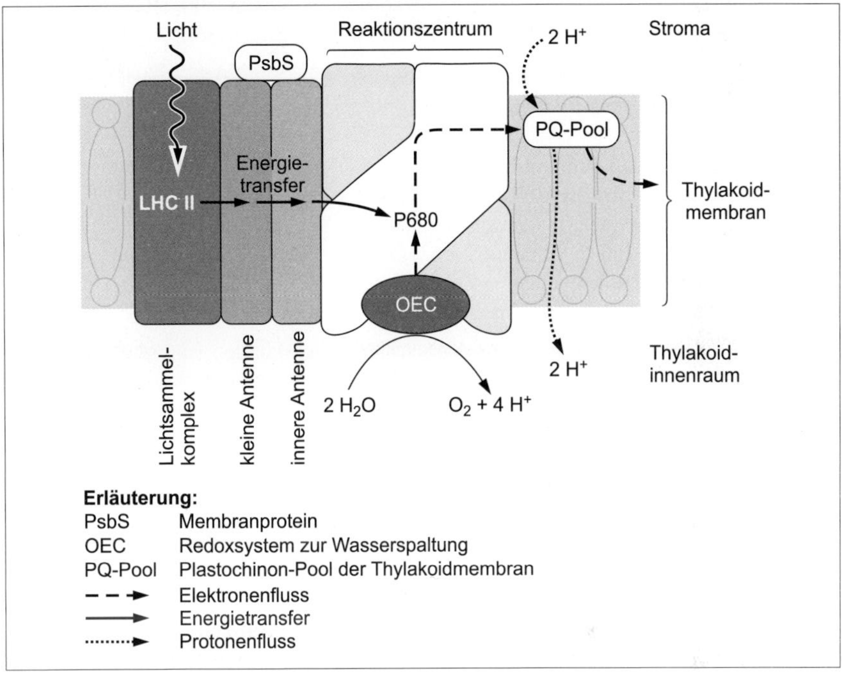

Material 3 basiert auf:
Elmar Weiler, Lutz Nover: Allgemeine und molekulare Botanik, Stuttgart 2008, S. 268–269.
Ulrich Lüttge, Manfred Kluge, Gerhard Thiel: Botanik, Weinheim 2010, S. 205.
http://d-nb.info/1046889036/34 (abgerufen am 02. 01. 2016).
http://www.mpg.de/468522/pdf.pdf (abgerufen am 02. 01. 2016).
https://publications.ub.uni-mainz.de/theses/index_theses.html (abgerufen am 02. 01. 2016)
http://d2jkam0hji0nkb.cloudfront.net/content/embor/6/7/629/F1.large.jpg. (abgerufen am 02. 01. 2016).

Material 4

Quenching (= Löschung) der Anregungsenergie

Pflanzen besitzen sehr effiziente Schutzmechanismen gegen schädigende Einflüsse bei zu hoher Lichtintensität. Das auf Überanregung sehr empfindlich reagierende Fotosystem II wird mittels zweier hochwirksamer Mechanismen ganz zu Anfang der Energiewandlungskette, d. h. bereits im Bereich des Antennensystems, besonders geschützt. Dabei wird die von den Antennensystemen absorbierte überschüssige Strahlungsenergie kontrolliert in Wärme umgewandelt und somit dem System entzogen. Diesen Prozess nennt man „Quenching" (= Löschung) der Anregungsenergie.

Bisherige Untersuchungen zeigen, dass es im Antennensystem von Fotosystem II verschiedene Orte (Q1 und Q2) für das Quenching mit zwei verschiedenen Quenchingmechanismen gibt.

Beim Quenchingmechanismus für Quenchingort Q1 spielt das Membranprotein PsbS eine zentrale Rolle. PsbS ist ein Protein, das in der Umgebung von LHCII lokalisiert ist. Es ist am schnelleren Quenchingmechanismus Q1 beteiligt. Bei unterschiedlichen pH-Werten konnte man unterschiedliche Quartärstrukturen dieses Proteins nachweisen. Dieser Regelungsmechanismus alleine reicht jedoch nicht aus, um das Fotosystem II bei sehr hohen Lichtintensitäten vor Schädigung zu bewahren.

Der zweite Quenchingort (Q2) ist in den verbleibenden kleinen Antennenkomplexen lokalisiert, die mit dem Fotosystem II verbunden bleiben. Unter Starklichtbedingungen enthalten die kleinen Antennen neben Chlorophyll lediglich das Xanthophyllpigment Zeaxanthin. Nur in Anwesenheit von Zeaxanthin erfolgt die Löschung der Überschussenergie direkt durch die Abgabe von Wärme.

Für die Umwandlungsprozesse der Xanthophyllpigmente sind die pH-Optima der am Xanthophyllzyklus beteiligten Enzyme von Bedeutung. Das pH-Optimum der Violaxanthin-Deepoxidase (VDE) liegt bei pH 5,2 und damit bei einer vergleichsweise hohen Protonenkonzentration, das der Zeaxanthin-Epoxidase (ZE) dagegen bei pH 7,5.

Die folgende Abbildung zeigt die strukturelle Anordnung der Komponenten des Fotosystems II in der Thylakoidmembran (Aufsicht) bei Schwachlicht und bei Starklicht.

Anordnung der Komponenten des Fotosystems II in der Thylakoidmembran (Aufsicht)

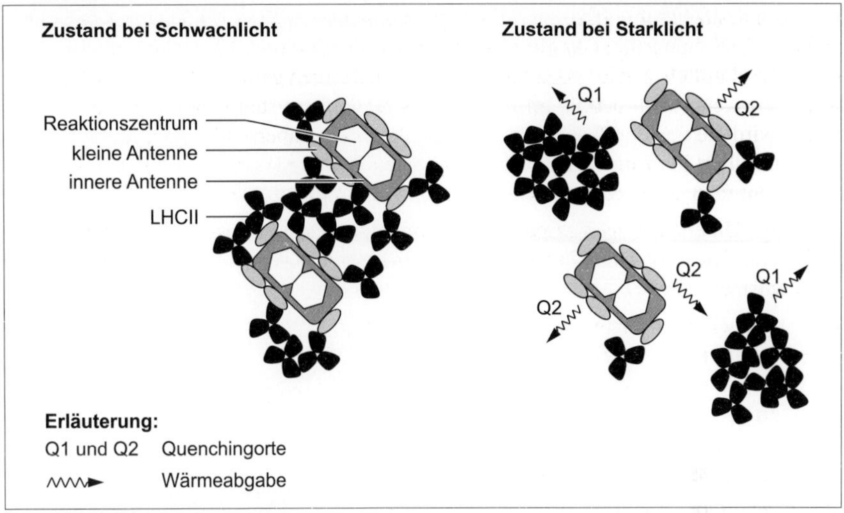

Hinweis: Da die genaue Lokalisation von PsbS noch nicht geklärt ist, fehlt es in dieser Übersichtsskizze.

Material 4 basiert auf:
https://www.intechopen.com/books/automation-control-theory-and-practice/neural-pdf-control-strategy-for-a-hydroelectric-station-simulator
(abgerufen am 02. 01. 2016).
http://www.mpg.de/468522/pdf.pdf (abgerufen am 02. 01. 2016).
https://www.deutsche-digitale-bibliothek.de/binary/2VWBMLSAZNOQGYWW4EAWMHLH4FDWY3KE/full/1.pdf
(abgerufen am 02. 01. 2016).

Lösungsvorschläge

In der Aufgabe thematisierte Unterrichtsinhalte sind:

- *Zellbiologie: Bau und Struktur der Chloroplasten, Aufbau der Thylakoidmembranen, enzymkatalysierte Reaktionen, Substratspezifität, pH-Wert-Abhängigkeit*
- *Stoffwechselphysiologie: Lichtabhängige Reaktionen der Fotosynthese, Aufbau und Funktion der Fotosysteme, Anregung im Reaktionszentrum, Redoxsysteme*

1 *Hier handelt es sich um eine rein reproduktive Aufgabe, bei der der lichtabhängige Teil des Gesamtprozesses der Fotosynthese grüner Pflanzen, beginnend mit der Lichtabsorption bis zur Synthese von ATP und NADPH + H^+, dargestellt werden soll. Wie detailliert Sie den Ablauf der Prozesse beschreiben müssen, hängt davon ab, wie ausführlich Sie die Details im Unterricht bearbeitet haben.*
Sie können Ihre Ausführungen auch durch eine oder mehrere Skizzen ergänzen. Klären Sie dazu zunächst, welche Strukturen der Pflanze an diesem Stoffwechselablauf beteiligt sind und welche Stoffe und Strukturen eine Rolle spielen. Ordnen Sie diese in der/den Skizze/Skizzen an und formulieren Sie die geforderte Beschreibung in Bezug dazu. Beachten Sie, dass ein rein energetisches Modell zur Darstellung der Lichtreaktionen nicht ausreicht. Es muss um die chemischen Prozesse an der Membran der Thylakoide (chemiosmotisches Modell) ergänzt werden.

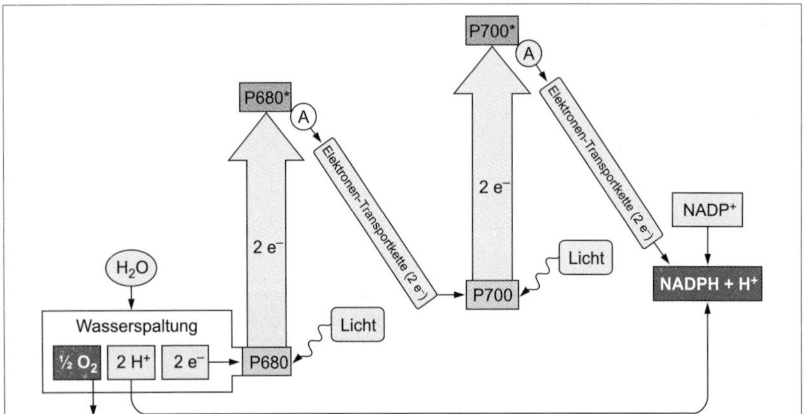

Abb. A: Schematische Darstellung der Fotosysteme und der Elektronentransportketten

Die lichtabhängige Reaktion der Fotosynthese findet in den Thylakoiden der Chloroplasten der Zellen grüner Blätter statt (vgl. Abb. A). In die Thylakoidmembran sind die Antennenpigmente (akzessorische Pigmente) in Form einer Lichtsammelfalle eingelagert. Dabei handelt es sich um gelbliche (Carotinoide) und grüne (Chlorophylle) Pigmente, die bestimmte Lichtanteile aus dem Spektrum des weißen Lichts absorbieren. Die absorbierte Energie wird zum Reaktionszentrum des Fotosystems II (P 680) weitergeleitet, einem Chlorophyll-a-Molekül. Elektro-

nen dieses Chlorophyll a werden auf ein höheres Energieniveau gehoben und auf das erste Redoxsystem (Redoxpartner) einer Elektronentransportkette in der Thylakoidmembran übertragen.
Die im Chlorophyll a entstandene Elektronenlücke wird durch Elektronen aus der Spaltung von H_2O-Molekülen in Sauerstoff und Protonen gefüllt. Der Sauerstoff (O_2) ist das erste Reaktionsprodukt der Lichtreaktion und wird über die Spaltöffnungen der Blätter an die Umgebung abgegeben. Die Protonen reichern sich im Thylakoidinnenraum an, der pH-Wert sinkt. Es bildet sich ein starkes Protonen-Konzentrationsgefälle zwischen Innen- und Außenraum der Thylakoide aus (vgl. Abb. B).

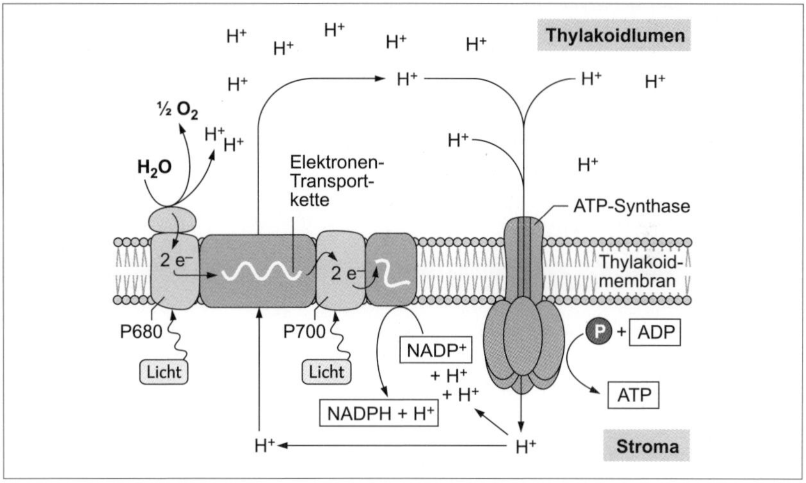

Abb. B: Schematische Darstellung des Aufbaus von NADPH + H+ und ATP

Die Elektronen in der Elektronentransportkette wandern von einem Redoxsystem zum anderen in Richtung Fotosystem I. Die dabei frei werdende Energie wird zum Transport weiterer Protonen gegen das Konzentrationsgefälle in den Thylakoidinnenraum genutzt und z. T. als Wärme frei. Die über die Elektronentransportkette wandernden Elektronen füllen die durch die Anregung des Reaktionszentrums (ebenfalls ein Chlorophyll-a-Molekül) des Fotosystems I (P 700) entstandene Elektronenlücke. Nach Durchlaufen der 2. Elektronentransportkette, die vom Fotosystem I ausgeht, werden die Elektronen auf den Elektronenakzeptor $NADP^+$ übertragen. Durch die Elektronenübertragung und die Aufnahme von 2 H^+-Ionen wird das Molekül zu NADPH + H^+ reduziert.
Die hohe Konzentration an Protonen im Thylakoidinnenraum führt zu einem dem Konzentrationsgefälle folgenden H^+-Ionen-Ausstrom durch die Poren des Enzyms ATP-Synthase (vgl. Abb. B). Hier wird mithilfe enzymatischer Katalyse die osmotische Energie genutzt, um ATP aus ADP + P zu synthetisieren. ATP und NADPH + H^+ sind neben dem Sauerstoff die Produkte der lichtabhängigen Reaktion der Fotosynthese.

ATP und NADPH + H^+ werden im Calvinzyklus (lichtunabhängiger Schritt der Fotosynthese) im Stroma des Chloroplasten zur Synthese von Glucose aus CO_2 benötigt.

2 *Diese Teilaufgabe enthält die beiden Operatoren „Beschreiben“ und „Erläutern“. Zunächst beschreiben Sie die Xanthophyllzusammensetzung im Tagesverlauf. Achten Sie dabei auf die Besonderheiten der grafischen Darstellung in Abbildung 2.1:*

- *Die rechte Ordinate bezieht sich nur auf den Faktor Licht. Damit können Sie dem Tagesverlauf Beleuchtungsstärken zuordnen. Die linke Ordinate bezieht sich auf die Konzentration der Xanthophylle.*
- *Während die Konzentration an Violaxanthin einzeln aufgetragen ist, sind die Konzentrationen an Antheraxanthin und Zeaxanthin in Kombination dargestellt.*

Die Einheit der Beleuchtungsstärke entspricht wahrscheinlich nicht der, die Sie aus dem Unterricht kennen (z. B. Lux, Candela oder Kelvin), sie ist aber in Material 2 erläutert. Markieren Sie in der Grafik wesentliche Punkte und Phasen!
Nicht erläutert ist die Einheit der Xanthophyllkonzentration, die hier in Millimol pro vorhandener Chlorophyllmenge in Mol angegeben ist. Dabei kann die Chlorophyllmenge als konstant betrachtet werden.
In einem zweiten Schritt klären Sie für sich die Aussagen der Abb. 2.2 (Xanthophyllzyklus) mit der Vorgabe, dass hier ein Zyklus beschrieben wird, der lichtabhängig ist.
Der letzte Schritt ist die fachsprachliche Erläuterung des Zusammenhanges, d. h., die messbaren Fakten in Abb. 2.1 werden mithilfe der Modellvorstellung in Abb. 2.2 erklärbar.

Beschreibung der Veränderung der Xanthophyllzusammensetzung im Tagesverlauf:
Im Tagesverlauf ändern sich die Xanthophyllkonzentrationen und damit die Zusammensetzung der Xanthophylle deutlich. Die Konzentration an Violaxanthin nimmt von Sonnenaufgang, um ca. 6:00 Uhr, bis zum Mittag (12:00 Uhr), dem Zeitpunkt mit der größten Beleuchtungsstärke, von etwa 90 mmol/mol Chlorophyll a + b auf etwa 50 mmol/mol Chl. a + b ab und steigt bis Sonnenuntergang wieder auf ca. 80 mmol/mol Chl. a + b an. In diesem Zeitraum steigt die Summe der Konzentrationen an Zeaxanthin und Antheraxanthin von 10 auf 40 mmol/mol Chl a + b um die Mittagszeit an und sinkt im Laufe des Nachmittags bis zum Sonnenuntergang wieder auf den ursprünglichen Wert ab. Das heißt, der Verlauf der Konzentrationen an Violaxanthin und an Zeaxanthin + Antheraxanthin über den Tag ist gegenläufig.

Erläuterung anhand des Xanthophyllzyklus:
Die Xanthophylle befinden sich in der Thylakoidmembran der Chloroplasten. Die Violaxanthinkonzentration nimmt mit der im Verlauf des Vormittags zunehmenden Beleuchtungsstärke ab, da dieses Carotinoid durch die im Starklicht aktive

Violaxanthin-Deepoxidase (VDE) im Thylakoidinnenraum zunächst zu Antheraxanthin und dann zu Zeaxanthin umgewandelt wird. Folglich sinkt bis zur Mittagszeit die Violaxanthin-Konzentration immer weiter ab, während sich gleichzeitig die Konzentration an Antheraxanthin und Zeaxanthin erhöht. Ab 12:00 Uhr ist unter den Bedingungen der abnehmenden Beleuchtungsstärke eine Umkehrung der Verhältnisse zu beobachten: Die Konzentration an Violaxanthin nimmt wieder zu, während die von Antheraxanthin und Zeaxanthin wieder abnimmt. Dies beruht auf der Wirkung des im Schwachlicht aktiven Enzyms Zeaxanthin-Epoxidase (ZE), das die Rückreaktion des Zeaxanthins über Antheraxanthin zu Violaxanthin katalysiert.
Folglich verschiebt sich das Gleichgewicht der drei Xanthophylle zueinander in Abhängigkeit von der Beleuchtungsstärke. Damit kann bei hoher Beleuchtungsstärke durch Verringerung der Zahl der Lichtsammelpigmente Violaxanthin und Antheraxanthin der fotosynthetische Elektronentransport entlastet werden.

3 *Um den Zusammenhang zwischen einer hohen Lichtintensität und dem pH-Wert des Thylakoidinnenraums unter Verwendung der Fachsprache und Berücksichtigung kausaler Zusammenhänge zu erklären, bedarf es des Rückgriffs auf die Lösung der Aufgabe 1 und des Verständnisses der Struktur und der Funktion des Fotosystems II (P 680). Sehen Sie sich den Text und die grafische Darstellung in Material 3 genau an und verfolgen Sie …*
- *den Weg der durch das System absorbierten Lichtenergie. Wozu wird sie genutzt?*
- *den Weg der durch die Anregung des Reaktionszentrums freigesetzten Elektronen.*
- *die Nachführung der Elektronen im OEC.*
- *den Transport und die „Synthese" der Protonen.*

Um das Quenching bei zu hohen Lichtintensitäten im Bereich Q2 darstellen zu können, müssen Sie den Text und die grafische Darstellung des Zustandes der Lichtsammelkomplexe, der Antennen und des Reaktionszentrums bei Stark- und bei Schwachlicht erfassen (Material 4). Lokalisieren (markieren) Sie den Quenchingort Q2 und achten Sie auf das pH-Wert-Problem!

Erklärung des Zusammenhangs zwischen einer hohen Lichtintensität und dem pH-Wert des Thylakoidinnenraums:
Eine hohe Lichtintensität sorgt für eine Auslastung der Strukturen der lichtabhängigen Reaktionen der Fotosynthese. Durch die vom Lichtsammelkomplex LHC II absorbierte und über die Antennen zum Reaktionszentrum P 680 transferierte Energie wird die Anregung und der Transport von Elektronen über den PQ-Pool zum Fotosystem I initiiert. An diesen Transport ist die Einschleusung von Protonen in den Thylakoidinnenraum gekoppelt, die diesen erst nach und nach wieder durch die ATP-Synthase verlassen.
Die Nachlieferung der Elektronen in das Reaktionszentrum erfolgt über das OEC durch Wasserspaltung. Die im Zuge dessen freigesetzten Protonen sorgen für eine zusätzliche Erhöhung der Protonenkonzentration im Thylakoidinnenraum.

Aus den genannten Gründen liegt bei hoher Lichtintensität im Thylakoidinnenraum eine hohe Protonenkonzentration und damit ein niedriger (saurer) pH-Wert vor.

Darstellung des Quenching für Quenchingort Q2 unter Einbeziehung des Xanthophyllzyklus:
Das pH-Wert-Optimum des Enzyms Violaxanthin-Deepoxidase (VDE) liegt bei einem Wert von 5,2, also im sauren Bereich. Das Enzym wandelt unter diesen Bedingungen die Antennenpigmente Violaxanthin und Antheraxanthin mit hoher Effizienz zu Zeaxanthin um. Bei sinkendem pH-Wert im Thylakoidinnenraum ist Zeaxanthin am Quenchingort Q2, also den kleinen Antennen, folglich das vorherrschende Xanthophyll. Da es kein Lichtsammelpigment ist, ist es auch nicht in der Lage, die aufgenommene Energie an die inneren Antennen weiterzugeben. Die überschüssige aufgenommene Energie wird deshalb als Wärme abgeführt.

4 *In dieser Aufgabe ist die Entwicklung einer tragfähigen Hypothese für den Quenchingmechanismus am Quenchingort Q1 gefordert. Q1 ist zunächst zu lokalisieren. Sie müssen notwendige Sachverhalte in einen Zusammenhang bringen und das Modell ausbauen. Das gelingt bei der Analyse der Anordnung der Komponenten des Fotosystems II in der Thylakoidmembran bei Stark- bzw. bei Schwachlicht (Material 4).*
Um erklären zu können, auf welche Weise der Quenchingort Q1 das Fotosystem II vor ROS schützt, benötigen Sie die Aussagen aus Material 1, die Abb. in Material 3 und die Ausführungen zum Quenchingort Q1 aus Material 4.

Entwicklung einer begründeten Hypothese für den Quenchingmechanismus Q 1 unter Einbeziehung des PsbS-Proteins:
In der Abb. in Material 4 ist eine deutlich unterschiedliche Anordnung der Komponenten des Fotosystems II bei Stark- und bei Schwachlichtbedingungen zu erkennen: Bei Schwachlicht sind die LHCII-Komplexe mit den kleinen Antennen des Reaktionszentrums verbunden. Bei Starklicht sind die Lichtsammelkomplexe dagegen von den kleinen Antennen getrennt. Auslöser könnte die Änderung der Quartärstruktur des Membranproteins PsbS sein, die eine Veränderung der Struktur der Antennen bedingt, durch die die Bindung der LHCII-Komplexe an die Antennen unmöglich wird. Auslöser der Konformationsänderungen könnte der bei Starklichtbedingungen gesunkene pH-Wert des Thylakoidinnenraums sein. Das Abkoppeln der LHCII-Komplexe vom FS II führt dazu, dass die von ihnen aufgenommene Lichtenergie als Wärme an die Umgebung abgegeben wird.

Erklärung, auf welche Weise Q1 das Fotosystem II vor der Bildung von ROS schützt:
Das Abkoppeln der LHCII-Komplexe von den kleinen Antenennen bewirkt, dass sie ihre Anregungsenergie nicht an die kleinen und inneren Antennen und somit letztlich auch nicht an das Reaktionszentrum des Fotosystems II weiterleiten können. In der Nähe des Redoxsystems, an welchem Wasser gespalten wird, fällt

weniger überschüssige Energie an. Weniger Elektronen werden vom Reaktionszentrum abgegeben und folglich wird auch die Fotolyserate gesenkt. Eine Anhäufung von überschüssigen Elektronen aufgrund der langsamen Elektronenweitergabe an den Plastochinonpool wird somit verhindert. Damit wird letztlich der Bildung von besonders reaktionsfähigen Sauerstoffmolekülen (ROS) und somit der fotooxidativen Schädigung von Proteinen, Lipiden und Pigmenten ein Riegel vorgeschoben.

Abiturprüfung 2017 Leistungskurs Biologie (Hessen) B1: Genetik

Hämophilie A: Ursachen und gentechnische Methoden in der Therapie

		BE
1	Geben Sie die Aufgaben von Vektoren und Restriktionsenzymen in der Gentechnik an. Beschreiben Sie in Stichworten die Herstellung rekombinanter Plasmide.	11
2	Ermitteln Sie unter Angabe der Genotypen die Wahrscheinlichkeit für Söhne bzw. Töchter des betroffenen Paares, an Hämophilie A zu erkranken. Stellen Sie den von Ihnen gewählten Lösungsweg dar. (Material 1 und 2)	8
3	Geben Sie für die Normalform der Tripletts 14 und 15 die Codons und die entsprechenden Aminosäuren an. Beschreiben Sie die Mutation C* und erläutern Sie die möglichen Folgen der Mutationen A*, B* und C* für die Struktur und Funktion des Faktor-VIII-Proteins. (Material 3)	13
4	Vergleichen Sie das Verfahren der In-vivo-Gentherapie (Material 5) mit dem Therapieverfahren durch gentechnisch veränderte Blutstammzellen (Material 6). (Material 4, 5 und 6)	8
5	Diskutieren Sie mögliche Vor- und Nachteile der Therapie mit gentechnisch veränderten Blutstammzellen im Vergleich zur Therapie mit gentechnisch hergestelltem Faktor-VIII-Protein unter Berücksichtigung der unterschiedlichen Krankheitsformen. (Material 1, 4 und 6)	10
		50

Material 1

Hämophilie A – eine Störung der Blutgerinnung

Das Blutgerinnungssystem ist ein essenzieller Bestandteil des Blutes, der einerseits die Fließfähigkeit des Blutes sicherstellen und andererseits die unmittelbar einsetzende Gerinnung bei Verletzungen garantieren soll. Damit diese Funktionen genau aufeinander abgestimmt werden können, ist ein fein reguliertes Zusammenspiel zahlreicher Komponenten erforderlich.

Bei einer Verletzung verschließen zunächst Blutplättchen (Thrombozyten) das betroffene Gefäß. Verschiedene Substanzen, die beim Zerfall der Thrombozyten sowie aus zerstörten Zellen freigesetzt werden, führen im Zusammenspiel mit zahlreichen im Blutplasma vorhandenen Gerinnungsfaktoren, u. a. dem Faktor VIII, schließlich zur Umwandlung des löslichen Proteins Fibrinogen in unlösliche Fibrinfäden, die zu einem stabilen Netz verknüpft werden und damit die Wunde verschließen.

Die Hämophilie A, die auch als „Bluterkrankheit" bezeichnet wird, ist die am häufigsten auftretende schwere Störung der Blutgerinnung. Sie wird X-chromosomal rezessiv vererbt.

Hämophilie A beruht auf einer Verminderung der Aktivität oder dem völligen Fehlen des Gerinnungsfaktors VIII. Das Faktor-VIII-Protein wird vor allem in Leberzellen produziert und ins Blut abgegeben.

Die Symptome bei Hämophilie-Patienten sind sehr variabel, abhängig von der im Blut nachweisbaren Aktivität des Faktor-VIII-Proteins. Bei schwerer Hämophilie A, von der in Deutschland derzeit etwa 2 000 Patienten betroffen sind, liegt die Aktivität des Faktor-VIII-Proteins unter 1 % im Vergleich zum Durchschnittswert homozygot gesunder Menschen. Die Patienten leiden unter häufigen spontanen, sehr schmerzhaften Blutungen in Muskeln und Gelenken, die zu dauerhaften Fehlstellungen führen können und die Lebensqualität stark beeinträchtigen. Es kann auch zu lebensbedrohlichen Blutungen in inneren Organen oder im Gehirn kommen. Als mittelschwere Hämophilie A bezeichnet man ein Krankheitsbild mit einer Aktivität von Faktor VIII zwischen 1 und 5 %. Spontane Blutungen treten dabei nur selten auf. Bei Patienten mit leichter Hämophilie A (Aktivität von Faktor VIII zwischen 5 und 15 %) zeigt sich lediglich bei größeren Verletzungen oder Operationen eine verstärkte Blutungsneigung.

Material 1 basiert auf:
Dorothee Sophie Strätz: Analyse der Mutationen im FVIII-Gen und deren Auswirkung auf die Klinik, Dissertation Würzburg 2007, S. 4–7:
opus.bibliothek-uni-wuerzburg.de/files/2380/Dissertation.pdf (abgerufen am 29. 12. 2014).
Ulrich Weber (Hg.): Biologie Oberstufe Gesamtband, Berlin 2. Auflage 2009, S. 155.

Material 2

Genetische Beratung
Ein Paar, bei dem sowohl der Mann als auch der Vater der Frau an Hämophilie A leiden, sucht eine genetische Beratungsstelle auf. Die Partner möchten sich vor einer möglichen Schwangerschaft darüber informieren, wie hoch die Wahrscheinlichkeit ist, dass ein Sohn oder eine Tochter die Krankheit erben wird.

Material 3

Molekulargenetische Ursachen der Hämophilie A
Hämophilie A wird in den meisten Fällen durch eine Mutation im Faktor-VIII-Gen oder angrenzender DNA-Bereiche hervorgerufen. Das Faktor-VIII-Gen umfasst 186 000 bp und enthält 26 Exons. Es wird in ein Protein aus 2 351 Aminosäuren translatiert. Bisher wurden mehr als 2 000 verschiedene Mutationen identifiziert. Im Folgenden sind drei Beispiele von Mutationen (A*, B* und C*) beschrieben, die alle zu einer schweren Form der Hämophilie A führen.

Abbildung 3.1
Normalformen und ausgewählte Mutationen im Faktor-VIII-Gen

A Normalform der Basentripletts Nr. 14 und 15 im nicht-codogenen DNA-Strang:

5' … TTG CGA … 3'

A* Mutierte Form der Basentripletts Nr. 14 und 15 im nicht-codogenen DNA-Strang:

5' … TTG TGA … 3'

B* Deletion von vier Nucleotiden im Bereich der Basentripletts Nr. 1 374 und 1 375

C Normalform des DNA-Abschnitts mit dem Faktor-VIII-Gen auf dem X-Chromosom:

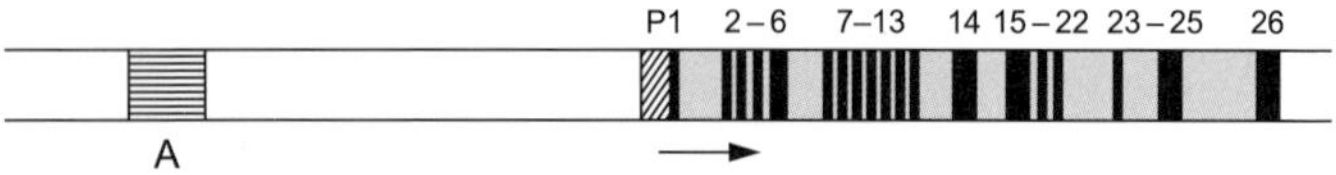

C* Mutierte Form des DNA-Abschnitts mit dem Faktor-VIII-Gen
(entstanden durch Crossing-over innerhalb des X-Chromosoms):

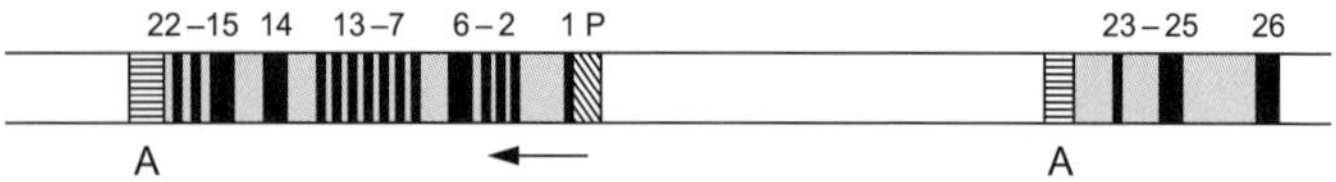

Erläuterungen:

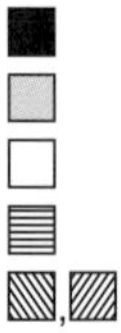

= Exon; die Zahlen geben die Nummern der Exons an

= Intron

= DNA, die nicht transkribiert wird

A = DNA-Abschnitt unbekannter Funktion

P = Promotor-Region; der Pfeil gibt die Richtung der Transkription an

Abbildung 3.2
Die Code-Sonne der mRNA

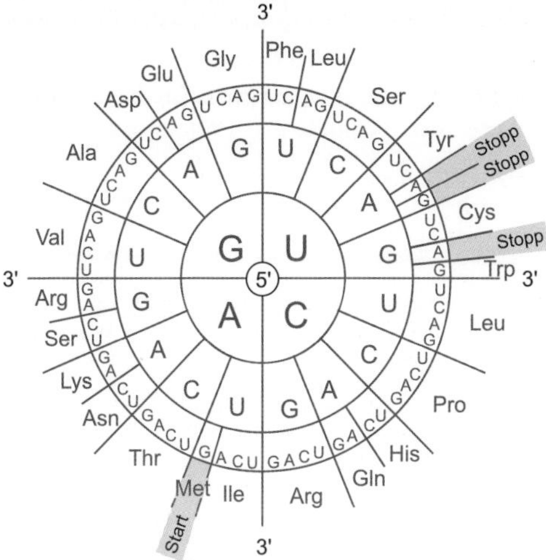

Abkürzungen der Aminosäuren

Ala	Alanin
Arg	Arginin
Asn	Asparagin
Asp	Asparaginsäure
Cys	Cystein
Gln	Glutamin
Glu	Glutaminsäure
Gly	Glycin
His	Histidin
Ile	Isoleucin
Leu	Leucin
Lys	Lysin
Met	Methionin
Phe	Phenylalanin
Pro	Prolin
Ser	Serin
Thr	Threonin
Trp	Tryptophan
Tyr	Tyrosin
Val	Valin

Material 3 basiert auf:
www.omim.org/entry/300841 (abgerufen am 30. 12. 2014).
Dorothee Sophie Strätz: Analyse der Mutationen im FVIII-Gen und deren Auswirkung auf die Klinik, Dissertation Würzburg 2007, S. 13, 20: opus.bibliothek-uni-wuerzburg.de/files/2380/ Dissertation.pdf (abgerufen am 29. 12. 2014).
Bahram Kazemi: using Factor VII in Hemophilia Gene Therapy, S. 371.
http://cdn.intechopen.com/pdfs-wm/17933.pdf (abgerufen am 29. 12. 2014).
Gouri Shankar Pandey et. al: Synthesis of FVIII in Hemophilia-A patients with the intron-22-inversion may modulate immunogenicity, Figure 1: http://www.ncbi.nlm.nih.gov/pubmed/24037092 (abgerufen am 29. 12. 2014).
http://www.omim.org/entry/300841#0069 (abgerufen am 29. 12. 2014).
http://www.omim.org/entry/300841#0173 (abgerufen am 29. 12. 2014).
http://www.ncbi.nlm.nih.gov/nuccore/NM_000132 (abgerufen am 14. 03. 2015).

Material 4

Therapie mit gentechnisch hergestelltem Faktor-VIII-Protein

Patienten mit schwerer Hämophilie A müssen bereits ab dem Babyalter zwei- bis dreimal wöchentlich eine intravenöse Injektion mit intaktem Faktor-VIII-Protein erhalten, meistens ihr ganzes Leben lang. Durch diese Behandlung wird die Faktor-VIII-Aktivität im Blut auf ca. 2 bis 3 % im Vergleich zu einem Gesunden erhöht, wodurch folgenschwere spontane Blutungen vermieden werden können. Bei mittelschwerer und leichter Hämophilie sind Behandlungen nur bei akuten Verletzungen oder Operationen nötig.

Das Faktor-VIII-Protein wurde früher ausschließlich aus dem Plasma von Spenderblut isoliert. Seit den 1990er-Jahren kann es auch gentechnisch hergestellt werden. Dazu wurde mithilfe eines Plasmids das intakte Faktor-VIII-Gen in die Chromosomen von Hamsterzellen integriert. Das Fremdgen wird auch in diesen Zellen exprimiert, sodass das gebildete Faktor-VIII-Protein aus den Hamsterzellen isoliert werden kann.

Ein Problem bei der Therapie ist, dass bei etwa 20 bis 30 % der Patienten mit schwerer Hämophilie A das Immunsystem Antikörper gegen das zugeführte Faktor-VIII-Protein ausbildet, da es dieses als körperfremdes Eiweiß identifiziert. Die Konsequenz ist, dass die Antikörper die Wirkung des zugeführten Faktor-VIII-Proteins direkt neutralisieren und damit dessen therapeutischer Nutzen gleich null ist.

Material 4 basiert auf:
Melanie Andrea Zimmermann: Charakterisierung und Expresssionsanalysen von Hämophilie-A-Mutationen, Dissertation Würzburg 2012, S. 26:
http://opus.bibliothek.uni-wuerzburg.de/files/7185/Melanie_Zimmermann_PhD.pdf (abgerufen am 05. 12. 2014).
http://emedicine.medscape.com/article/201319-treatment (abgerufen am 31. 12. 2014).
Rainer Schwaab u. a.: Gentherapie der Hämophilie, in: Biospektrum (Heft 2) 2001, S. 148–152: www.biospektrum.de/blatt/d_bs_pdf&_id=932902 (abgerufen am 20. 01. 2014).

Material 5

In-vivo-Gentherapie

Da die Hämophilie A auf dem Defekt eines einzigen Gens beruht, sollte eine Behandlung durch Gentherapie möglich sein. Derzeit befinden sich verschiedene Verfahren in der Entwicklung und werden an Tieren mit Hämophilie erprobt. Bei der In-vivo-Gentherapie (siehe Abbildung) werden den Versuchstieren Viren in die Blutbahn injiziert, in deren Erbgut das intakte Faktor-VIII-Gen eingebaut wurde. Die Viren gelangen mit dem Blut zur Leber. Dort schleusen sie das intakte Faktor-VIII-Gen in den Zellkern der Leberzellen ein, ohne dass es in das Genom der Leberzelle integriert wird. Wenn das Gen dort dauerhaft exprimiert und das Faktor-VIII-Protein in die Blutbahn abgegeben wird, ist die Therapie erfolgreich.

In-vivo-Gentherapie (Schema)

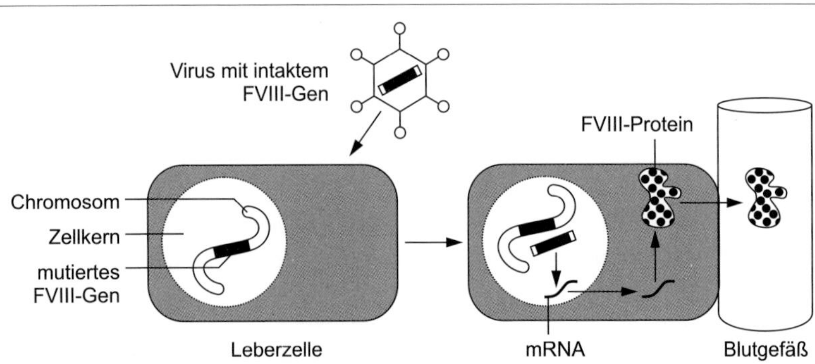

Erläuterung:
FVIII = Faktor VIII

Material 5 basiert auf:
Rainer Schwaab u. a.: Gentherapie der Hämophilie, in: Biospektrum (Heft 2) 2001, S. 148–152: www.biospektrum.de/blatt/d_bs_pdf&_id=932902 (abgerufen am 20. 01. 2014).

Material 6

Therapie mit gentechnisch veränderten Blutstammzellen

Ein neuer Therapieansatz ist bei Hunden mit Hämophilie A bereits gelungen und soll auf den Menschen übertragen werden. Das Verfahren soll folgendermaßen durchgeführt werden: Zunächst werden dem Patienten aus dem Knochenmark Stammzellen entnommen, aus denen Thrombozyten entstehen. Diese Stammzellen werden mit Viren zusammengegeben, die das intakte Faktor-VIII-Gen in die DNA der Stammzellen einbauen. Die so veränderten Stammzellen werden vermehrt und dem Patienten per Infusion wieder zurückgegeben. Damit die veränderten Stammzellen Raum zur Ansiedlung im Knochenmark bekommen, müssen die körpereigenen Knochenmarkszellen des Patienten durch eine Chemotherapie vorher teilweise zerstört werden.

Die gentechnisch veränderten Stammzellen bilden nun das intakte Faktor-VIII-Protein und speichern es im Cytoplasma. Auch die Thrombozyten, die von diesen Stammzellen gebildet werden, enthalten später das Faktor-VIII-Protein. Das Protein wird nicht ständig ins Blut abgegeben. Erst bei einer Gefäßverletzung setzen die zerfallenden Thrombozyten das Faktor-VIII-Protein am Ort der Verletzung frei. Bei einer erfolgreichen Behandlung sind keine Injektionen mit Faktor-VIII-Protein mehr erforderlich.

Material 6 basiert auf:
http://www.aerzteblatt.de/nachrichten/56657/Haemophilie-A-Genveraenderte-Thrombozyten-setzen-Faktor-VIII-frei (abgerufen am 05. 12. 2014).
http://www.wissenschaft.de/leben-umwelt/medizin/-/journal_content/56/12054/2488436/Neue-Hoffnung-f%C3%BCr-Bluter/ (abgerufen am 05. 12. 2014).
http://www.spektrum.de/news/bereit-zum-abheben/1204544 (abgerufen am 01. 01. 2015).

Lösungsvorschläge

In der Aufgabe thematisierte Unterrichtsinhalte sind:
- *Zellbiologie: DNA der Prokaryoten und der Eukaryoten*
- *Genetik: Gentechnik (hier: Methoden der künstlichen DNA-Rekombination), Genbegriff, Allel, Vererbungsmodi, Stammbaumanalyse, Kreuzungsquadrat, Heterozygotie, Homozygotie, X-chromosomale Vererbung, genetischer Code, Mutationsformen, Transkription, Translation, Proteinbiosynthese, Raumstruktur und Funktion der Proteine*

1 *Die Aufgaben von Vektoren und Restriktionsenzymen in der Gentechnik sind lediglich zu benennen. Beziehen Sie sich dabei auf Beispiele aus Ihrem Unterricht. Beachten Sie, dass die Herstellung rekombinanter Plasmide in Stichworten, nicht in ganzen Sätzen, geschildert werden soll.*

Aufgaben von Vektoren:
Mithilfe von Vektoren können DNA-Abschnitte in das Erbgut lebender Zellen übertragen werden. Als Vektoren fungieren u. a. bakterielle Plasmide oder modifizierte Viren (z. B. Retroviren).

Aufgaben von Restriktionsenzymen:
Restriktionsenzyme sind „genetische Scheren". Sie schneiden doppelsträngige DNA spezifisch vor oder nach bestimmten Erkennungssequenzen (Basenabfolgen). Die beiden Stränge der DNA werden versetzt aufgetrennt, wobei einsträngige Endstücke entstehen, sogenannte „sticky ends". An diese können sich dann DNA-Fragmente durch komplementäre Basenpaarung anlagern, die die komplementären sticky ends aufweisen, also zuvor mit dem gleichen Enzym geschnitten wurden.

Beschreibung der Herstellung rekombinanter Plasmide:
- Isolation der als Vektoren dienenden Plasmide aus Bakterienzellen
- Isolation und Reinigung der DNA, die das zu transferierende Gen/den zu transferierenden DNA-Abschnitt (Spender-DNA) enthält z. B. aus einer eukaryotischen Zelle
- Öffnen der Plasmidringe und Herausschneiden des zu transferierenden DNA-Abschnitts mit dem gleichen Restriktionsenzym (z. B. EcoRI), damit sticky ends zusammenpassen.
- Mischen der geöffneten Plasmide mit den zu transferierenden DNA-Fragmenten unter Zugabe von Ligase ⇒ Verbindung von Plasmiden und Spender-DNA und Verknüpfung durch Ligase (Ringschluss)

2 *Um zu entscheiden, wie hoch die Wahrscheinlichkeit der Erkrankung an einer Erbkrankheit in der Nachfolgegeneration ist, bedarf es der Bestimmung des Vererbungsmodus. Dazu tragen Sie alle relevanten Informationen aus den Texten in Material 1 und 2 zusammen.*
Es ist Ihnen überlassen, ob Sie den Lösungsweg anhand eines Kreuzungsschemas, eines Stammbaums oder eines Fließtextes darstellen. Entscheiden Sie sich für den Stammbaum, so sind unbedingt die Regeln für die Darstellung von Stammbäumen zu beachten, z. B.:

- *Wie stellt man die weiblichen und die männlichen Phänotypen dar?*
- *Wie kennzeichnet man betroffene bzw. gesunde Personen?*
- *Wie werden die Genotypen im Falle eines dominant-rezessiven oder eines kodominanten Erbgangs bzgl. der Autosomen oder der Gonosomen dargestellt?*

Achten Sie auf die Unterscheidung mutierter und nicht-mutierter Allele. Geben Sie schließlich die Phänotypen der ratsuchenden Eltern, der möglichen Kinder und der Eltern der ratsuchenden Frau an und ermitteln Sie die notwendigen Wahrscheinlichkeiten.

Ermittlung der Wahrscheinlichkeit für Hämophilie A für Töchter bzw. Söhne des Paares und Darstellung des Lösungswegs:

Alternative 1 (nur eine Alternative verlangt)

Darstellung mithilfe eines Stammbaums:

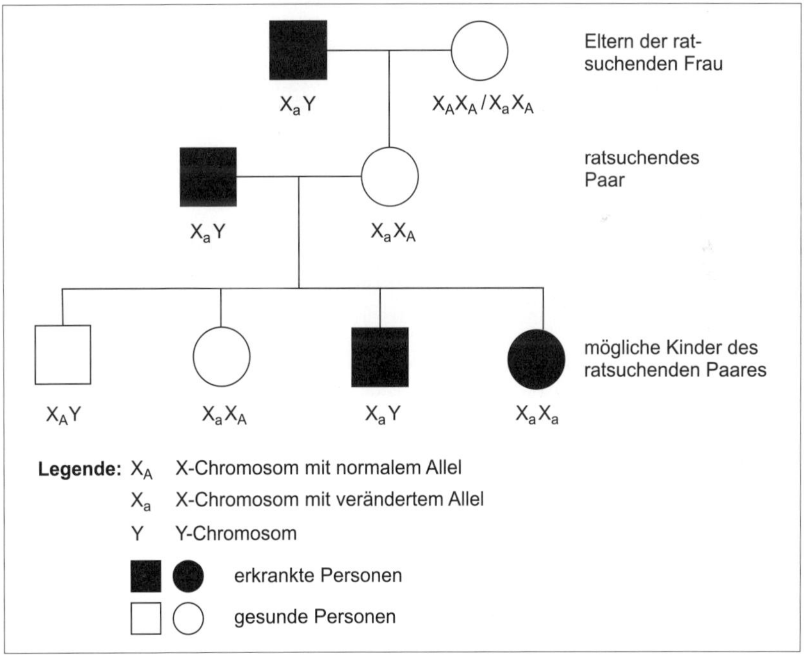

Die **Erkrankungswahrscheinlichkeit** liegt folglich sowohl bei Söhnen als auch bei Töchtern bei **50 %**.

Alternative 2 (nur eine Alternative verlangt)

Darstellung mithilfe eines Kreuzungsschemas:
Da es sich bei der Hämophilie A um eine X-chromosomal-rezessive Erkrankung handelt, muss die ratsuchende Mutter eine phänotypisch gesunde Überträgerin sein.
Kreuzungsschema für das ratsuchende Paar:

Mutter \ Vater	X_a	Y
X_a	X_aX_a	X_aY
X_A	X_aX_A	X_AY

Legende:
X_A X-Chromosom mit normalem Allel
X_a X-Chromosom mit verändertem Allel
Y Y-Chromosom
(grau) erkranktes Kind
(weiß) gesundes Kind

Die **Erkrankungswahrscheinlichkeit** liegt folglich sowohl bei Söhnen als auch bei Töchtern bei **50 %**.

Alternative 3 (nur eine Alternative verlangt)

Darstellung mithilfe eines Fließtextes:
Die Hämophilie A wird rezessiv vererbt. Das mutierte Gen ist auf dem X-Chromosom lokalisiert.
Wenn der Vater der ratsuchenden Frau an Hämophilie A leidet, trägt er das mutierte Gen auf dem X-Chromosom. Damit vererbt er das mutierte Gen an sämtliche weiblichen Nachkommen. Die ratsuchende Ehefrau ist, da selbst nicht erkrankt, heterozygot, also Konduktorin. Ihr Ehemann leidet an Hämophilie A und vererbt daher in jedem Fall ein mutiertes X-Chromosom an eventuelle Töchter. Statistisch gesehen werden die **weiblichen Nachkommen** des Paares folglich zu **50 %** an Hämophilie A leiden. Eventuelle männliche Nachkommen tragen ein nicht mutiertes Y-Chromosom vom Vater und jeweils ein mutiertes oder ein nicht mutiertes X-Chromosom von der Mutter. Auch die **männlichen Nachkommen** sind folglich statistisch betrachtet zu **50 %** von der Krankheit betroffen.

3 *Diese Aufgabe enthält die drei Operatoren „Angeben", „Beschreiben" und „Erläutern". Sie müssen die vorliegende Information sorgfältig analysieren und beachten, dass zwei unterschiedliche Darstellungsformen (Text und DNA-Abschnitt-Schemata) verwendet werden. Damit liegt die Aufgabe nicht nur im Bereich I–II, sondern auch im Bereich II–III!*
Um die Codons der Tripletts 14 und 15 und die Aminosäuren, die entsprechend der Normalform in das Faktor-VIII-Protein eingebaut werden, benennen zu können, müssen Sie berücksichtigen, dass die Abfolge der Basen im nicht-codogenen Strang in 5´-3´-Richtung angegeben ist: Das Ablesen der Code-Sonne (Abb. 3.2) erfolgt ebenfalls in 5´-3´-Richtung von innen nach außen.
Für die Beschreibung der Mutation C orientieren Sie sich an der Nummerierung der dunkel dargestellten Exons.*
Erläutern heißt hier, für jede der drei Mutationsformen die Folgen so darzustellen, dass sie verständlich werden.

Angabe der Codons und der Aminosäuren für die Basentripletts 14 und 15 der Normalform:

DNA nicht-codogener Strang:	5'… TTG CGA …3'
mRNA:	5'… UUG CGA …3'
Aminosäuren:	… Leucin Arginin …

Beschreibung der Mutation C*:
Bei der Mutation C* wurde (eventuell aufgrund eines fehlerhaften Crossing-over-Geschehens) der Teil des DNA-Abschnitts mit dem Faktor-VIII-Gen, der den Promotor sowie die Exons 1–22 enthält, in umgekehrter Richtung in den DNA-Abschnitt eingebaut und zwar so, dass er den Abschnitt A in zwei Teile teilt.

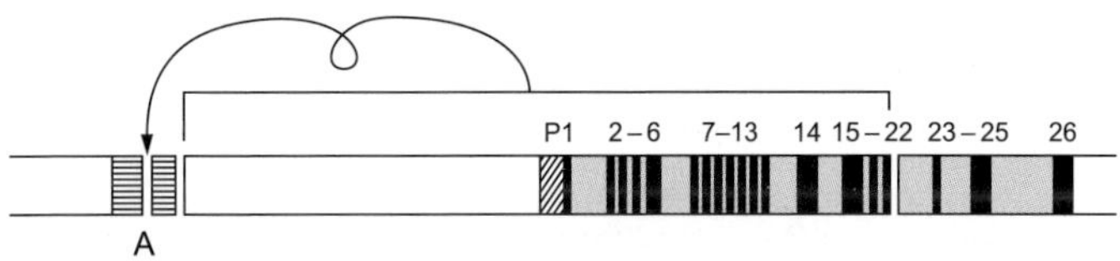

Erläuterung möglicher Folgen der Mutationen A*, B* und C* für die Struktur und die Funktion des Faktor-VIII-Proteins:

- **Mutation A*:** Die Proteinbiosynthese des Faktor-VIII-Proteins wird bereits nach 14 Aminosäuren unterbrochen, da gemäß der mutierten DNA an Position 15 der mRNA ein Stoppcodon (UGA) vorliegt. Es kann also kein funktionsfähiges Faktor-VIII-Protein gebildet werden.
- **Mutation B*:** Eine Deletion von 4 Nukleotiden führt zum einen dazu, dass die Aminosäurekette des gebildeten Proteins um eine Aminosäure verkürzt ist. Zum anderen kommt es zusätzlich zu einer Leserasterverschiebung. Damit werden von der Position 1 375 an bis zum Ende (Position 2 350) völlig andere Aminosäuren in die Polypeptidkette eingebaut als bei der nicht mutierten Form. Es

entsteht ein bezüglich seiner Raumstruktur vermutlich so deutlich verändertes Protein, dass die Erfüllung der ursprünglichen Funktion mit größter Wahrscheinlichkeit nicht mehr gegeben ist.

- **Mutation C*:** Durch die Mutation können vermutlich nur noch die hinter dem Promotor liegenden Exons 1–22 transkribiert werden. Somit entsteht ein stark verkürztes und damit unvollständiges Protein mit einer vermutlich anderen Raumstruktur. Die Erfüllung der ursprünglichen Funktion ist daher mit größter Wahrscheinlichkeit nicht mehr gegeben.

4 *Vergleichen bedeutet, sowohl Gemeinsamkeiten als auch Unterschiede der beiden Verfahren zu erkennen und darzustellen. Der Vergleich ist die Voraussetzung jeglicher Bewertung oder Diskussion, wie sie in der darauffolgenden Aufgabe 5 vorgenommen werden soll. Für die Darstellung der Unterschiede bietet sich die Gegenüberstellung in einer Tabelle an. Werten Sie dazu die Texte und die Grafik in den Materialien 5 und 6 aus.*

- **Gemeinsamkeiten:**
  - Beide Verfahren nutzen rekombinante Viren als Vektoren für das intakte Faktor-VIII-Gen. Das heißt, das Gen für den Faktor VIII ist bereits in das Genom eines Retrovirus eingebaut worden und kann transduziert werden.
  - Beide Verfahren zielen auf eine dauerhafte Produktion des funktionsfähigen Faktor-VIII-Proteins in den Körperzellen der Patienten ab.

- **Unterschiede:**

	In-vivo-Gentherapie	**Stammzellentherapie**
Start der Therapie	Injektion der rekombinanten Viren in den Körper des Patienten	Kontakt rekombinanter Viren und Stammzellen des Patienten außerhalb des Körpers
Aufnahme des Gens	Aufnahme des Faktor-VIII-Gens in den Zellkern von Leberzellen ohne Integration in die DNA	Integration des Faktor-VIII-Gens in die DNA der Stammzellen des Knochenmarks
Chemotherapie nötig?	nein	ja
Abgabe des Faktor-VIII-Proteins	dauerhafte Abgabe von Faktor-VIII-Protein aus den Leberzellen ins Blut	Speicherung des Faktor-VIII-Proteins in Stammzellen und Thrombozyten; Freisetzung des Gerinnungsfaktors erfolgt wie bei Gesunden nur bei Verletzung

5 *In dieser Aufgabe sollen Sie in Form einer Diskussion begründet Stellung nehmen. Dabei geht es um Vor- und Nachteile der beiden Therapieansätze für den Patienten, die jeweils herausgestellt und gewichtet werden sollen. Analysieren Sie dazu die drei Quellen (Material 1, 4 und 6). Eventuell ist die Ordnung der Vor- und Nachteile der beiden Therapieformen in Form einer Tabelle oder einer Mindmap zum Anlegen der Diskussion für Sie hilfreich.*
Denken Sie daran, dass eine Diskussion nur dann vollständig ist, wenn sie eine begründete Bewertung enthält.

Die Behandlung mit **gentechnisch hergestelltem Faktor-VIII-Protein** ist vorteilhaft bei leichter bis mittelschwerer Hämophilie A. Das Mittel kann hier gezielt bei Bedarf (z. B. nach Verletzungen und Operationen) eingesetzt werden. Nachteilig ist eine Immunabwehrreaktion, die bei 20 – 30 % der Patienten auftreten kann. Dies wiegt hier jedoch nicht so schwer, da der Einsatz der Therapie nur punktuell stattfindet.
Anders sieht es bei Patienten mit schwerer Hämophilie A aus. Sie müssten regelmäßig, mehrmals pro Woche, mit dem gentechnisch hergestellten Protein behandelt werden. Die Gefahr einer Immunabwehrreaktion wäre hier deutlich größer und ein ernsthafter Nachteil gegenüber der Stammzellentherapie.
Das Risiko einer Immunabwehrreaktion sollte bei einer Therapie mit **gentechnisch veränderten eigenen Stammzellen** nicht gegeben sein, da das Faktor-VIII-Protein jeweils nur am Ort der Verletzung bei Bedarf freigesetzt wird und nicht ständig im Blut vorhanden ist. Bei der Stammzellentherapie muss allerdings eine Chemotherapie vorausgehen, die Nebenwirkungen haben kann (vgl. Material 6). Auch ein dauerhafter Erfolg der Gentherapie ist nicht garantiert. Durch den Einbau des Vektors in die DNA könnten durch unerwünschte Nebeneffekte Gene funktionslos werden. Die Vorteile dieser Therapieform überwiegen die Nachteile vor allem bei der schweren Form der Hämophilie A. Für die leichte und mittlere Ausprägung ist die Blutstammzellentherapie dagegen weniger gut geeignet als die Behandlung mit gentechnisch hergestelltem Faktor-VIII-Protein.

Abiturprüfung 2017 Leistungskurs Biologie (Hessen)
B2: Verhaltensbiologie

Mit den Ohren sehen BE

1 Ordnen Sie den Nummern in Material 1 die jeweiligen Bestandteile der Netzhaut zu und geben Sie die Einfallsrichtung des Lichts an. Stellen Sie tabellarisch die Funktionsprinzipien der Netzhaut und der Hörschnecke in Bezug auf den adäquaten Reiz, die Rezeption der Reizqualität und die Rezeption der Reizquantität einander gegenüber, sofern sie aus Material 2 zu erkennen sind. (Material 1 und 2) 13

2 Beschreiben und analysieren Sie die zeitliche Veränderung der Ortungslaute während des Beutefangs der Großen Hufeisennase. (Material 3) 6

3 Fassen Sie die entscheidenden Unterschiede bezüglich des spezialisierten Hörvermögens der echoortenden Großen Hufeisennase gegenüber einer nicht-echoortenden Fledermaus zusammen und erläutern Sie daran die Spezialisierung der echoortenden Art. (Material 3 und 4) 12

4 Analysieren und erklären Sie die Reaktion einer fliegenden Fledermaus auf das Phänomen des Dopplereffekts. Begründen Sie, dass die Reaktion der Fledermaus auf dem Schaltprinzip der negativen Rückkopplung beruhen muss. (Material 3 und 5) 12

5 Erklären Sie, wie eine echoortende Fledermaus ein vor dichtem Blattwerk fliegendes Insekt bei Windstille und bei Wind erkennen kann. (Material 3 und 5) 7

50

Material 1

Abbildung 1.1
Querschnitt durch die Netzhaut des menschlichen Auges

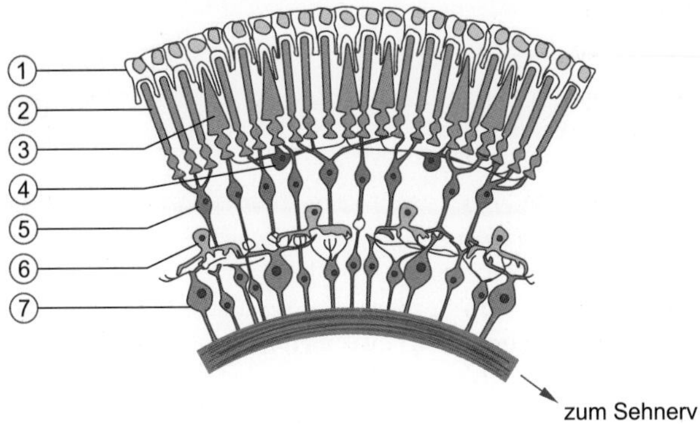

Material 2

Prinzip der Schallwahrnehmung
Unsere akustische Wahrnehmung basiert auf Schallwellen. Dies sind in Bewegung gesetzte Luftmoleküle, die rhythmisch Druck auf unser Trommelfell ausüben. Je höher die Frequenz der Schallwellen ist, also die Zahl der Wellen pro Sekunde (Einheit: Hertz; abgekürzt Hz), desto höher ist der Ton.

Von der Ohrmuschel werden die Schallwellen durch den Gehörgang, über die Membran des Trommelfells und die Gehörknöchelchen mechanisch weitergeleitet und auf die Hörschnecke (Cochlea) übertragen. Die Cochlea ist eine mit Flüssigkeit gefüllte, schneckenförmige Knochenstruktur, in der sich, eingebettet in die Basilarmembran, Sinneszellen befinden. Ankommende Schallwellen bringen die Flüssigkeit in der Gehörschnecke in Bewegung, die daraufhin die haarähnlichen Fortsätze (Cilien) der empfindlichen Haarsinneszellen umbiegt, wodurch eine Depolarisation hervorgerufen wird. Je lauter der Ton, desto stärker werden die Cilien umgebogen. In den Neuronen des Hörnervs entstehen Aktionspotenziale, die das Hörzentrum im Gehirn erreichen.

Ein Mensch verfügt im Schnitt über ca. 15 000 Haarzellen. Der für den Menschen hörbare Bereich liegt zwischen 0,02 kHz – 20 kHz, der Bereich der normalen Sprache liegt bei ca. 0,1 kHz – 5 kHz.

Abbildung 2.1
Aufbau des menschlichen Ohrs (Übersicht)

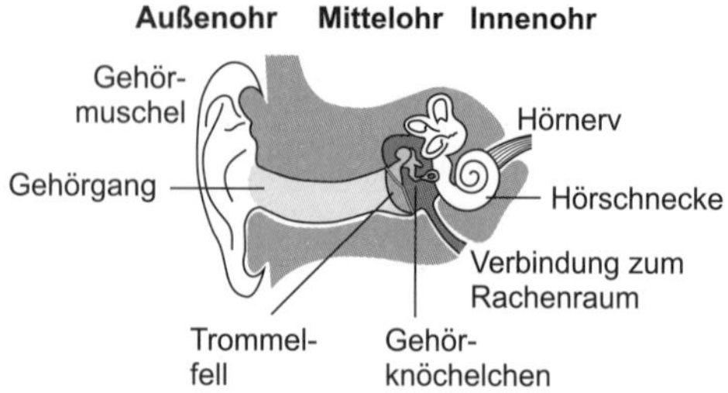

Abbildung 2.2
Bau der Hörschnecke (Cochlea) und Orte der Schwingungsmaxima unterschiedlicher Frequenzen

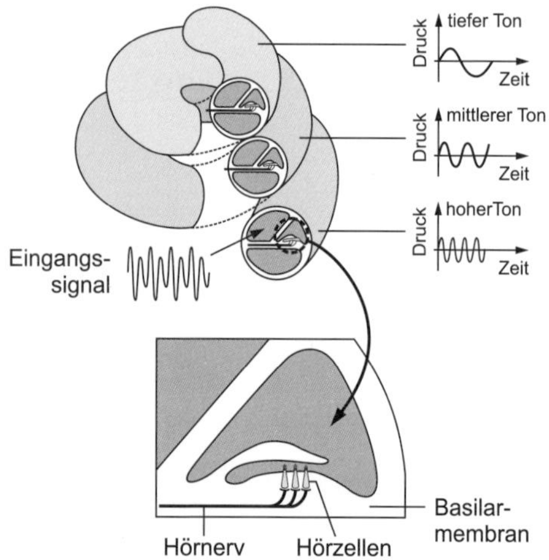

Erläuterung:
Das Eingangssignal ist eine Mischung verschiedener Tonhöhen.

Material 2 basiert auf:
http://www.biologie-schule.de/aufbau-des-menschlichen-ohres.php (abgerufen am 05. 01. 2016).
http://www.learnline.schulministerium.nrw.de/suche/schallwahrnehmung (abgerufen am 5. 01. 2016).
Andrea Erdmann et al.: Neurobiologie, Braunschweig 2005, S. 38 f.
Andrea Erdmann et al.: Neurobiologie, Braunschweig 2005, S. 86.

Material 3

Orientierung und Jagd der Fledermaus

Viele Fledermausarten nutzen zur Orientierung und zur Jagd das Prinzip der Echoortung. Die Tiere sehen sozusagen mit den Ohren. Sie stoßen Rufe im für den Menschen nicht hörbaren Ultraschallbereich aus und werten das Echo aus. Trifft der Schall auf ein Hindernis oder ein Beutetier, wird er reflektiert. Die Fledermäuse können daraus wichtige Informationen ableiten. So kommt das Echo umso früher zurück, je näher ein Hindernis ist. Aus dem Zeitunterschied, mit dem der reflektierte Schall die beiden Ohren erreicht, lässt sich auf die Richtung schließen, in der sich das Objekt befindet. Fledermäuse können mit ihrem Echo-Bildsehen ein ebenso präzises Bild der räumlichen und zeitlichen Struktur der Umwelt aufbauen, wie wir Menschen es mithilfe der Augen können. Durch die Nutzung hochfrequenter Rufe im Ultraschallbereich kann die Fledermaus ihre Umwelt sehr detailliert wahrnehmen, sie kann sozusagen sehr scharf „sehen".

Hufeisennasen – eine 70 Arten umfassende Familie der Fledermäuse – jagen Insekten (vorwiegend Nachtfalter, aber auch Köcherfliegen, Käfer oder Fliegen) in vegetationsnahen Bereichen, z. B. an Waldrändern, Flussufern sowie in der Umgebung von Mauerwerk. Derartige Umgebungen machen die Ortung der Beute schwierig, da der jeweilige Hintergrund, anders als bei der Jagd im freien Luftraum, zahlreiche Echos zurückwirft.

Die Große Hufeisennase *(Rhinolophus ferrumequinum)* sendet während der Suchphase eines Jagdfluges Ortungslaute aus.

Der Ortungslaut der Großen Hufeisennase wird im Kehlkopf erzeugt und durch die Nase ausgesendet, die hierfür besonders geformt ist. Der Laut besteht aus einem Ton mit einer konstanten Frequenz (CF-Teil) von ca. 83 kHz und wird von einer kurzen Aufwärts- und Abwärtsmodulation der Tonlage begrenzt, den frequenzmodulierten (FM-)Teilen. Das Beutetier kann in einer Entfernung bis zu 6,50 m erkannt werden.

Abbildung 3.1
Ortungslaut

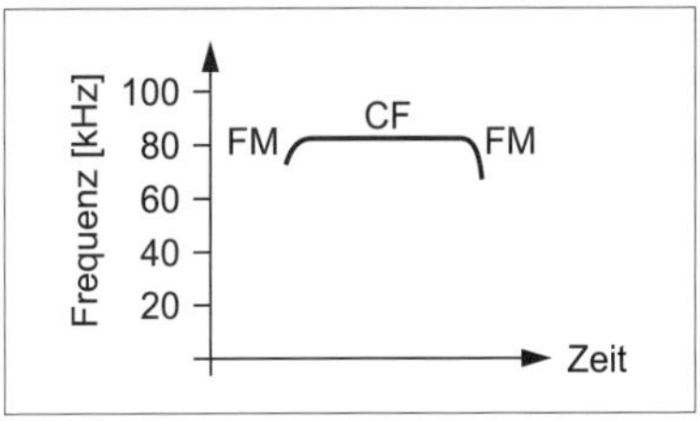

Abbildung 3.2
Phasen des Fangs einer Motte (a) durch die Große Hufeisennase und Ortungslaute während der Jagd (b)

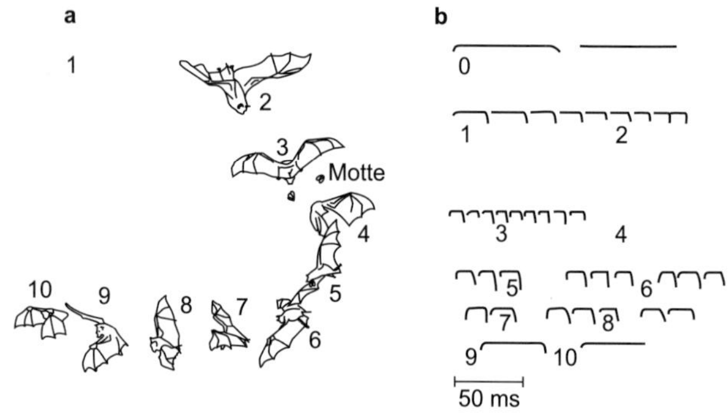

Erläuterung:
Die Laute sind zeilenweise von oben links bis unten rechts zu lesen. Die oberste Zeile (Phase 0) entspricht der Situation vor der Ortung der Beute. Die Zahlen unter den Ortungslauten entsprechen den einzelnen Zeitpunkten in der Bildfolge (Position 1 ist in der Bildfolge nicht dargestellt). Die Sequenz 1–10 dauert insgesamt ca. 1 s.

Material 3 basiert auf:
http://herr-kalt.de/unterricht/2013-2014/bio9a/sinnesorgane/themen/echoortung/start#welche-arten-des-rufs-gibt-es (abgerufen am 05. 01. 2016).
http://www.schule-bw.de/unterricht/faecher/biologie/material/wirbeltiere/saeuge/fledermaeuse/echoortung.html (abgerufen am 05. 01. 2016).
Gerhard Neuweiler: How bats detect flying insects, Phys. Today 33(8), 1980, S. 34–40.
http://hrsbstaff.ednet.ns.ca/jenninj2/Physics%2011/2012-3/Projects/Echolocation/How%20Bats%20Detect%20Flying%20Insects.pdf.
Gerhardt Heldmaier et al.: Vergleichende Tierphysiologie, Berlin, Heidelberg 2013, S. 723–727.

Material 4

Spezialisierung des Hörsinns bei echoortenden Fledermäusen
Das Hören von Echos wird im Gehör vieler Säuger eher unterdrückt, bei echoortenden Tieren aber eher verstärkt. Echoortung ist also vor allem eine Spezialisierung von Bau und Funktion des Hörsinnesorgans.

In den folgenden Abbildungen werden der Bau und die Empfindlichkeit des akustischen Sinnes einer echoortenden mit einer nicht-echoortenden Fledermaus verglichen.

Abbildung 4.1
Frequenzabbildung auf der Basilarmembran

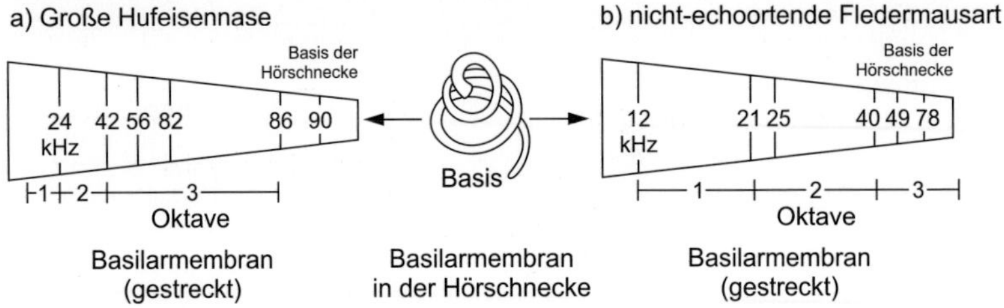

Erläuterung:
In der gestreckten Basilarmembran ist dargestellt, wo die verschiedenen Frequenzen maximal wahrgenommen werden. Außerdem sind die Bereiche angezeigt, die jeweils dem Tonumfang einer Oktave entsprechen.

Abbildung 4.2
Hörschwellenkurve

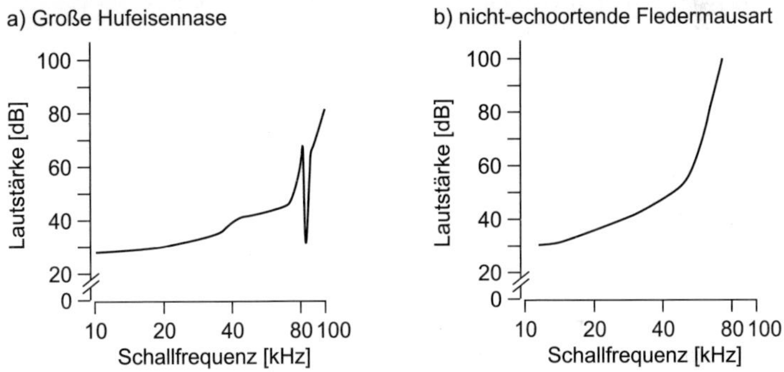

Erläuterung:
Hörschwellenkurven geben an, ab welcher Lautstärke (Schallintensität) der Ton einer bestimmten Höhe (Schallfrequenz) wahrnehmbar ist. Im physiologischen Bereich wird die Lautstärke als Schalldruckpegel [dB] angegeben. Die Schallfrequenzen werden wegen des großen Frequenzumfanges des Hörbereiches logarithmisch dargestellt.

Abbildung 4.3
Dichte der Hörzellen

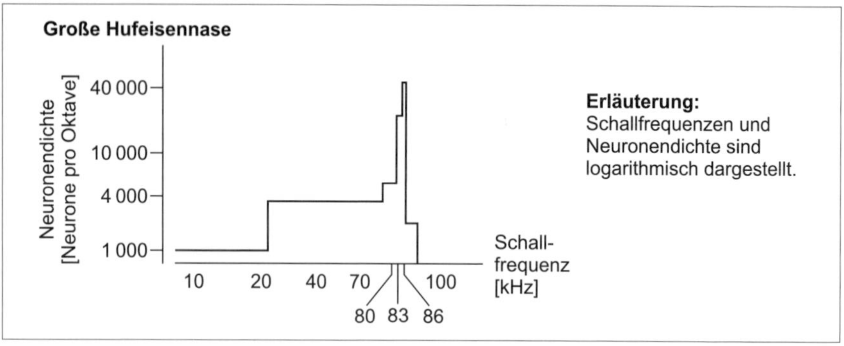

Material 4 basiert auf:
Gerhard Neuweiler: How bats detect flying insects, Phys. Today 33(8), 1980, S. 34–40.
http://hrsbstaff.ednet.ns.ca/jenninj2/Physics%2011/2012-3/Projects/Echolocation/How%20Bats%20Detect%20Flying%20Insects.pdf.
Peter Simmons: Nerve cells and animal behavior, Cambridge 2010.
http://catdir.loc.gov/catdir/samples/cam032/99011620.pdf (abgerufen am 05.01.2016).
Gerhardt Heldmaier et al.: Vergleichende Tierphysiologie, Berlin, Heidelberg 2013, S. 723–727.

Material 5

Einfluss des Dopplereffekts bei der Echoortung

Die Tonhöhe des Echos der Ortungslaute verändert sich mit der Fluggeschwindigkeit. Dieses als Dopplereffekt bezeichnete Phänomen besteht darin, dass ein Beobachter eine Tonquelle, die sich auf ihn zubewegt, mit höherer Tonhöhe wahrnimmt als eine unbewegte Tonquelle. Umgekehrt hört sich eine Tonquelle, die sich vom Beobachter wegbewegt, tiefer an als die unbewegte Tonquelle. Für eine erfolgreiche Echo-Orientierung muss dieses Phänomen bei der Wahrnehmung Berücksichtigung finden.

Nicht nur die Flugrichtung und die Fluggeschwindigkeit der Fledermaus selbst beeinflussen das Echo, sondern auch die Bewegung der Beutetiere. So kann eine Hufeisennase sogar eine flatternde Motte vor sich bewegendem dichten Blattwerk lokalisieren. Denn auch ein Insektenflügel erzeugt im Ortungslautecho Veränderungen, wenn sich der Flügel beim Schlagen (je nach Art des Flügelschlags und der Position des fliegenden Insektes) auf die Fledermaus zu- und wegbewegt. Andererseits erkennt die Fledermaus aber eine nicht flügelschlagende Beute selbst dann nicht, wenn sie direkt vor ihrer Nase sitzt.

Fluggeschwindigkeit, Ruflaute und Echo der Großen Hufeisennase

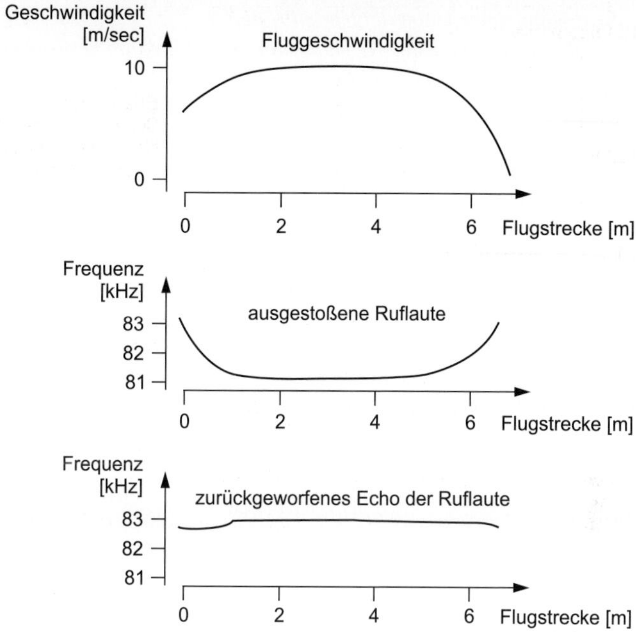

Erläuterung:
Die Abbildungen zeigen die Frequenz des CF-Lautteils einer Großen Hufeisennase, die auf einen Landepfosten zufliegt, sowie das wahrgenommene Echo.

Material 5 basiert auf:
David McFarland: Biologie des Verhaltens, VCH Wiley, Weinheim 1989, S. 208.

Lösungsvorschläge

In der Aufgabe thematisierte Unterrichtsinhalte sind:
- *Verhaltensbiologie: Struktur der Netzhaut, Bau und Funktion sensorischer Rezeptoren, adäquate Reize, Reizqualität, Reizquantität, Handlungen, Blockschaltbilder, negative Rückkopplung, Gesamtfitness als Ergebnis evolutiver Prozesse*

1 *Als Grundlage für die weiteren Aufgaben sollen Sie hier Ihre Kenntnisse über die optischen und akustischen Rezeptoren (Auge und Ohr) des Menschen geordnet darstellen. Zunächst sind den Nummern in Material 1 (Querschnitt durch die Netzhaut) die entsprechenden Begriffe zuzuordnen. Denken Sie daran, die Einfallsrichtung des Lichts anzugeben!*
Funktionsprinzipien des sensorischen Bereichs der Wahrnehmung müssen Sie eigenständig formulieren. Denken Sie dabei an die in Ihrem Unterricht intensiv bearbeiteten Beispiele zur Reizaufnahme bezüglich Qualität und Quantität des Reizes und der bei der Verarbeitung und Weiterleitung beteiligten Zelltypen. Vergessen Sie nicht, dass der Vergleich zwingend in Tabellenform erfolgen muss!

Beschriftung der Netzhautbestandteile und Angabe des Lichteinfalls:

1 Pigmentzellen
2 Stäbchen
3 Zapfen
4 Horizontalzellen
5 Bipolarzellen
6 Amakrinzellen
7 Ganglienzellen

In der Skizze in Material 1 (Abb. 1.1) kommt der **Lichteinfall von unten**.

Das menschliche Auge ist ein inverses Auge, d. h., die von den Sehzellen (Stäbchen und Zapfen) innervierten Neurone liegen vor der Sehzellschicht zum Lichteinfall hin.

	Netzhaut	**Hörschnecke**
adäquater Reiz	Sichtbares Licht (*oder:* elektromagnetische Wellen) der Wellenlänge 400 – 800 nm (Farbempfinden: Violett bis Dunkelrot) trifft auf die Netzhaut.	Schallwellen im Frequenzbereich zwischen ca. 0,02 – 20 kHz treffen auf das Trommelfell, werden über die Gehörknöchelchen mechanisch verstärkt und auf die Flüssigkeit im Innenohr übertragen. Bewegung der Flüssigkeit in den Gehörgängen führt zum Umbiegen der Cilien der Haarzellen (mechanischer Reiz).

Rezeption der Reizqualität	Absorption von Licht durch Sehfarbstoffmoleküle im Außenglied der Sehzellen ⇒ Hyperpolarisation der Zellmembran. Verschiedene Wellenlängen (Lichtfarben, Reizqualitäten) erregen bevorzugt verschiedene Zapfentypen.	Umbiegen der Cilien der Haarzellen ⇒ Depolarisation der Zellmembran. Verschiedene Reizqualitäten (Tonhöhen) erzeugen Schwingungsmaxima an unterschiedlichen Stellen der Cochlea.
Rezeption der Reizquantität	Höhere Lichtintensität wandelt mehr Pigmentmoleküle um ⇒ stärkere Hyperpolarisation der Sehzellen.	Höhere Lautstärke bewirkt stärkeres Verbiegen der Cilien ⇒ stärkere Depolarisation der Hörzellen.

2 *Im Material 3 werden Ihnen Texte, Diagramme und eine Bildfolge vorgestellt, die Sie aufeinander beziehen und in Textform zusammenhängend darstellen müssen.*

Wie in der Erläuterung zu Abb. 3.2 angegeben, umfasst die Phase 0 die Laute vor der Ortung der Beute. Die Laute in dieser Suchflugphase sind etwa 70 ms lang.
Die Phasen 1–3 entsprechen der Ortung und dem Anflug auf die Beute. Die Laute werden kürzer (Phase 1: ca. 30 ms; Phase 3: ca. 10 ms) und häufiger und werden in kontinuierlicher Abfolge ausgestoßen.
Der Zugriff auf die Beute erfolgt ca. 300–400 ms nach deren Wahrnehmung. Während des Zugriffs und des Fressvorgangs werden für ca. 100 ms keine Ortungslaute erzeugt (Phase 4).
Nach dem Beutefang werden zunächst noch kürzere Ortungslaute von ca. 15 ms Länge in 6 Gruppen zu je 2–3 Lauten (Phasen 5–8) ausgestoßen.
Zum Schluss kehrt die Fledermaus in die Phase des Suchflugs zurück mit wieder länger werdenden Ortungslauten von bis zu 50 ms (Phase 9–10).

3 *Achten Sie bei der Beschreibung der Unterschiede darauf, das Wesentliche in strukturierter und komprimierter Form unter Verwendung der Fachsprache herauszustellen. Markieren Sie die Frequenzen, über die Sie sprechen, in der Abb. 4.1. Ziehen Sie dann die Aussagen der Grafiken in Abb. 4.2 und Abb. 4.3 hinzu, um die Zusammenhänge so darzulegen und zu veranschaulichen, dass sie verständlich werden. Verweisen Sie in Ihrer Darstellung eventuell auf die jeweilige Abbildung im Material.*
Achten Sie unbedingt darauf, sich bei der Beschreibung tatsächlich auf die entscheidenden Unterschiede zu beschränken und nicht einfach nur alle Abbildungen zu beschreiben.

Zusammenfassung der entscheidenden Unterschiede bzgl. des spezialisierten Hörvermögens der echoortenden Großen Hufeisennase gegenüber einer nicht-echoortenden Fledermaus:
Abb. 4.1 zeigt die Unterschiede in der Frequenzabbildung der beiden Fledermaustypen. Bei vergleichbarer Länge der gestreckten Basilarmembran ist die Länge und Lage der Oktavenbereiche sehr unterschiedlich. Der Bereich der 3. Oktave (42–86 kHz) auf der Basilarmembran ist bei der Großen Hufeisennase (GH) deutlich größer als der der niederfrequenteren Oktaven 1 und 2. Bei der nicht-echoortenden Art ist der Bereich der 3. Oktave gegenüber dem bei der GH deutlich kleiner. Hier nehmen die Oktaven 1 und 2 (12–21 bzw. 22–40 kHz) jeweils einen größeren Abbildungsraum auf der Basilarmembran ein. Weiterhin ist bei der GH der Bereich zwischen 82 und 86 kHz in der 3. Oktave noch einmal gespreizt und besitzt laut **Abb. 4.3** eine gegenüber den übrigen Bereichen 10-fach erhöhte Neuronendichte. Hinzu kommt, dass die Hörschwellenkurve der GH laut der **Abb. 4.2** gegenüber der nicht-echoortenden Art eine besondere Sensibilität im Schallfrequenzbereich von knapp über 80 kHz aufweist, d. h., an diesem Punkt ist die Hörschwelle gegenüber den darüber- und darunterliegenden Frequenzen deutlich verringert. Dagegen steigt die Hörschwelle bei der nicht-echoortenden Art mit zunehmender Schallfrequenz immer weiter an, d. h., die Sensibilität nimmt mit steigender Frequenz immer stärker ab.

Erläuterung der Spezialisierung der echoortenden Art:
Die Ortungsrufe der GH haben eine festgelegte Frequenz von ca. 83 kHz. Bei dieser Frequenz liegt die Hörschwelle nicht-echoortender Arten so hoch, dass sie die Rufe nicht wahrnehmen könnten. Die GH muss jedoch bei dieser Frequenz besonders differenziert hören können, um die von der Umgebung zurückgeworfenen Echos (gleicher Frequenzbereich) analysieren zu können (vgl. Material 3). Ein großer Teil der Basilarmembran mit der höchsten Neuronendichte steht bei der GH deshalb für die Rezeption von Schallwellen in diesem Frequenzbereich zur Verfügung. Nahe beieinanderliegende Frequenzen und deren Zeitverschiebung (Echo) können so besser unterschieden werden als in anderen Frequenzbereichen. Der für die GH zur Orientierung im Raum und zur Ortung von Beute wichtige Frequenzbereich wird somit selektiv besser wahrgenommen und ist für die Fledermaus gut von Tönen angrenzender Frequenzen zu unterscheiden. Die hohe Neuronendichte garantiert auch die hohe Selektivität bezüglich der Lautstärke, also der Amplitude der Schallwellen.

4 *Im Material 5 wird Ihnen der Dopplereffekt erläutert. Lesen Sie diesen Text sehr sorgfältig und markieren Sie die für das Verständnis der darauffolgenden Diagramme notwendigen Begriffe und Sätze. Stellen Sie anschließend die Zusammenhänge in eigenen Worten dar. Sie kennen den Dopplereffekt aus dem Physikunterricht und aus der Alltagserfahrung: Wenn sich eine Schallquelle, z. B. das Martinshorn eines Rettungswagens im Einsatz, auf Sie zubewegt, ist die Tonlage höher, als wenn sie sich von Ihnen entfernt. Die Zahl der pro Zeiteinheit auf das Ohr auftreffenden Schallwellen (die Frequenz) erhöht bzw. reduziert sich mit der Bewegungsrichtung.*
Die Aufgabe enthält über die Analyse hinaus die Operatoren „Erklären" und „Begründen". Sie müssen also in der Fachsprache argumentieren und kausale Beziehungen darstellen.

Analyse und Erklärung der Reaktion einer fliegenden Fledermaus auf das Phänomen des Dopplereffekts:
Das grundlegende Prinzip für eine sichere Echoortung ist für die Große Hufeisennase das Konstanthalten der Frequenz des durch ihre Ortungsrufe erzeugten Echos. Denn nur ein Echo von etwas über 83 kHz ist für sie optimal interpretierbar, da sie dort die höchste Hörsensibilität aufweist.
Da sich, bedingt durch den Dopplereffekt, die Frequenz des Echos eines beliebigen Objekts im Raum, z. B. des im Experiment genannten Landepfostens, mit der Geschwindigkeit des Anflugs erhöht, muss die Fledermaus ihre Ruffrequenz verringern, um die Frequenz des Echos konstant zu halten. Demzufolge sind beim Start und am Ende eines Fluges die Frequenzen von Ruflaut und Echo identisch. Während des Fluges auf das reflektierende Objekt zu, senkt die Fledermaus ihre Ruffrequenz um ca. 2 kHz ab, um den Dopplereffekt zu kompensieren und die Echofrequenz bei relativ konstanten 83 kHz zu halten. Kurz vor einem angeflogenen Ziel erhöht sie die Ruffrequenz wieder in dem Maße, wie ihre Fluggeschwindigkeit abnimmt. Wenn sich ein Objekt auf die Fledermaus zubewegt, ist der Dopplereffekt noch größer und sie muss die Ruffrequenz noch stärker absenken.

Begründung der Reaktion der Fledermaus als Folge einer negativen Rückkopplungsschaltung:
Die Reaktion der Fledermaus beruht auf einem Regelkreis, in dem ein vom Gehirn vorgegebener Sollwert (83 kHz) möglichst konstant gehalten wird. Die von den Hörzellen aufgenommene Frequenz des Echos muss ständig an eine „Verrechnungsinstanz" übermittelt werden, die das aufgenommene Signal kontinuierlich mit dem Sollwert vergleicht. Liegt die Frequenz des Echos über dem Sollwert, muss die Frequenz des Ortungslautes entsprechend reduziert werden. Bei sich entfernenden Beuteobjekten liegt der umgekehrte Fall vor, sodass die Fledermaus bis zum Erreichen der gleichen Geschwindigkeit bei der Verfolgung umgekehrt kompensieren muss. Folglich handelt es sich im vorliegenden Fall um eine negative Rückkopplung.

5 *Bei dieser Aufgabe müssen Sie alle bisher gewonnenen Erkenntnisse nutzen, um ein für die jagende Fledermaus alltägliches Phänomen zu erfassen und zu erklären, wie sie das Problem löst. Dazu benötigen Sie die Materialien 3–5. Führen Sie die Echoortungsleistung der Fledermaus in diesem speziellen Fall unter Verwendung der Fachsprache auf die bisher erarbeiteten Grundprinzipien der Echoortung und kausale Zusammenhänge zurück. Klären Sie zunächst die Unterschiede in den beiden genannten Situationen, in denen das Tier eine erfolgreiche Ortung leisten muss.*

Der Unterschied im Bewegungsmodus eines Insektenflügels und eines im Wind bewegten Blattes ist eindeutig: Der Insektenflügel erzeugt bei der Ortung ein Echo, welches sich je nach Art des Flügelschlags und der Position des Insekts zur Fledermaus in regelmäßigem Rhythmus ändert. Der schlagende Flügel bewegt sich rhythmisch auf die Fledermaus zu oder von ihr weg.
Bewegen sich die Blätter, vor denen das Insekt fliegt, bei Windstille nicht, erzeugen sie ein konstantes Echo. Dieses kann von der Fledermaus von dem sich rhythmisch verändernden Echo des Insekts, welches außerdem noch ständig seinen Aufenthaltsort verändert, gut unterschieden werden.
Bei Wind bewegen sich auch die Blätter, aber unregelmäßig. Dementsprechend unregelmäßig ist die zeitliche Abfolge des Echos. Auch dies unterscheidet sich deutlich von der gleichmäßig rhythmischen Echofrequenzänderung, die durch das Insekt hervorgerufen wird.

Abiturprüfung 2018 Leistungskurs Biologie (Hessen)
A1: Genetik

Viren und Krebs

		BE
1	Geben Sie drei Formen von Genmutationen mit Definition sowie Definitionen für die Begriffe „Onkogen“ und „Anti-Onkogen“ (= Tumorsuppressorgen) an.	10
2	Beschreiben und erläutern Sie den Lebenszyklus (Infektion der Wirtszellen, Erhaltung und Vermehrung) von Papillomviren ohne Tumorbildung unter Berücksichtigung des Aufbaus und der Expression der viralen Proteine. (Material 1 und 2)	12
3	Erklären Sie die Wirkungsweise der Virenproteine E6 und E7 und die damit verbundenen Folgen für den Zellzyklus. Ordnen Sie dabei den für die Proteine P53, E6 und E7 codierenden Genen die ihrer Wirkung bei der Krebsentstehung entsprechenden Fachbegriffe zu. (Material 2 und 3)	11
4	Erläutern Sie die Wirkungsweise eines Masernvirus in der Krebstherapie unter Angabe der dafür notwendigen, gentechnisch einzufügenden Eigenschaft des Virus. Erörtern Sie jeweils zwei mögliche Vor- und Nachteile einer Krebstherapie mit Viren. (Material 4 und 5)	9
5	Vergleichen Sie die Vermehrungsweise eines Papillomvirus mit der eines zur Tumorbekämpfung verwendeten Virus. (Material 1, 2, 3, 4 und 5)	8
		50

Material 1

Papillomviren und Krebs

Humane Papillomviren (HPV) sind so verbreitet, dass sich die meisten Menschen im Laufe ihres Lebens damit anstecken. Normalerweise bleibt eine Infektion mit den Viren unbemerkt, manche Papillomviren können jedoch harmlose Warzen verursachen und bestimmte Virustypen erhöhen das Risiko für einige Krebsarten. Besonders beim weiblichen Gebärmutterhalskrebs (Zervixkarzinom), aber auch bei Anal- und Peniskarzinomen sowie bei ca. 20 % der Karzinome des Nasen-Rachenraums besteht ein Zusammenhang mit bestimmten Papillomvirus-Infektionen. Dies gilt in besonderer Weise für das humane Papillomvirus HPV16, dessen DNA am häufigsten in diesen Karzinomen nachgewiesen wird. Insgesamt sind ca. 95 % aller weltweit untersuchten Gebärmutterhals-Karzinome HPV-positiv.

Papillomviren zeigen eine stark ausgeprägte Spezifität für ihre jeweiligen Wirtsorganismen und für Deck- und Drüsengewebezellen, sogenannte Epithelzellen. Die Virusinfektion erfolgt über Mikroverletzungen (kleine Risse) der Haut oder Schleimhaut, wobei es für eine anhaltende Infektion notwendig ist, dass die Papillomviren die zellteilungsfähigen Basalzellen des Epithels infizieren.

Die Basalzellschicht dient der Regeneration der Haut: In den Basalzellen entstehen durch mitotische Teilungen fortwährend neue Zellen. Die Zellen werden durch die nachgebildeten Zellen nach oben geschoben, wo sie eine Umstrukturierung erfahren und sich zu kernlosen Hornzellen differenzieren, um schließlich ein mehrschichtiges, verhornendes Plattenepithel aus abgestorbenen Zellen zu bilden. In der obersten Schicht angekommen, werden die Zellen dann nach und nach z. B. durch mechanische Einflüsse zerstört und lösen sich als feine Hautschüppchen durch Berührung oder Waschen von den darunter liegenden Schichten ab.

Material 1 basiert auf:
www.spektrum.de/lexikon/biologie/papillomviren/49265 (abgerufen am 12. 04. 2016).
http://jucknix.de/basalzellschicht/ (abgerufen am 12. 04. 2016).
http://onlinelibrary.wiley.com/doi/10.1002/biuz.200910383/pdf (abgerufen am 12. 04. 2016).
www.gesundheitsinformation.de/humane-papillomviren-hpv.2109.de.html?part=ursachen-fc (abgerufen am 12. 04. 2016).
kups.ub.uni-koeln.de/739/1/11v4668.pdf (abgerufen am 12. 04. 2016).

Material 2

Die Genomstruktur von humanen Papillomviren
Mit einem Durchmesser von etwa 55 nm handelt es sich bei den Papillomviren um relativ kleine Viren. Die Virushülle beinhaltet die doppelsträngige, ringförmige, etwa 8 000 Basenpaare umfassende Virus-DNA, die alle viralen Gene (E1–7 und L1+2) enthält.

Abbildung 2.1
Aufbau des Papillomvirus

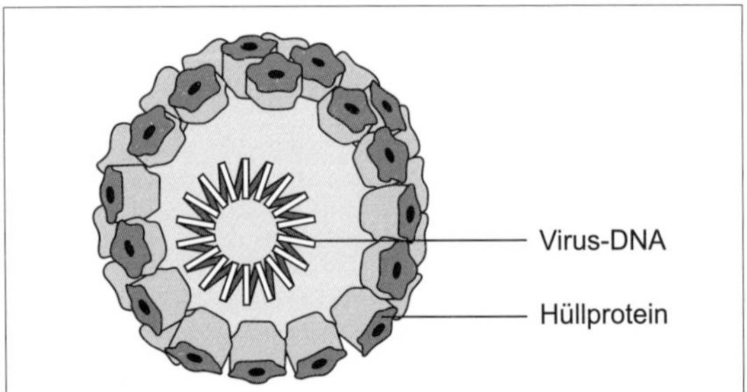

Abbildung 2.2
Der Lebenszyklus von Papillomviren ohne Tumorbildung
Die virale DNA verbleibt als ringförmige DNA im Zellkern der Basalzelle, ohne sich in deren DNA zu integrieren.

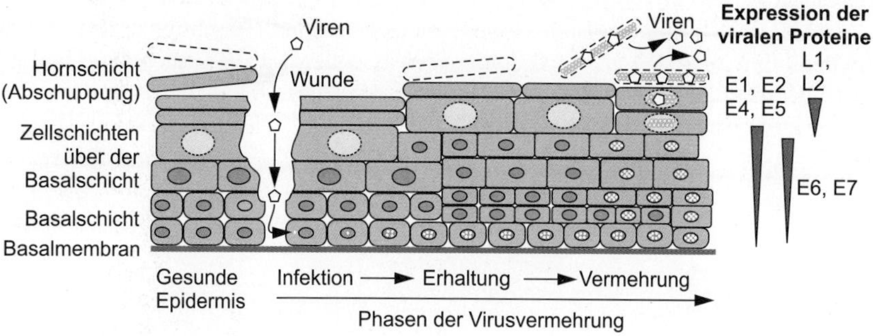

Erläuterung:
Die Stärken der Keile symbolisieren die relative Expressionsrate der jeweiligen Gene in den infizierten Zellen, d. h., je dicker der Keil ist, desto stärker ist die Expressionsrate.

Abbildung 2.3
Kopienzahl des Virusgenoms während verschiedener Phasen der Vermehrung

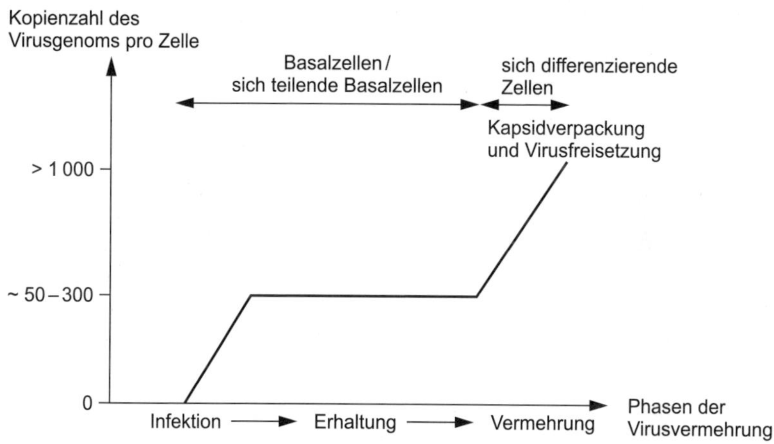

Material 2 basiert auf:
Diethard Baron u. a.: Genetik, Braunschweig 2012, S. 190.
www.mdpi.com/2077-0383/4/2/204/htm (abgerufen am 12. 04. 2016).
www.nature.com/nrmicro/journal/v11/n4/fig_tab/nrmicro2984_F1.html (abgerufen am 12. 04. 2016).

Material 3

Gebärmutterhalskrebs

Die Entstehung von Gebärmutterhalskrebs wird durch eine anhaltende Infektion mit humanen Papillomviren (HPV), insbesondere den Hochrisiko-Typen 16 und 18, begünstigt. Von 100 infizierten Frauen entwickeln circa 1–2 Frauen ein Zervixkarzinom. Ein wichtiger Schritt in der Entwicklung von Gebärmutterhalskrebs ist die Integration der Papillomvirus-DNA in das Genom der Wirtszelle. Die HPV-Integration bewirkt eine Inaktivierung eines spezifischen viralen Regulatorgens und dadurch eine dauerhafte Aktivierung der HPV-Gene E6 und E7.

Wirkung der viralen Proteine E6 und E7 auf den Zellzyklus

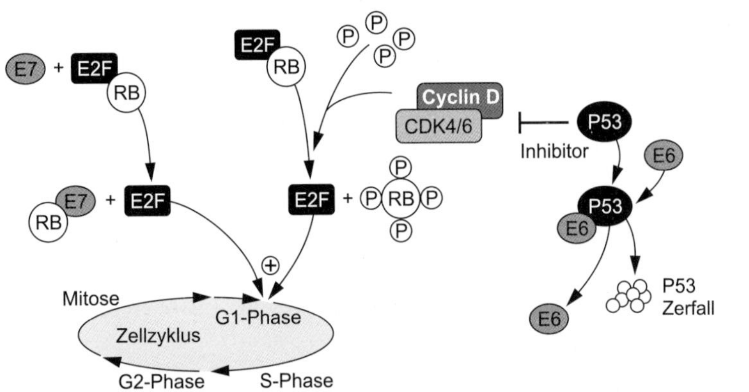

Erläuterung: Wirtseigene Strukturen:
E2F: Transkriptionsfaktor
CDK4/Cyclin-D-Komplex: Kinase
P53 und RB: Proteine

Ⓟ anorganisches Phosphat
⊕ Stimulation der Zellteilung

Material 3 basiert auf:
www.db-thueringen.de/servlets/DerivateServlet/Derivate-25851/Diss/Melanie_Liesenfeld.pdf (abgerufen am 15. 04. 2016).
www.dkfz.de/de/f030/groups/schwarz/project1.html (abgerufen am 15. 04. 2016).
https://books.google.de/books?id=heEdBgAAQBAJ&pg=PA244&lpg=PA244&dq=Onkoproteine+E6+und+E7&source=bl&ots=eRI95dFvk9&sig=Eal8CgDBUU6-lQar7RU3feeBGtg&hl=de&sa=X&ved=0ahUKEwjXpvaq-tjKAhWFqA4KHbqTDsEQ6AEIOzAF#v=onepage&q=Onkoproteine%20E6%20und%20E7&f=false (abgerufen am 15.04.2016).
www.diss.fuberlin.de/diss/servlets/MCRFileNodeServlet/FUDISS_derivate_000000002211/01_KAPITEL1,EINLEITUNG.pdf (abgerufen am 15. 04. 2016).

Material 4

Krebstherapie mit Viren

Krebszellen bilden häufig große Mengen spezifischer Oberflächenproteine, die sich je nach Krebstyp unterscheiden.
Seit langer Zeit ist bekannt, dass bei Krebspatienten, die zufällig eine Virusinfektion bekommen, die Tumore zum Teil völlig verschwinden. Dieses Phänomen machen sich Wissenschaftler jetzt zunutze. Sie bekämpfen Krebszellen mit gentechnisch veränderten Viren, beispielsweise mit Masernviren. Diese werden direkt in den Tumor gespritzt, damit ihre Konzentration am gewünschten Wirkort besonders hoch ist.

Wirkung von Viren auf Tumorzellen

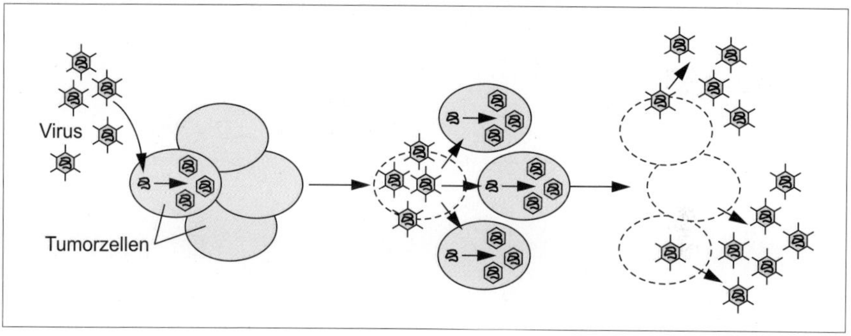

Material 4 basiert auf:
https://kluedo.ub.uni-kl.de/files/2796/Dissertation+Nadja+Thomas.pdf (abgerufen am 07.08.2016).
www.mdpi.com/2072-6694/5/4/1271/htm (abgerufen am 15. 04. 2016).

Material 5

Das Masernvirus

Masernviren erkennen ihre Wirtszelle an Oberflächenproteinen. So erkennt das H-Protein des Masernvirus das menschliche Zelloberflächenprotein des Typs CD46. Zum Eindringen in die Wirtszelle nutzt das Masernvirus ein weiteres Protein, das F-Protein. Das Genom des Virus besteht aus einer einzelsträngigen RNA (single stranded- oder ssRNA), die von einer als Kapsid bezeichneten Struktur aus Proteinen umhüllt ist. Dieses sogenannte Nukleokapsid ist seinerseits wiederum von einer Virushülle umgeben. Interne Proteine (L- und P-Proteine) sind an der Replikation des Virus beteiligt. Ein weiteres sogenanntes M-Protein ist ein Strukturprotein der Virushülle.

Masernvirus mit natürlicherweise vorkommendem Rezeptor

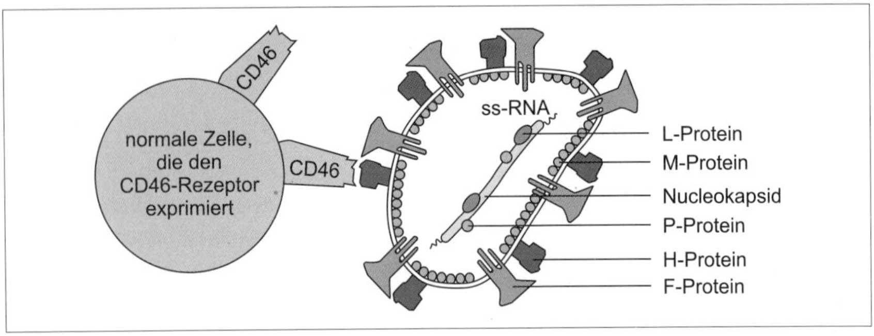

Material 5 basiert auf:
David P. Clark u. a.: Molekulare Biotechnologie, Heidelberg 2009, S. 495 f.

Lösungsvorschläge

In der Aufgabe thematisierte Unterrichtsinhalte sind:

- *Zellzyklus: G1-Phase, S-Phase, G2-Phase, Mitose*
- *Verschiedene Formen der Genmutation und deren Auswirkung*
- *Bau und Vermehrung von DNA- und RNA-Viren; lytischer und lysogener Zyklus*
- *Mutationen an Protoonkogenen, Onkogene und virale Gene als Ursachen von Krebs*
- *Tumorsuppressorgene*
- *Zellulärer Aufbau der Haut*

1 *Drei Formen von Genmutationen, die aus dem Unterricht bekannt sein sollten, sind anzugeben und zu definieren. Des Weiteren werden die Definitionen der Begriffe Onkogen und Anti-Onkogen (auch Tumorsuppressorgen genannt) verlangt. Vergegenwärtigen Sie sich noch einmal die unterschiedlichen Mutationsformen. Mutationen sind immer eine Veränderung der genetischen Information. Man unterscheidet Genommutationen (veränderte Chromosomenzahl), Chromosomenmutationen (Veränderungen der Chromosomenstruktur) und die hier zu definierenden Genmutationen, die nur ein Gen betreffen. Überlegen Sie, welche grundsätzlichen Veränderungen an einem DNA-Abschnitt möglich sind. Im Zusammenhang mit dem Begriff Onkogen kennen Sie aus dem Unterricht den Begriff Protoonkogen.*

Basenpaarsubstitution: Ersetzen eines Nukleotids und seines Gegenstücks auf dem komplementären Strang durch ein anderes Nukleotidpaar. Ein Triplett innerhalb eines Gens ist somit verändert, was zur Folge haben kann, dass bei der Translation eine andere Aminosäure codiert wird. Das muss aber nicht der Fall sein (degenerierter Code).

Insertion: Komplementäre Basenpaare werden zusätzlich in die DNA eines Gens eingeschoben. Das Leseraster verschiebt sich (daher auch Rastermutation), was zur Folge hat, dass sich alle nachfolgenden Tripletts verändern. Bei der Translation entstehen in der Regel völlig neue Aminosäuresequenzen.

Deletion: Komplementäre Nukleotidpaare werden eliminiert. Die Folgen sind ähnlich der Insertion, da sich auch hier das Leseraster verschiebt.

Onkogen: Durch Mutation aus einem Protoonkogen entstandenes Gen. Onkogene codieren Genprodukte (Proteine), die in den Zellzyklus eingreifen können. Diese können unkontrollierte Zellteilungen fördern und damit eine Krebserkrankung auslösen.
Das Genom von Viren enthält häufig DNA-Sequenzen, die den Onkogenen gleichen.

Tumorsuppressorgene (Anti-Onkogene): Gene, die für Genprodukte (Proteine) codieren, die die Zellteilung hemmen. Sie hindern Zellen an einer unkontrollierten Vermehrung.

2 *Lesen Sie zunächst Material 1 und markieren Sie vor allem die Aussagen zu:*
- *den Wirtszellen der HPV-Viren.*
- *Bedingungen für die erfolgreiche Infektion der Haut.*
- *Besonderheiten der Basalzellen der Haut.*

Vergegenwärtigen Sie sich die „normale" Entwicklung der Basalzellen der Haut. Fragen Sie sich, inwiefern der Entwicklungszyklus der HPV-Viren dem der Basalzellen der Haut angepasst ist. Die Phasen Infektion, Erhaltung und Vermehrung der Viren sind zu definieren und in Beziehung zu setzen zu Erhaltung, Vermehrung, Differenzierung und Zelltod der Basalzellen. Dies erfordert eine parallele Auswertung des Textes in Material 1 und der Abbildungen 2.2 und 2.3.
Fragen Sie sich, welches das Signal für die Expression der viralen Gene ist, die für die Proteine L1 und L2 codieren.
Ihre Beschreibung sollte mit der Infektion einer Basalzelle beginnen.
Ihre Erläuterung soll den Sachverhalt veranschaulichen, sodass er verständlich wird, kausale Zusammenhänge sind nicht gefragt.

Voraussetzung für die erfolgreiche Infektion mit Papillomviren sind Verletzungen der Haut/Schleimhaut, die so tief gehen, dass sie die Basalzellschicht der Haut erreichen. HPV-Viren zeigen nämlich laut Material 1 eine stark ausgeprägte Spezifität für Zellen der Deck- und Drüsengewebe, die Epithelzellen. Das Virus dringt in eine Basalzelle ein. Dabei werden die Virus-DNA und die Capsid-Proteine freigesetzt. Die Virus-DNA etabliert sich als extrachromosomaler DNA-Ring im Kern der Wirtszelle. Enzyme der Wirtszelle replizieren in der **Infektionsphase** das Virusgenom auf eine Zahl von 50–300 Kopien pro Zelle. Parallel dazu findet durch die Enzyme der Wirtszelle eine geringe Expression der viralen Gene E1, E2, E4, E5, E6 und E7 statt.

Während der **Erhaltungsphase** bleibt die Zahl der Kopien des Virusgenoms pro Zelle konstant. Die Virus-DNA wird lediglich vor jeder Teilung der Wirtszellen parallel zu deren Genom dupliziert.

Die **Vermehrungsphase**, die von einer starken Virusvermehrung geprägt ist, beginnt zum Zeitpunkt der Reifung und Differenzierung der Epithelzellen und ist abgeschlossen, wenn sich die Epithelzelle zu einer kernlosen Hornzelle in der obersten Hautschicht differenziert hat. Während dieser Phase steigt die Anzahl der Virengenome auf über 1 000 pro Zelle an. Parallel dazu kommt es zu einer verstärkten Expression der viralen Gene E1, E2, E4, E5, E6 und E7. Die Expression von E6 und E7 stoppt schließlich, und kurz bevor die Wirtszellen völlig ausdifferenziert sind, werden auch die viralen Gene L1 und L2 exprimiert. Die viralen Genome und die Capsid-Proteine lagern sich selbstständig zu neuen Virusteilchen zusammen. Durch das natürliche Absterben und Ablösen der oberen Hautzellen werden die Viren freigesetzt und können nun weitere Epithelzellen befallen.

3 *Die Aufgabe besteht aus zwei Teilen:*

- *Im ersten Teil sollen Sie die Wirkungsweise der Virenproteine E6 und E7 und die damit verbundenen Folgen für den Zellzyklus erklären. Erklären heißt hier, den Sachverhalt der Entwicklung von Gebärmutterhalskrebs, also der unkontrollierten Zellvermehrung im Schleimhautepithel, in der Fachsprache auf kausale Wirkzusammenhänge zurückzuführen, die in Material 3 (Abb.) dargestellt sind.*
  Um sich zurechtzufinden, ermitteln Sie zunächst den Punkt im Zellzyklus, an dem die unkontrollierte Vermehrung eingeleitet wird. Es gibt zwei Stränge, über die der Transkriptionsfaktor E2F seine Wirkung entfalten kann, wobei der in der Abb. in Material 3 links dargestellte Ablauf vom Virenprotein E7 und der rechts dargestellte Ablauf vom Virenprotein E6 initiiert wird und wesentlich komplexer ist.
- *Im zweiten Teil sind den in der Aufgabenstellung genannten Genen die Fachbegriffe Onkogen und Tumorsuppressorgen zuzuordnen (siehe Aufgabe 1).*

Erklärung der Wirkungsweise der Virenproteine E6 und E7 und der Folgen für den Zellzyklus:
Der in der Abbildung in Material 3 links dargestellte Ablauf betrifft das Protein **E7**. E7 löst das wirtseigene Protein RB vom Transkriptionsfaktor E2F und bindet es an sich. Der freigesetzte E2F stimuliert daraufhin die Transkription und leitet damit die nächste Phase im Zellzyklus, die S-Phase, ein. Der Übergang von der G1- zur S-Phase führt zur Aktivierung der Zellteilung.

Das Protein **E6** bindet im rechten Ablaufstrang der Abbildung an den wirtseigenen Inhibitor P53 und führt zu dessen Zerfall. Dadurch wird die hemmende Wirkung von P53 auf eine Kinase (CDK4/Cyclin-D-Komplex) aufgehoben. Die dadurch ausgelöste Phosphorylierung des Proteins RB führt zu dessen Ablösung vom schon genannten Transkriptionsfaktor E2F. Der freigesetzte E2F stimuliert in der oben schon beschriebenen Weise dauerhaft die Zellteilung.

Zuordnung der Fachbegriffe für die Gene, die die Genprodukte P53, E6 und E7 codieren:

- Die viralen Gene, die die Proteine E6 und E7 codieren, sind nach der Definition in Aufgabe 1 **Onkogene**.
- Das für P53 codierende Gen ist ein **Tumorsuppressorgen**.

4 *Auch diese Aufgabe besteht aus zwei Teilen.*

- *Im ersten Teil ist die Wirkungsweise eines Masernvirus in der Krebstherapie zu erläutern. Es wird also eine fachsprachlich richtige, verständliche Darstellung gefordert.*
  Lesen Sie zunächst die Texte in Material 4 und 5. Wichtig sind die parallelen Aussagen zu den Oberflächenproteinen der Tumorzellen und der Capsid-Proteine des Masernvirus.

Denken Sie an den im Unterricht behandelten lytischen Zyklus und an die Infektion von Zellen mit Retroviren. Für die Nutzung von Masernviren zur Tumortherapie ist es nötig, dass das Virus seine Wirtszelle erkennt und andocken kann. Die Funktion von Proteinen auf der Zelloberfläche der Wirtszellen und im Capsid der Viren sollte Ihnen bekannt sein.

- *Die im zweiten Teil erwartete Erörterung fordert, dass Sie zu einer selbst formulierten Aussage oder These Stellung nehmen, indem Sie eine Argumentation entwickeln, die zu einer begründeten Bewertung führt.*

Erläuterung der Wirkungsweise eines Masernvirus in der Krebstherapie unter Angabe der dafür notwendigen, gentechnisch einzufügenden Eigenschaft des Virus:

Masernviren nutzen Rezeptorproteine, um ihre Wirtszelle zu erkennen. Da die Tumorzelle nicht ihre Wirtszelle ist, muss das H-Erkennungsprotein im Capsid des Virus gentechnisch verändert werden, und zwar so, dass es an die Oberflächenproteine der Tumorzellen andocken kann.

Unter Vermittlung des F-Proteins dringt das Virus dann in die Tumorzelle ein und infiziert diese. Mithilfe des Enzyms reverse Transkriptase wird aus dem viralen RNA-Strang ein DNA-Strang rekonstruiert. Im Folgenden finden Replikation (unter Beteiligung der L- und P-Proteine) und Expression der viralen Gene statt. Nach ausreichender Vermehrung der Viren werden die Tumorzellen gezielt durch Lyse zerstört.

Erörterung möglicher Vor- und Nachteile einer Krebstherapie mit Viren:

Vorteile:

- Wenn die Viren die Tumorzelle erkennen und andocken können, werden diese gezielt zerstört.
- Durch die in großer Zahl vorhandenen Viren können mögliche Metastasen im Körper ebenfalls bekämpft werden.

alternativ:

- Im Vergleich zur Strahlen- oder Chemotherapie sollten die Nebenwirkungen der Behandlung denkbar gering sein, da das Virus selektiv über sein Erkennungssystem Krebszellen befällt und zerstört und andere Zellen nicht als Wirt erkennt.

Nachteile:

- Für jede Tumorart muss ein spezifisches Virus hergestellt werden. Das bedeutet einen hohen Zeitaufwand für gentechnische Entwicklung bzw. Fertigung und damit hohe Kosten.
- Es wäre möglich, dass Tumorzellen Resistenzen gegen die verwendeten Viren entwickeln.

alternativ:

- Das Immunsystem des Menschen könnte das Virus unschädlich machen. Zumindest wäre die Bekämpfung von Metastasen dadurch wohl eingeschränkt.

5 *Hier sollen Sie die Vermehrungsweise eines Papillomvirus mit der eines zur Tumorbekämpfung verwendeten Virus vergleichen. Zur Bearbeitung müssen alle Materialien und Ihre bisherige Bearbeitung herangezogen werden.*
Stellen Sie zunächst heraus, was beiden Viren gemeinsam ist. Denken Sie dabei an die Virenvermehrung.
Erinnern Sie sich bei der Zusammenstellung der Unterschiede auch an die Ihnen aus dem Unterricht bekannten Begriffe „lysogener Zyklus" und „lytischer Zyklus".
Falls es für Sie hilfreich ist, können Sie zuerst auf einem separaten Blatt Papier in einer Tabelle oder mit einer grafischen Methode (Cluster, Mindmap, Wortfeld) die in den zahlreichen Materialien gefundenen Kriterien für den Vergleich zusammenstellen und anhand dessen dann einen Fließtext formulieren. Achten Sie auf die Verwendung von Fachbegriffen.

Gemeinsam ist beiden Viren, dass sie eine Wirtszelle anhand von Proteinen auf der Zelloberfläche erkennen und in der Folge für ihre Vermehrung parasitieren, wobei Enzyme und Baustoffe der Wirtszelle zur Vermehrung des viralen Genoms und dessen Expression genutzt werden.

Unterschiede lassen sich in der Virusvermehrung aufzeigen:
Ein zur Tumorbekämpfung eingesetztes Virus vermehrt sich lytisch. Im lytischen Zyklus beginnt nach der Infektion in jeder Krebszelle eine ungehemmte Vermehrung des Virus durch Umprogrammierung der Zelle. Sie repliziert nur noch Viren-DNA und produziert nur noch Virenbestandteile, wie Nucleocapside, Capside und Oberflächenproteine. Schließlich wird die Zellmembran der Wirtszelle aufgelöst und viele neue Viren werden freigesetzt. Die Wirtszelle geht dabei zugrunde.

Papillomviren vermehren sich dagegen in einem lysogenen Zyklus. Nach der Infektion der Wirtszelle gelangt die ringförmige Virus-DNA in den Zellkern und verbleibt dort. Es wird nur eine begrenzte Anzahl an Kopien der viralen DNA hergestellt, die wie die Wirts-DNA bei jeder Zellteilung der Wirtszelle repliziert und auf die Tochterzellen verteilt werden. Eine weitere Vermehrung und Freisetzung der neuen Viren erfolgt erst in der Zelldifferenzierungsphase und durch das natürliche Absterben der Wirtszelle.
Wie in Material 3 beschrieben, ist ein wichtiger Schritt zur Entwicklung von Krebs die Integration der HPV-DNA in das Genom der Wirtszelle. Infolgedessen wird auch hier die Virus-DNA gemeinsam mit der Wirts-DNA repliziert, ohne dass es zur Zerstörung der Wirtszelle kommt.

Abiturprüfung 2018 Leistungskurs Biologie (Hessen)
A2: Genetik

„Glückskatzen" – Mehrfarbigkeit der Katzen	BE
1 Beschreiben Sie die Vorgänge der Transkription und der Reifung der mRNA bei Eukaryoten sowie den Einfluss von Methylierung und Acetylierung auf den Zustand des Chromatins.	12
2 Beschreiben und erläutern Sie mithilfe von Material 2 und 3 die Inaktivierung des X-Chromosoms sowie die Aufrechterhaltung der Inaktivierung nach der Replikation. (Material 1, 2 und 3)	11
3 Erklären Sie das Zustandekommen der Fellfarbfleckenkombination schwarz-orange. (Material 1, 2 und 3)	8
4 Ermitteln Sie in Material 4 die fehlenden Genotypen bzw. Aktivierungszustände der X-Chromosomen (I bis VI) der abgebildeten Katzen bzw. des Katers. Erklären Sie eine Möglichkeit für das seltene Zustandekommen eines männlichen Tieres, welches als Glückskater bezeichnet wird. (Material 4)	12
5 Beurteilen Sie die Erfolgsaussichten des Besitzers einer Glückskatze, der einen exakt identisch aussehenden Klon seines Tieres erzeugen lassen möchte, unter Berücksichtigung folgender Möglichkeiten: Das Erbmaterial einer ausdifferenzierten Körperzelle der Spenderkatze wird direkt verwendet oder zuvor in einen frühen embryonalen Zustand zurückversetzt. (Material 1, 2, 3 und 4)	7
	50

Material 1

Glückskatzen

Glückskatzen sind nicht nur aufgrund ihres mehrfarbigen Fells (orange, schwarz und gegebenenfalls weiß) etwas Einzigartiges, sondern auch, weil viele Menschen daran glauben, dass sie ihnen Glück bringen. Auch aus biologischer Sicht sind sie besonders: Obwohl alle Körperzellen den gleichen Genotyp besitzen, weisen Glückskatzen an verschiedenen Körperpartien Haare unterschiedlicher Farbe auf. Das dabei entstehende Fleckenmuster wird vom Zufall bestimmt.
Die orange bzw. schwarze Fellfarbe wird durch zwei Allele eines Gens auf dem X-Chromosom bestimmt. Während der frühen Embryonalentwicklung, im 16-Zellstadium, wird in den Zellen der weiblichen Katzen nach dem Zufallsprinzip jeweils entweder das vom Vater oder das von der Mutter ererbte X-Chromosom inaktiviert. Es ist dann stark kondensiert und wird nach seinem Entdecker Barr-Körperchen genannt. Bei den folgenden Zellteilungen wird in allen Tochterzellen einer Ursprungszelle jeweils das gleiche X-Chromosom inaktiviert. Die zusätzliche weiße Fellfarbe wird autosomal vererbt und braucht im weiteren Verlauf nicht berücksichtigt zu werden.

Mehrfarbige Glückskatze

Material 1 basiert auf:
Foto: Kenny Louie; https://commons.wikimedia.org/wiki/File:Sitting_still_(3538415116).jpg?uselang=de; lizenziert unter CC BY-SA 2.0
Julia Brennecke, C. Kreling: Unterricht Biologie 400, 2014, S. 24 ff.
Biosphäre Genetik, Würzburg 1. Aufl. 2013, S. 114.

Material 2

Inaktivierung eines der beiden X-Chromosomen

Die X-Chromosomen-Inaktivierung besteht aus einer Serie von komplexen, geordneten Vorgängen. Dieser Prozess kann nicht zu einer beliebigen Zeit induziert werden, sondern ist auf ein spezifisches Zeitfenster in der frühen Stammzellentwicklung beschränkt. Dabei stellt jede Zelle sicher, dass in einem diploiden Chromosomensatz nur ein X-Chromosom aktiv bleibt und das andere inaktiviert wird.
Die X-Chromosomen-Inaktivierung wird an einer einzigen Stelle nahe dem Centromer des X-Chromosoms, dem X-Inaktivierungszentrum (XIC), eingeleitet und breitet sich dann von dort unter Kontrolle von X-chromosomalen Genen aus. Ein wichtiger Abschnitt im XIC ist ein Gen, das als XIST-Gen (X_i-specific transcript) bezeichnet wird. Auf dem später weiterhin aktiven X-Chromosom erfolgt keine Expression des XIST-Gens, während es auf dem fast vollständig inaktivierten X-Chromosom zu den wenigen noch aktiven Genen zählt. Die von XIST codierte XIST-RNA wird nicht in ein Protein translatiert und verbleibt im Zellkern.

Abbildung 2.1
Modell der Inaktivierung eines X-Chromosoms während der frühen Stammzellentwicklung

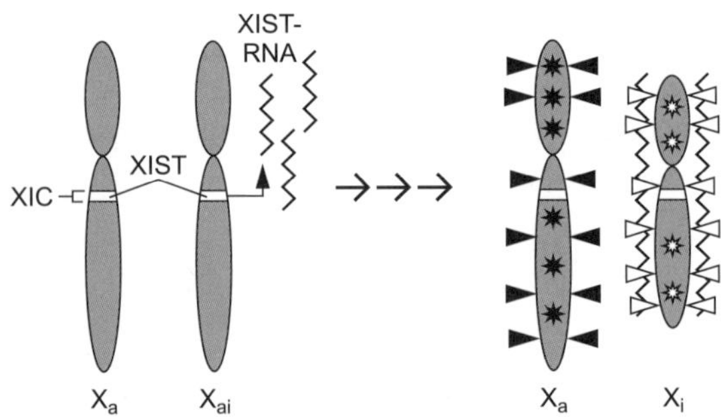

Erläuterung:

X_a = aktives X-Chromosom
X_{ai} = aktives, zu inaktivierendes X-Chromosom
X_i = inaktiviertes X-Chromosom
► = acetylierte Histone
✷ = DNA-Methylierung bestimmter Gene im aktiven X-Chromosom
▷ = methylierte Histone
✲ = DNA-Methylierung an Genen und Promotoren

Abbildung 2.2
Modell der Abfolge der molekularen Mechanismen zur Inaktivierung des X-Chromosoms

Die Abbildung zeigt einen Ausschnitt aus dem XIC-Bereich sowie eine Auswahl wichtiger Vorgänge bei der Inaktivierung.

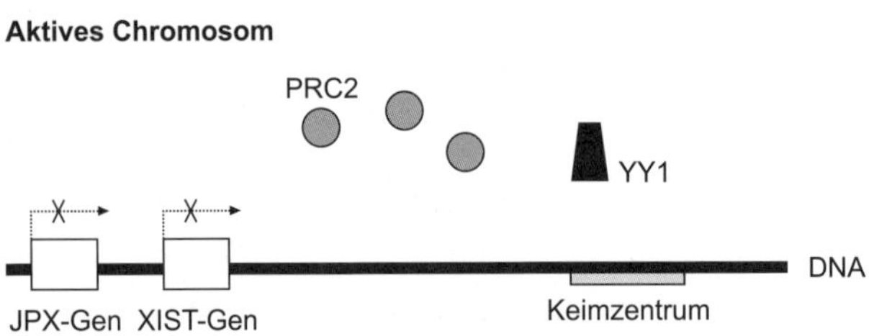

Inaktivierung eines Chromosoms

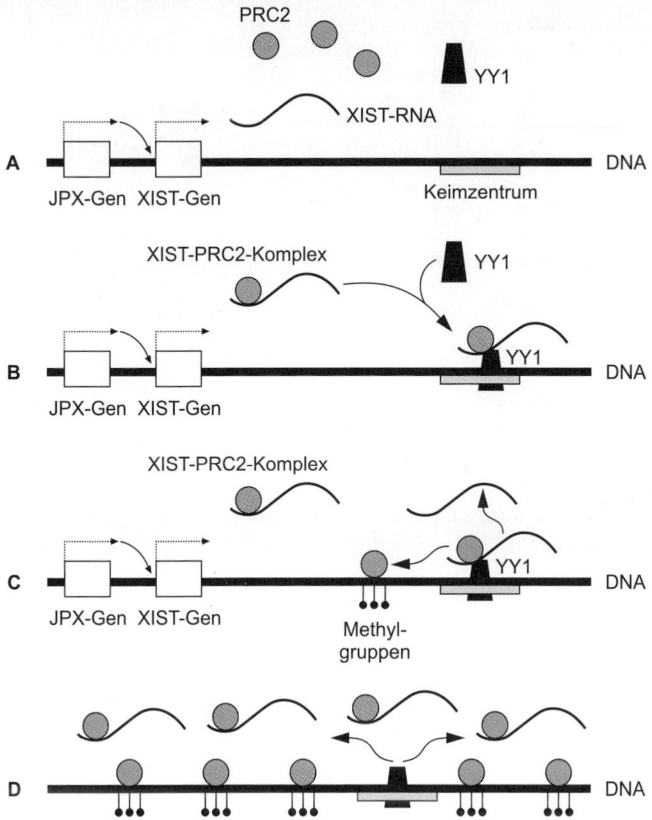

Erläuterung:

JPX-RNA und XIST-RNA sind RNA-Moleküle, die nicht translatiert werden.
Die gestrichelten Pfeile symbolisieren die Expression des jeweiligen Gens, die durchgängigen Pfeile eine Bewegung bzw. einen Prozess.

PRC2: Proteinkomplex mit Methyltransferasen, der Histone methyliert

YY1: Protein, das sowohl an RNA als auch DNA bindet

Das Keimzentrum ist der DNA-Bereich, an den YY1 bindet.

Hinweis: Der Auslöser für die Aktivierung von JPX ist nicht Gegenstand der Aufgabenstellung.

Material 2 basiert auf:
2011_0079 szalai genetik _de.pdf, S. 51 (abgerufen am 02. 01. 2016).

http://webcache.googleusercontent.com/search?q=cache:rFSdi8BjyBUJ:https://edoc.ub.uni-muenchen.de/14933/1/Schatz_Stephanie.pdf+&cd=1&hl=de&ct=clnk&gl=de (abgerufen am 02. 01. 2016).
Rolf Knippers: Molekulare Genetik, Stuttgart 2015, S. 464 ff.
https://classconnection.s3.amazonaws.com/664/flashcards/1813664/jpg/1aaaaaaaa1347170865626.jpg (abgerufen am 02. 01. 2016).
https://de.wikipedia.org/wiki/X-Inaktivierung (abgerufen am 02. 01. 2016).
www.mdpi.com/1422-0067/16/3/5467/htm (abgerufen am 02. 01. 2016).
www.mdpi.com/ijms/ijms-16-05467/article_deploy/html/images/ijms-16-05467-g004-1024.png (abgerufen am 02. 01. 2016).
http://epigenie.com/epigenie-learning-center/epigenetics/epigenetic-regulation/ (abgerufen am 31. 07. 2016).

Material 3: Weitergabe des DNA-Methylierungsmusters an die Tochterzellen während der Replikation

Die Weitergabe der Histonmarkierung an die neu synthetisierten DNA-Stränge ist bis heute noch nicht genau geklärt. Im Gegensatz dazu ist bekannt, wie das DNA-Methylierungsmuster weitergegeben wird. Die Enzyme, die an diesen Prozessen beteiligt sind, sind DNA-Methyltransferasen (DNMT). Sie methylieren bestimmte Cytosinreste. DNMT1 erkennt bevorzugt an nur einem Strang methylierte DNA.

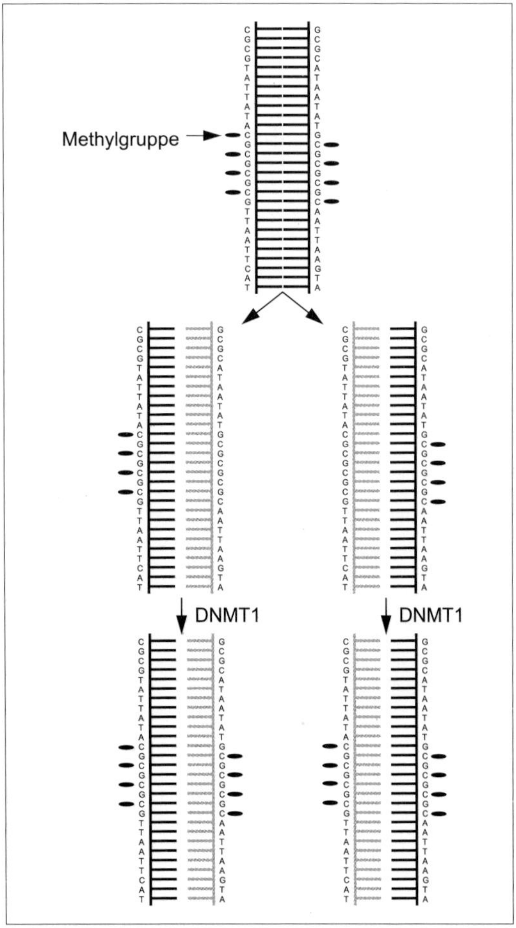

Material 3 basiert auf: http://atlasgeneticsoncology.org/Deep/Images/DNAMethylationFig2.png (abgerufen am 01. 03. 2016).

Material 4

Fellfarbe bei männlichen und weiblichen Katzen

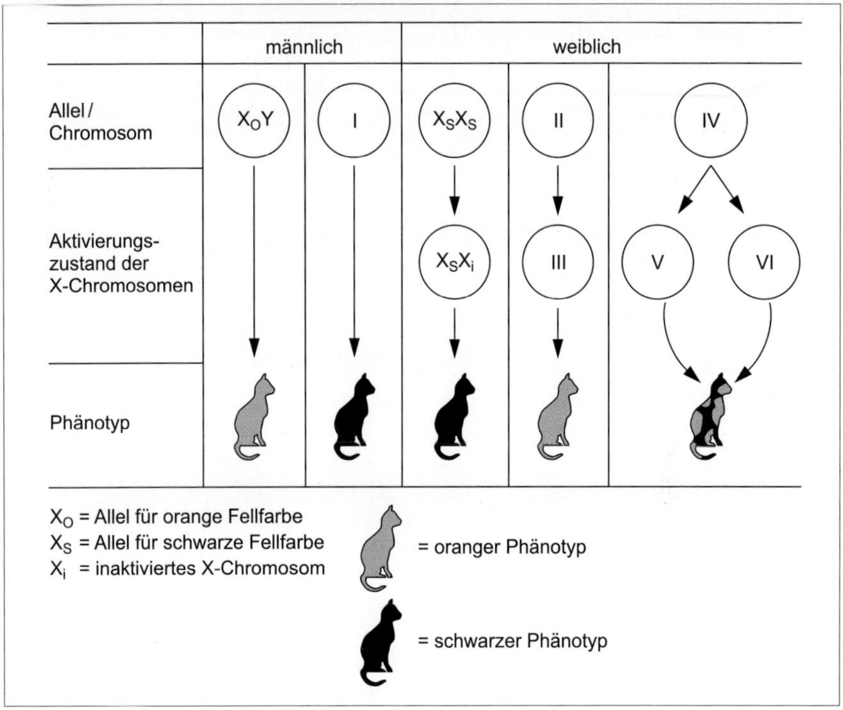

Material 4 basiert auf:
Julia Brennecke, C. Kreling: Unterricht Biologie 400, 2014, S. 28.

Lösungsvorschläge

In der Aufgabe thematisierte Unterrichtsinhalte sind:
- *Transkription und Reifung der prä-mRNA durch Splicing*
- *Methylierung und Acetylierung der DNA bzw. der Histone bei Eukaryoten*
- *Autosomale und gonosomale Vererbung von Merkmalen inkl. der Inaktivierung von X-Chromosomen*
- *Replikation der DNA und Weitergabe von DNA-Methylierungsmustern*
- *Genotyp, Allele, Phänotyp*

1 *Fertigen Sie zunächst eine unterrichtsbezogene exakte Beschreibung der Transkription im Zellkern der Eukaryoten an. Dabei kann es hilfreich sein, die damit verbundenen Fachtermini zunächst zusammenzutragen und dann in eine sinnvolle Reihenfolge zu bringen.*
Im zweiten Schritt geben Sie den Einfluss der DNA-Methylierung und der Acetylierung auf den Zustand des Chromatins an. Der „Zustand" des Chromatins bezieht sich hier auf die Aktivität der Genexpression.

Unterrichtsbezogene Beschreibung der Transkription und der prä-mRNA-Reifung:
- Der DNA-Doppelstrang wird von der RNA-Polymerase am Initiationsort, der Promotorregion, geöffnet, d. h., die Wasserstoffbrückenbindungen der komplementären Stränge werden gelöst.
- An den Matrizenstrang (codogener Strang) lagern sich im Zellkern vorhandene Nukleotide komplementär an und werden von der RNA-Polymerase in $5' \rightarrow 3'$-Richtung verknüpft.
- Die Basenfolge, die das Ende der Transkription signalisiert, ist bei Eukaryoten das Polyadenylierungssignal, welches als AAUAAA-Sequenz in der mRNA auftaucht. 10 bis 35 Nukleotide „stromabwärts" dieses Poly-A-Signals schneiden mit dem wachsenden Transkript assoziierte Proteine dieses von der Polymerase ab. Das führt zur Freisetzung der noch nicht prozessierten prä-mRNA.
- Die prä-mRNA enthält Introns, also nicht-kodierende Sequenzen, und Exons, d. h. kodierende Abschnitte. Durch den Prozess des Spleißens werden die Introns aus dem Primärtranskript herausgeschnitten.
- Das 5'-Ende der prä-mRNA erhält eine Cap-Struktur. Das 3'-Ende wird ebenfalls modifiziert, indem ein Enzym 50–200 Adeninnukleotide, den Poly-A-Schwanz, anfügt.

Beschreibung des Einflusses von Methylierung und Acetylierung auf den Zustand des Chromatins:
- Die Methylierung eines DNA-Abschnitts führt dazu, dass das Chromatin im entsprechenden Bereich stärker kondensiert. Dadurch kann die methylierte Erbgutregion nicht mehr abgelesen bzw. transkribiert werden. Die betroffenen Gene sind also „stillgelegt".

– Eine Acetylierung von Histonen bewirkt eine Auflockerung des Chromatins, sodass die für die Transkription benötigten Proteine leichteren Zugang zu den zu transkribierenden DNA- Bereichen haben. Daraus folgt eine Aktivierung der betreffenden Gene.

2 *Die Fülle an Material (Material 1, 2.1, 2.2, und 3) wirkt anfangs sehr unübersichtlich.*
Machen Sie sich zunächst mithilfe von Material 1 mit dem Problem bekannt.
Die genauere Verortung des Inaktivierungsprozesses erfolgt in Material 2. Dort auftauchende neue Begriffe sollten Sie markieren oder herausschreiben und in einem zweiten Schritt auf die Abb. 2.1 beziehen. Was charakterisiert das inaktivierte Chromosom? In Abb. 2.2 geht es nur um die molekularen Abläufe innerhalb des XIC-Bereichs in dem zu inaktivierenden X-Chromosom. Es ist unnötig, sich zu fragen, wann und wie der unter A bis D beschriebene Prozess in Gang gesetzt wird. Von Ihnen wird lediglich erwartet, alle am Prozess beteiligten Strukturen zu erfassen und gemäß der bildlichen Darstellungen in Bezug zu setzen.
Danach beschreiben und erläutern Sie anhand von Material 3 die Weitergabe des Methylierungsmusters an die Tochterzellen bei der Zellvermehrung des frühen Katzen-Embryos.

Beschreibung und Erläuterung der Inaktivierung des X-Chromosoms:

A Durch die Aktivierung des JPX-Gens wird die Expression des benachbarten XIST-Gens aktiviert und eine XIST-RNA wird transkribiert.

B Die XIST-RNA bildet mit dem PRC2-Proteinkomplex den XIST-PRC2-Komplex. Dieser dockt unter Vermittlung des YY1-Proteins an das Keimzentrum der DNA an.

C Der XIST-RNA-PRC2-Komplex löst sich nach Andocken an das Keimzentrum auf. PRC2 bindet in der Nachbarschaft des Keimzentrums an die Histone und methyliert diese. Die XIST-RNA wird wieder frei und kann an den nächsten PRC2-Komplex binden.

D Weitere XIST-PRC2-Komplexe führen zu weiteren Histon-Methylierungen, was zur Folge hat, dass es zu einer immer stärkeren Methylierung des Chromatins und dadurch zur immer stärkeren Kondensation des Chromosoms kommt, die ein Ablesen der Erbinformation unmöglich macht.
Das X-Chromosom wird zum Barr-Körperchen mit deutlich veränderter lichtmikroskopisch sichtbarer Struktur.

Aufrechterhaltung der Inaktivierung nach der Replikation:

Ein an beiden Einzelsträngen methylierter DNA-Doppelstrang wird repliziert. Das hat zur Folge, dass die Methylierung zunächst nur bei den beiden Elternsträngen (Matrizensträngen) besteht, nicht aber bei den jeweils neu synthetisierten Tochtersträngen.
Die Methyltransferase DNMT1 erkennt jedoch an nur einem Strang methylierte DNA und erzeugt durch gezielte Methylierung von Cytosin-Nukleotiden des Tochterstrangs das gleiche Methylierungsmuster wie am Elternstrang.

Auf diese Weise wird das Methylierungsmuster nach jeder Replikation und Zellteilung in den Tochterzellen wiederhergestellt. Alle Tochterzellen in den folgenden Zellgenerationen enthalten also eine entsprechend methylierte und damit inaktivierte Kopie des X-Chromosoms.

3 *In diesem Falle bedeutet Erklären, die Fellfärbung der Glückskatzen kausal auf die in Aufgabe 2 beschriebenen molekularen Abläufe zurückzuführen und fachsprachlich richtig in die individuelle Entwicklung einzuordnen.*
Fragen Sie sich:
- *Welche Genausstattung müssen Katzen mit schwarz-oranger Fellfärbung besitzen?*
- *Was geschieht in der frühen Embryonalentwicklung mit den X-Chromosomen?*
- *Was wird aus den Embryonalzellen in der weiteren Entwicklung?*

Katzen mit schwarzen und orangen Fellflecken müssen grundsätzlich beide Allele des Gens für Fellfarbe auf den X-Chromosomen besitzen, d. h., sie sind zwingend heterozygot. In der frühen Embryonalphase (16-Zell-Stadium) wird nach dem Zufallsprinzip jeweils ein X-Chromosom nach dem in Aufgabe 2 beschriebenen Muster inaktiviert, was zur Folge hat, dass die Information für eine der beiden Fellfarben nicht mehr transkribiert wird.
Der eine Teil der embryonalen Zellen besitzt ein aktives X-Chromosom mit der Information für den Phänotyp orange und der andere Teil für den Phänotyp schwarz. Die Information, welches der beiden X-Chromosomen inaktiviert ist, bleibt in den nachfolgenden Zellgenerationen erhalten, da das Methylierungsmuster im Verlauf der Replikationen und Zellteilungen nicht verloren geht.
Aus den einzelnen Embryonalzellen entwickeln sich jeweils nebeneinanderliegende Tochterzellen mit gleicher X-Chromosom-Inaktivierung. Daraus ergibt sich die Tatsache, dass einerseits Fellbereiche mit einheitlich schwarzen Haaren (X-Chromosom mit Allel für orange Fellfarbe inaktiviert) und andererseits auch Fellbereiche mit einheitlich orangen Haaren (X-Chromosom mit Allel für schwarze Fellfarbe inaktiviert) entstehen.

4 *Für diese Aufgabe ist Material 4 auszuwerten. In der Tabelle sind die X-Chromosom-Typen männlicher und weiblicher Katzen und deren Aktivierungszustand zum Teil dargestellt. Die restlichen Allelkombinationen (I–VI) sollen ermittelt werden. Eine Möglichkeit der Entstehung eines Glückskaters ist leicht zu erklären, wenn Sie an die im Unterricht sicher behandelten Anomalien der Gonosomen beim Menschen denken. Beim Klinefelter-Syndrom liegt z. B. eine Verdopplung des X-Chromosoms vor.*

Ermittlung der fehlenden Genotypen bzw. Aktivierungszustände der X-Chromosomen (I–VI):
I: X_SY

Das ist der einzig mögliche Genotyp (Allelkombination) und Aktivierungszustand für eine männliche schwarze Katze, da die Männchen nur über ein einziges X-

Chromosom verfügen. Folglich muss das einzige X-Chromosom das Merkmal für die schwarze Fellfarbe tragen und kann nicht inaktiviert sein, da es viele zwingend zu exprimierende Gene enthält.

II: $X_O X_O$, **III:** $X_O X_i$

Eine weibliche einfarbig orange Katze hat die Allelkombination $X_O X_O$ und den Aktivierungszustand $X_O X_i$.

IV: $X_O X_S$, **V:** $X_S X_i$, **VI:** $X_O X_i$

Eine weibliche heterozygote Katze mit der Allelkombination $X_O X_S$ kann zwei verschiedene Aktivierungszustände der X-Chromosomen entwickeln: $X_S X_i$ oder $X_O X_i$. Die heterozygoten Katzen sind orange-schwarz gefleckt.

Erklärung des Zustandekommens eines Glückskaters:
Da sich die Allele für die orange bzw. schwarze Haarfarbe auf dem X-Chromosom befinden und ein geflecktes Fell nur entstehen kann, wenn das betreffende Tier heterozygot ist, also beide Allele besitzt, kann es im Normalfall keine Glückskater geben, da bei den Männchen immer nur ein X-Chromosom vorliegt.
Eine Möglichkeit zur Entstehung eines Glückskaters ist, dass ein männliches Tier neben dem Y-Chromosom zwei X-Chromosomen besitzt (Genotyp XXY). Eine solche Anomalie der Zahl der Gonosomen ergibt sich aus einer nicht korrekt abgelaufenen Meiose bei der Keimzellenbildung der Eltern dieses Katers. Entweder enthielt die Eizelle der Mutter zwei X-Chromosomen oder die Spermienzelle des Vaters ein X- und ein Y-Chromosom. Ein Glückskater besäße dann den Genotyp $X_O X_S Y$, und die Aktivierungszustände der X-Chromosomen wären $X_O X_i Y$ oder $X_S X_i Y$.

5 *Hier sollen Sie die Erfolgsaussichten des Besitzers einer Glückskatze beurteilen, einen exakt identisch aussehenden Klon erzeugen zu lassen.*
Dazu müssen Sie Ihre bisherigen Kenntnisse über das Klonen von Tieren aktivieren und die Materialien, vor allem M 2, für die Argumentation nutzen.
Im Unterricht ist das Klonen eines Säugetiers an einem Beispiel sicher behandelt worden (z. B. Klonschaf „Dolly"). Dabei wurde wahrscheinlich die in der Aufgabenstellung als erstes genannte Variante besprochen: Das Erbmaterial (Zellkern) einer ausdifferenzierten Körperzelle des Spenderorganismus wird ohne Vorbehandlung in die entkernte Eizelle eines anderen Tieres implantiert. Danach wird die Zellteilung angeregt und der entstandene Embryo in eine Leihmutter übertragen. Überlegen Sie, in welchem Zustand sich die durch den Kerntransfer erzeugte Zelle bezüglich der Inaktivierung der X-Chromosomen befindet.
Die zweite erwähnte Möglichkeit geht von einem Spenderzellkern aus, bei dem die Inaktivierung des X-Chromosoms aufgehoben ist (wie das zu realisieren wäre, bleibt offen).

Beurteilung der Erfolgsaussichten, eine identische Glückskatze zu klonen:
Bei Verwendung von Erbgut aus der Hautzelle einer Glückskatze, dessen X-Chromosom-Inaktivierung nicht aufgehoben ist, würde im Fall einer Hautzelle, die

schwarze Haare hervorbringt, ein geklonter Nachkomme mit einheitlich schwarzen Haaren entstehen. Im Fall der Verwendung einer orange Haare hervorbringenden Hautzelle wäre das erzeugte Tier komplett orange behaart.

Aus der Hautzelle einer Glückskatze gewonnenes Erbmaterial, dessen X-Chromosom-Inaktivierung aufgehoben ist, entsteht nach Initiierung eines neuerlichen Inaktivierungsprozesses etwa ab dem 16-Zell-Stadium wieder eine genetisch identische Glückskatze. Jedoch ist mit an Sicherheit grenzender Wahrscheinlichkeit die Verteilung der schwarzen und orangen Fellbereiche völlig unterschiedlich zur Ausgangskatze, da die Inaktivierung des X-Chromosoms zufällig geschieht. Die Wahrscheinlichkeit, eine exakt gleich aussehende Glückskatze zu erzeugen, geht also gegen Null.

Abiturprüfung 2018 Leistungskurs Biologie (Hessen)
B1: Ökologie und Stoffwechselphysiologie

Das Eiskraut – ein fakultativer Halophyt	BE
1 Geben Sie die Definition des Begriffs „Ökologische Nische“ an. Skizzieren und beschriften Sie eine Toleranzkurve für eine Pflanze mit einem breiten Toleranzbereich bezüglich des Umweltfaktors Salz und geben Sie die Definitionen für die charakteristischen Bereiche der Kurve an.	9
2 Erläutern Sie die besondere Situation der Halophyten bei der Wasseraufnahme und begründen Sie die dazu in Material 1 beschriebenen Anpassungen der Halophyten. (Material 1)	7
3 Beschreiben Sie die wesentlichen Schritte des Calvin-Zyklus. Erklären Sie die Veränderungen des Gehalts von Äpfelsäure und Stärke bei einer CAM-Pflanze im Tagesverlauf. (Material 2 und 3)	14
4 Deuten Sie die in Material 4 dargestellten Versuchsergebnisse. (Material 2 und 4)	12
5 Erörtern Sie die Bedeutung der Fähigkeit des Eiskrauts, bei der Fotosynthese verschiedene Stoffwechselwege nutzen zu können, unter Berücksichtigung unterschiedlicher ökologischer Nischen. (Material 1, 2 und 4)	8
	50

Material 1

Das Eiskraut

Das Eiskraut *(Mesembryanthemum crystallinum)* stammt ursprünglich aus Südafrika. Inzwischen ist die Pflanze aber weltweit in warmen, trockenen Küstenregionen verbreitet, wo sie oft einheimische Pflanzen verdrängt. Die einjährige Pflanze wächst bodennah, verzweigt sich stark und kann dadurch große Flächen bedecken. In Indien, Kalifornien, Neuseeland und zunehmend auch in Europa werden ihre Blätter als Gemüse oder Salat genutzt. Außerdem gewinnt man aus der Pflanze verschiedene Inhaltsstoffe, die in Naturkosmetika gegen trockene Haut oder Neurodermitis verwendet werden.

Das Eiskraut kann außer auf normalem Boden auch auf salzhaltigem Untergrund mit einer Konzentration an Kochsalz (NaCl) bis zu 3,5 % wachsen, was etwa dem Salzgehalt von Meerwasser entspricht. Es wird deshalb als fakultativer Halophyt bezeichnet. Diese große Salztoleranz ermöglicht dem Eiskraut die Besiedlung zahlreicher ökologischer Nischen und macht es interessant als Nutzpflanze in Trockenregionen der Erde, in denen die landwirtschaftlich genutzten Flächen durch künstliche Bewässerung zunehmend versalzen.

Halophyten müssen zum einen genug Wasser aus dem salzhaltigen Boden aufnehmen können, zum anderen muss eine zu hohe Konzentration von Salz ins Cytoplasma vermieden werden, da die Enzyme von Halophyten in der Regel ebenso salzempfindlich sind wie bei übrigen Pflanzen. Bei Halophyten finden sich deshalb als Anpassungen oft eine verdickte Cuticula und die sogenannte „Salzsukkulenz“: Die Blätter oder Stängel der Pflanzen sind sehr flüssigkeitsreich, da die Zellen sehr große Vakuolen ausbilden. In den Membranen der Vakuolen befinden sich zahlreiche Transportproteine für den aktiven Transport von Ionen.

Material 1 basiert auf:
Foto: CARLOS TEIXIDOR CADENAS; https://commons.wikimedia.org/wiki/File:Planta_conocida_como_barrilla,_Isla_de_El_Hierro,_Canarias,_Espa%C3%B1a.JPG?uselang=de; lizenziert unter CC BY-SA 3.0
www.biologie.uni-hamburg.de/loki-schmidt-garten/03gruene-schule/newsletter/pdfs/newsletter-grueneschule-nr14-2.pdf (abgerufen am 04. 12. 2016).
www.pharmazeutische-zeitung.de/index.php?id=32171 (abgerufen am 02. 01. 2017).
http://pub.jki.bund.de/index.php/JABFQ/article/download/2079/2464, S. 47 (abgerufen am 02. 01. 2017).
www.halophyten.uni-osnabrueck.de/pflanzen/Strategien.htm (abgerufen am 02. 01. 2017).
www.plantphysiol.org/content/109/2/549.full.pdf, S. 549, 554 (abgerufen am 30. 01. 2017).

Material 2

Fotosynthese beim Eiskraut

Die lichtunabhängigen Reaktionen der Fotosynthese des Eiskrauts weisen eine Besonderheit auf: Der Pflanze steht zur CO_2-Fixierung außer dem Calvin-Zyklus normaler Pflanzen (sogenannter C3-Pflanzen) zusätzlich der CAM-Stoffwechselweg (siehe Abbildung nächste Seite) zur Verfügung.

Durch Verwendung des CAM-Stoffwechselwegs kann die Pflanze ihren Wasserökonomiequotienten von 7 auf 16 steigern. Der Wasserökonomiequotient gibt an, wie viel mg CO_2 die Pflanze fixiert, während sie 1 g Wasser durch Transpiration abgibt.

CAM-Stoffwechselweg der lichtunabhängigen Reaktionen der Fotosynthese (vereinfachtes Schema)

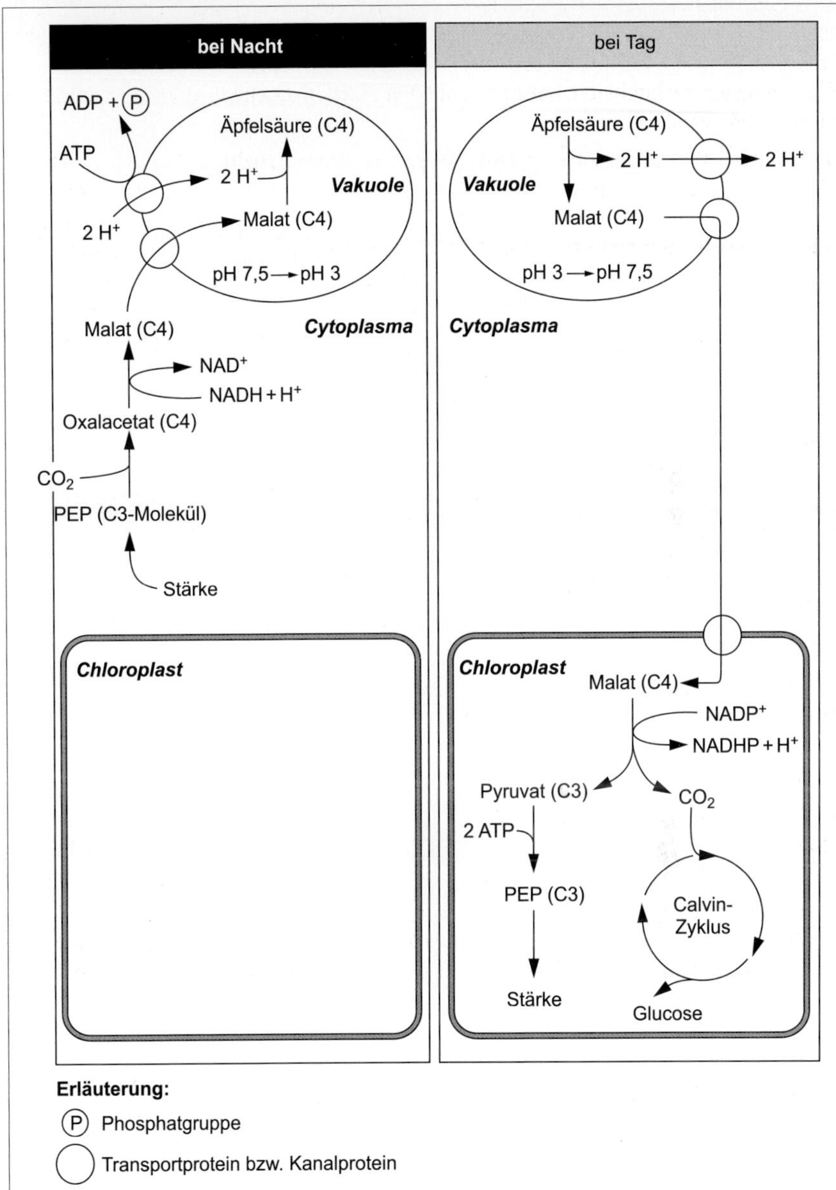

Material 2 basiert auf:
Klaus Winter und Ulrich Lüttge: C3-Photosynthese und Crassulaceen-Säurestoffwechsel bei Mesembryanthemum crystallinum L., in: Ber. Deutsch. Bot. Ges. (92) 1979, S. 118.
Peter Schopfer, Axel Brennicke: Pflanzenphysiologie, Heidelberg 7. Aufl. 2010, S. 292–293.
https://de.wikipedia.org/wiki/Crassulaceen-S%C3%A4urestoffwechsel (abgerufen am 03. 01. 2017).
www.plantphysiol.org/content/124/3/1335.full.pdf+html, S. 1335 (abgerufen am 14. 02. 2017).

Material 3

Gehalt von Äpfelsäure und Stärke im Tagesverlauf in Blättern einer Pflanze mit CAM-Stoffwechselweg

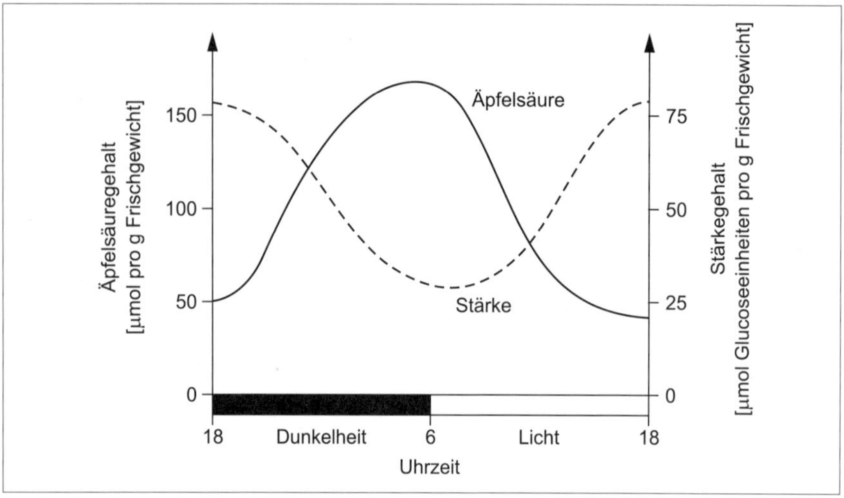

Material 3 basiert auf:
Wolfgang Jungbauer (Hg.): Aufgabenhandbuch Biologie, Band 2 Ökologie, Freising 2010, S. 147.

Material 4

Experimente zum Stoffwechsel des Eiskrauts

Für die Experimente ließ man Eiskraut-Pflanzen zunächst in Nährlösung ohne Kochsalz (NaCl) wachsen. 18 Tage nach der Aussaat wurden einzelne Triebe der Pflanzen in Plexiglasgefäße eingeschlossen, die von Luft durchströmt wurden. Über einen Zeitraum von mehreren Wochen wurde die CO_2-Aufnahme bzw. CO_2-Abgabe dieser Triebe kontinuierlich gemessen. Die Triebe wuchsen während der Versuchsphase normal weiter und entwickelten neue Blätter.

Im Alter von 31 Tagen wurde bei den Pflanzen der Gruppe B die NaCl-Konzentration der Nährlösung schrittweise bis auf 2,3 % erhöht. Diese Konzentration war am Tag 35 erreicht. Die Pflanzen der Gruppe A wurden weiterhin in NaCl-freier Lösung gehalten.

Über den gesamten Versuchszeitraum herrschten bei allen Pflanzen folgende Bedingungen: von 6 Uhr bis 18 Uhr konstante Beleuchtung bei 23 °C und 50 % Luftfeuchtigkeit, von 18 bis 6 Uhr Dunkelheit bei 17 °C und 80 % Luftfeuchtigkeit.

Abbildung 4: Ergebnisse der Experimente

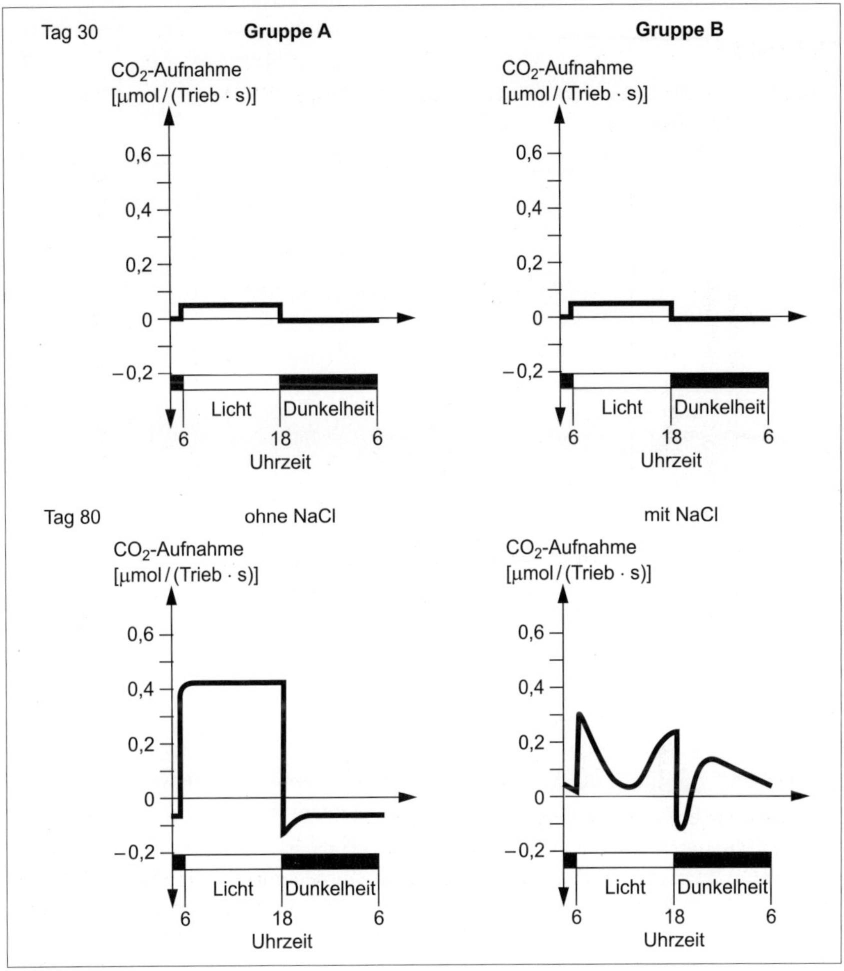

Material 4 basiert auf:
www.ncbi.nlm.nih.gov/pmc/articles/PMC1761986/pdf/pp1430098.pdf, S. 101, 105, 106 (abgerufen am 02. 01. 2017).

Lösungsvorschläge

In der Aufgabe thematisierte Unterrichtsinhalte sind:
- *abiotische Umweltfaktoren*
- *Toleranzbereiche von Lebewesen bzgl. der Umweltfaktoren*
- *Ökologische Nische*
- *Fotosynthese, lichtunabhängige Reaktionen, Calvin-Zyklus*
- *Anpassung an extreme Standorte*
- *Stoffwechselvarianten, hier: CAM-Stoffwechsel, Experimente dazu*

1 *Die Aufgabe ist dreiteilig.*
Teil 1 ist rein reproduktiv. Formulieren Sie die Definition des Begriffs „Ökologische Nische". Sie können dies auch anhand eines Ihnen bekannten Beispiels tun.
Teil 2 ist teils reproduktiv, da eine im Unterricht u. U. bearbeitete Toleranzkurve auf eine Pflanze mit hoher Salztoleranz angepasst werden muss.
Achtung: Toleranzkurven müssen nicht symmetrisch sein! Hilfreich kann es sein, zunächst die zur Toleranzkurve gehörigen Fachbegriffe zu notieren, um sie später in die Skizze einzusetzen. Zeichnen Sie ein x-y-Koordinatensystem und entscheiden Sie, welche Parameter auf der x- bzw. der y-Achse abgebildet werden sollen. Denken Sie daran, dass die abhängige Variable üblicherweise auf der y-Achse angetragen wird.
Teil 3 ist wieder rein reproduktiv. Die in Ihrer Skizze enthaltenen Fachbegriffe für die einzelnen Punkte und Bereiche des Graphen sollen unterrichtsbezogen definiert werden.

Unterrichtsbezogene Angabe der Def. des Begriffs „Ökologische Nische":

Im Rahmen der Evolution der Lebewesen haben sich Fähigkeiten und Eigenschaften entwickelt, die es Arten ermöglichen, einen bestimmten Bereich der Umwelt erfolgreich zu nutzen, d. h., zu wachsen, sich zu entwickeln und sich erfolgreich fortzupflanzen. Diesen Bereich bezeichnet man als ökologische Nische einer Art. Sie umfasst alle Wechselwirkungen zwischen Organismus und Umwelt.
Man darf sich die ökologische Nische nicht als Raum vorstellen, sondern als „Beruf" der Art in ihrem jeweiligen Umfeld, also quasi als ökologische „Planstelle". So gibt es z. B. am Grund stehender Gewässer im Hinblick auf den Nahrungserwerb „Filtrierer" (Muscheln), „Algenschaber" (Insektenlarven) und „Schlammwühler" (Würmer).

Skizze einer Toleranzkurve einer Pflanze mit breitem Toleranzbereich bzgl. des Umweltfaktors Salz:

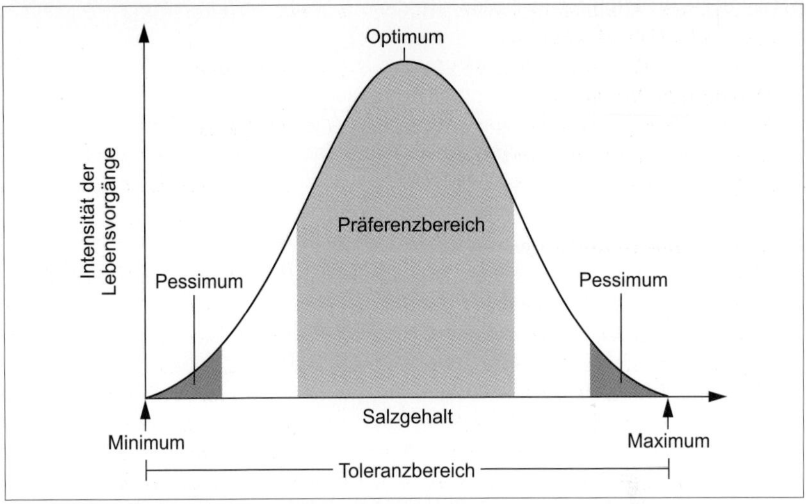

Auch wenn das Einbeziehen von Material bei dieser Teilaufgabe nicht verlangt ist, ist aus Material 1 theoretisch ersichtlich, dass fakultative Halophyten auch auf nicht-salzhaltigen Böden wachsen. Daher kann in der Skizze und in der Definition auf das Minimum verzichtet werden, ohne dass es zu Punktabzügen kommt.
Die Toleranzkurve könnte sich in diesem Fall beispielsweise so darstellen:

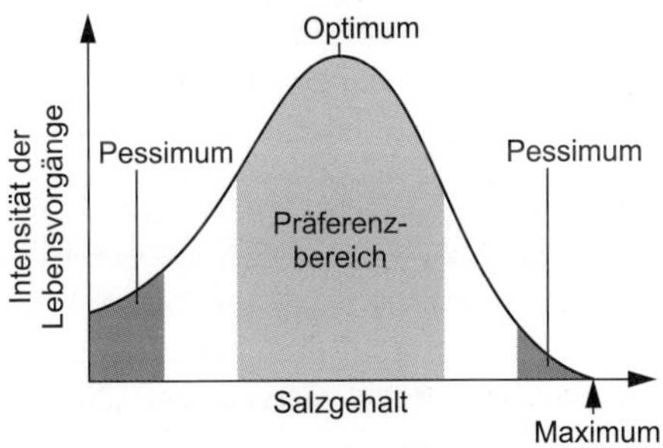

Unterrichtsbezogene Angabe der Definitionen der charakteristischen Kurvenbereiche:

- Der **Präferenzbereich** (Präferendum) und das **Optimum** umfassen den Bereich bzw. den Punkt eines Umweltfaktors, bei dem die Organismen die höchste Intensität ihrer Lebensvorgänge bzw. ihre höchste Vitalität zeigen. Diese bemisst sich z. B. in der Wachstumsrate oder dem Fortpflanzungserfolg (Fitness).

- Der **Toleranzbereich** ist der Bereich der Ausprägung eines Umweltfaktors, in dem ein Lebewesen aktiv sein und Stoffwechsel betreiben kann. Bewegt sich der Umweltfaktor in diesem Bereich, so kann der Organismus in seinem Lebensraum überleben.
- Die **Pessima** sind die Randbereiche der Toleranzkurve. In diesen Bereichen ist der Organismus bzgl. des Umweltfaktors nur noch sehr eingeschränkt lebensfähig. Der Organismus kann zwar überleben, sich aber nicht mehr fortpflanzen.
- **Minimum** und **Maximum** des Umweltfaktors setzen die Grenzen für die Überlebensfähigkeit der betrachteten Organismen. Jenseits dieser Punkte ist ein Überleben also nicht mehr möglich.

2 *Entsprechend der Aufgabenstellung sollen Sie zunächst den Sachverhalt der erschwerten Wasseraufnahme der Halophyten auf salzhaltigen Böden mithilfe Ihrer Vorkenntnisse verständlich darstellen. Stellen Sie sich die Frage, wie Pflanzen generell Wasser aus dem Boden aufnehmen. Beziehen Sie diese Erkenntnis dann auf die besondere Situation salzhaltiger Standorte mit hohem osmotischen Potenzial. Außerdem ist in der Aufgabenstellung eine Begründung der beschriebenen Anpassungen der Halophyten an ihren Standort gefordert. Markieren Sie zunächst die in Material 1 beschriebenen Anpassungen. Fragen Sie sich nach deren Sinn im Hinblick auf die erschwerte Wasseraufnahme am Standort des Eiskrauts. Die Beschreibung in Material 1 deckt nicht alle Anpassungen ab. Sollten Sie weitere Merkmale kennen, können Sie diese hier einbringen.*

Erläuterung der besonderen Situation der Halophyten bei der Wasseraufnahme:

Die Wasseraufnahme der Pflanzen geschieht über die Wurzelhaare. Die Wurzelhaarzellen müssen das Wasser aus dem Boden osmotisch aufnehmen. Die Saugkraft dieser Zellen muss also in jedem Fall die Saugkraft der Bodenlösung übersteigen *(alternativ: Der osmotische Wert der Zellen muss also in jedem Fall größer sein als der der Bodenlösung.)*. Bei Halophyten muss folglich die Konzentration gelöster Stoffe in den Wurzelhaarzellen höher liegen als die der sie umgebenden Bodenlösung, da sonst Plasmolyse der Zellen einträte. Das erklärt die erschwerte Aufnahme von Wasser an salzhaltigen Standorten und die Tatsache, dass der Salzgehalt des Bodens nicht über einem Wert von 3,5 % liegen darf.

Begründung der in Material 1 beschriebenen Anpassungen der Halophyten:

- Das Eiskraut hat eine verdickte Cuticula, die den Wasserverlust durch Verdunstung verringert, da das Nachliefern von Wasser aus dem Boden schwierig ist.
- Da eine zu hohe Salzkonzentration im Cytoplasma der Pflanzenzellen unter anderem zur Hemmung von Enzymen führen würde, kann überschüssiges Salz in den großen Vakuolen der sukkulenten Blätter gespeichert werden. Der Transport der Salze in die Vakuolen erfolgt mithilfe von Transportproteinen in der Vakuolenmembran.

Das Eiskraut besitzt darüber hinaus salzakkumulierende Blasenhaare auf der Oberfläche der Stängel und Blätter, die das Licht reflektieren (daher der Name Eiskraut). Die Beseitigung der überschüssigen Salzionen durch diese sog. Absalzhaare wird durch mechanischen Abrieb der Haare und durch deren Ab- und Auswaschen durch Niederschläge besorgt. Durch die Lichtreflektion wird außerdem die Wasserverdunstung verringert.

3 *Die Aufgabe enthält zwei Bearbeitungsaufträge:*
Im ersten Teil sollen Sie die wesentlichen Schritte des Calvin-Zyklus aus dem Gedächtnis beschreiben. Bringen Sie zunächst Ordnung in Ihre Überlegungen:
- *Wo findet der Calvin-Zyklus statt und was ist seine Funktion?*
- *Was sind die Edukte und Produkte dieses Zyklus?*
- *Welche wesentlichen Stoffe sind beteiligt?*

Wenn Sie sich den Kreislauf im Uhrzeigersinn vorstellen …
- *geht das Edukt oben in den Kreislauf ein, indem es an ein Akzeptormolekül bindet. Unten verlässt das Produkt den Kreislauf.*
- *geschehen in der rechten Hälfte der Zerfall und die Reduktion der aus der Verbindung von Edukt und Akzeptormolekül entstandenen Moleküle.*
- *werden in der linken Hälfte die im Zyklus verbleibenden Moleküle über mehrere Stufen umgewandelt und das Rezeptormolekül für das Edukt regeneriert.*

Sortieren Sie die erinnerten Begriffe und fertigen Sie eventuell eine beschriftete Skizze an (nicht verlangt).
Für die Erklärung des wechselnden Gehalts an Äpfelsäure und Stärke in einer Pflanze im Tagesverlauf bedarf es der intensiven Analyse der Materialien 2 und 3.

Beschreibung der wesentlichen Schritte des Calvin-Zyklus:
- CO_2 ist das in der lichtunabhängigen Reaktion der Fotosynthese zu bindende Edukt. Es diffundiert durch die Spaltöffnungen der Blätter in das Interzellularsystem und erreicht so die fotosynthetisch aktiven Zellen, wo es durch die Zellmembran und die Chloroplastenmembran aufgenommen wird.
- Im Chloroplasten binden CO_2-Moleküle an Ribulose-1,5-bisphosphat (C5-Körper), welches im Calvin-Zyklus als CO_2-Akzeptor dient. Aus je einem C5-Körper und einem CO_2-Molekül entsteht ein C6-Körper, der in 2 C3-Körper (3-Phosphoglycerinsäure; auch: Glycerinsäure-3-phosphat) zerfällt.
- Mithilfe von ATP und $NADPH + H^+$ (Energieträger und Reduktionsäquivalente aus der lichtabhängigen Reaktion der Fotosynthese) findet die Umwandlung (bzw. die Reduktion) von 3-Phosphoglycerinsäure zu 3-Phosphoglycerinaldehyd (C3-Körper; auch: Glycerinaldehyd-3-phosphat) statt.
- An dieser Stelle verlassen 2 von 12 im Zyklus befindlichen C_3-Körper den Zyklus und werden zu Glucose umgewandelt.
- Die restlichen C_3-Körper werden über mehrere Zwischenschritte und unter ATP-Verbrauch wieder zum Akzeptormolekül Ribulose-1,5-bisphosphat umgewandelt. Der Zyklus kann mit der Aufnahme von CO_2 wieder beginnen.

Erklärung der Veränderung des Gehalts an Äpfelsäure und Stärke bei einer CAM-Pflanze:

Stoffwechsel bei **Dunkelheit/Nacht** (linke Abbildung in Material 2):

- In der Nacht sinkt bei CAM-Pflanzen der pH-Wert in der Vakuole von 7,5 auf 3. Das bedeutet, dass eine Anreicherung von Säure, in diesem Fall der Äpfelsäure (C4), stattfindet.
  Äpfelsäure wird kontinuierlich über das in der Vakuole gespeicherte Malat (C4) aus Oxalacetat (C4) synthetisiert.
  Das Oxalacetat entsteht durch die Bindung von CO_2 an Phosphoenolpyruvat (PEP; C3)
- Der **Stärkegehalt** sinkt im Verlauf der Nacht kontinuierlich ab, da die Stärke für die Zellatmung und die Bildung von PEP verwendet wird.

Stoffwechel bei **Licht/Tag** (rechte Abbildung in Material 2):

- Am Tag steigt der pH-Wert von 3 auf 7,5, was eine Abnahme der Säurekonzentration in der Vakuole anzeigt.
  Die in der Nacht gespeicherte **Äpfelsäure** wird tagsüber wieder in Malat überführt, das anschließend in den Chloroplasten in Pyruvat und CO_2 gespalten wird. Dadurch kommt es zu einer kontinuierlichen Abnahme der Äpfelsäurekonzentration.
- Der **Stärkegehalt** steigt tagsüber wieder an, da bei Belichtung der Calvin-Zyklus ablaufen kann und ein Teil der im Zuge dessen produzierten Glucose in Stärke umgewandelt wird. Zusätzlich steigt der Stärkegehalt auch aufgrund der Bildung von Stärke aus PEP an.

4 *Lesen Sie zunächst den Text in Material 4, der Sie mit den experimentellen Bedingungen vertraut macht, unter denen die Eiskraut-Pflanzen im Labor gehalten werden. Analysieren Sie die Materialien und bestimmen Sie, welche Wachstumsparameter über den ganzen Zeitraum des Experiments konstant gehalten werden und welcher Faktor verändert wird.*
Strukturieren können Sie Ihre Bearbeitung z. B. nach:
- *Gruppe A und B 18.–30. Tag (Umweltbedingungen gleich) und*
- *Gruppe A und B 31.–80. Tag (Umweltbedingungen unterschiedlich ab dem 31. Tag).*

Deutung der Versuchsergebnisse:

Gruppe A und Gruppe B **18.–30. Tag**, Nährlösung ohne NaCl:
In der Lichtphase von 6.00–18.00 Uhr betrieben die Pflanzen der unter gleichen Bedingungen kultivierten Gruppen A und B Fotosynthese. Dies ist anhand der konstanten CO_2-Aufnahme der Versuchsorganismen zu erkennen. Das CO_2 wurde im Calvin-Zyklus mithilfe der aus den lichtabhängigen Reaktionen gewonnenen Produkte ATP und $NADPH + H^+$ zum Aufbau von Glucose genutzt.

In der Dunkelphase von 18.00–6.00 Uhr war keine CO_2-Aufnahme, sondern eine konstante CO_2-Abgabe zu verzeichnen. Dies ist darauf zurückzuführen, dass bei Dunkelheit die lichtabhängigen Reaktionen nicht ablaufen können, was dazu führt, dass die gesamte Fotosynthese zum Erliegen kommt und dass folglich nur Zellatmung abläuft, bei der CO_2 produziert wird.

Gruppe A und Gruppe B **31.–80. Tag**; Gruppe B erhält Nährlösung mit schrittweise erhöhter NaCl-Konzentration, Bedingungen für Gruppe A unverändert:
Am Tag 80 war die in der Lichtphase zu beobachtende CO_2-Aufnahme bei Gruppe A deutlich größer als am 30. Tag, was mit der gestiegenen Größe der Pflanzen erklärt werden kann. Auch die stärkere Atmung in der Dunkelphase lässt sich so erklären.
Gruppe B fixierte am Tag 80 auch in salzhaltiger Nährlösung in der Lichtphase CO_2. Allerdings war im Verlauf der Belichtung ein Absinken der CO_2-Aufnahme bis zu einem Minimum um etwa 12.00 Uhr zu beobachten. Offensichtlich wurden die Spaltöffnungen geschlossen, um den andauernden Wasserverlust der Pflanzen durch Transpiration zu stoppen. Dies war wahrscheinlich durch die generell erschwerte Wasseraufnahme aus der Salzlösung nötig. Da Belichtung und Temperatur im Experiment konstant gehalten wurden, ist anzunehmen, dass die lichtabhängigen Reaktionen der Pflanzen weiterliefen und sich so am Nachmittag ein CO_2-Mangel in den Blättern einstellte. Die Pflanzen öffneten die Spaltöffnungen daraufhin wieder und die CO_2-Aufnahme wurde wieder gesteigert.
Nur zu Beginn der Dunkelphase war eine CO_2-Abgabe zu erkennen, die auf Zellatmung hinweist. Danach war auch in der Dunkelheit eine CO_2-Aufnahme zu beobachten, die bis Mitternacht anstieg und dann bis zum Morgen geringer wurde. Dies ist ein Hinweis darauf, dass die Pflanzen (auch) den CAM-Stoffwechselweg nutzten. Die abfallenden Werte ab Mitternacht deuten darauf hin, dass die Speicherkapazität der Vakuolen für Äpfelsäure begrenzt ist und mit Füllung der Speicher die CO_2-Aufnahme zurückgeht. Das gespeicherte CO_2 kann um die Mittagszeit, wenn die Spaltöffnungen transpirationsbedingt geschlossen werden müssen, für die Fotosynthese genutzt werden.

5 *Sie sollten vor der Bearbeitung alle Materialien und die damit erarbeiteten Zusammenhänge im Blick haben, aber dem Text in Material 2 noch einmal besondere Aufmerksamkeit schenken.*
Formulieren Sie zunächst noch einmal das Problem der Pflanzen, die auf salzhaltigen Böden und besonders in warmen Klimazonen wachsen. Bestimmen Sie den hier vorliegenden Minimumfaktor für das stoffwechselaktive Leben und überlegen Sie, welche Möglichkeiten es gibt, ökonomisch mit der entsprechenden Ressource umzugehen. Bedenken Sie auch die energetischen Vor- und Nachteile der beiden angesprochenen Stoffwechselwege.

Wächst das Eiskraut auf salzhaltigen Böden und ist gleichzeitig noch einer starken Sonneneinstrahlung und hohen Temperatur ausgesetzt, so steht die Pflanze vor be-

sonderen Problemen. Der Salzgehalt des Untergrunds erschwert die Wasseraufnahme durch die osmotische Situation bei gleichzeitig hoher Verdunstung durch Transpiration. Schutzmechanismen wie eine dicke Cuticula allein würden nicht ausreichen, um den Tod durch Vertrocknen zu verhindern. Dauerhaftes Schließen der Spaltöffnungen wäre keine sinnvolle Strategie, da dann keine Fotosynthese und damit kein Wachstum möglich wären.
Unter diesen Standortbedingungen ist die Nutzung des CAM-Stoffwechselwegs für das Eiskraut vorteilhaft. Die Pflanzen können dadurch tagsüber die Spaltöffnungen zeitweise geschlossen halten, da aufgrund der zusätzlichen Fixierung von CO_2 in der Nacht bei geringerer Transpiration (kühl, keine Strahlung) die ausreichende Produktion von Fotosyntheseprodukten trotzdem sichergestellt werden kann. Der Wasserökonomiequotient nimmt laut Material bei Nutzung des CAM-Stoffwechselwegs von 7 auf 16 zu, d. h., die Pflanze kann pro Gramm transpiriertes Wasser mehr als doppelt so viel CO_2 binden. Das bedeutet unter den beschriebenen Bedingungen einen Konkurrenzvorteil gegenüber Pflanzen ohne CAM-Stoffwechsel.

Bei Umweltbedingungen mit ausreichender Wasserversorgung (siehe Experiment in Material 4) ist es dagegen für das Eiskraut vorteilhafter, auf den CAM-Stoffwechselweg zu verzichten, da über diesen Weg zusätzlich ATP verbraucht wird (siehe Abbildung in Material 2).

Die Variabilität im Stoffwechsel verleiht dem Eiskraut also eine große Lebens- und Konkurrenzfähigkeit in unterschiedlichen Lebensräumen.

Giftschlangen und Anti-Aging BE

1 Beschreiben Sie die beiden Lernformen klassische und operante Konditionierung. 8

2 Deuten Sie die Versuchsergebnisse. (Material 1) 10

3 Beschreiben und erläutern Sie die Erregungsübertragung an einer erregenden neuromuskulären Synapse mit nikotinischem Acetylcholinrezeptor nach Eintreffen eines Aktionspotenzials. (Material 2) 10

4 Deuten Sie die Untersuchungsergebnisse bezüglich der molekularen Wirkung des Giftes Waglerin-1 der Tempelviper. (Material 2 und 3) 14

5 Erklären Sie die Wirkungsweise und erörtern Sie die Vor- und Nachteile bzw. Risiken des Einsatzes von Liftake® als Anti-Aging-Produkt. (Material 3 und 4) 8

50

Material 1

Farbmuster bei Schlangen

In tropischen und subtropischen Regionen der Erde leben die auffällig rot-schwarz-weiß gefärbten Korallenschlangen, die für ihre Fressfeinde (und z. T. auch für den Menschen) teilweise stark giftig sind. Neben den echten Korallenschlangen gibt es auch schwach giftige oder ungiftige Schlangenarten mit sehr ähnlichen Farbmustern, die oft nicht mit den Korallenschlangen verwandt sind. Diese Arten scheinen das Farbmuster der giftigen Arten nachzuahmen und sind so besser vor Fressfeinden, meistens Greifvögeln, geschützt.

Um die Wirkung der Farbmuster auf die Reaktion von Beutegreifern genauer zu untersuchen, führten argentinische Wissenschaftler Untersuchungen mit drei ähnlich aussehenden, rot-schwarz-weiß gebänderten Schlangenarten (A – C) sowie mit der einheitlich grün gefärbten Patagonien-Strauchnatter (D) durch, die alle im gleichen natürlichen Habitat vorkommen:

Aussehen verschiedener Schlangenarten

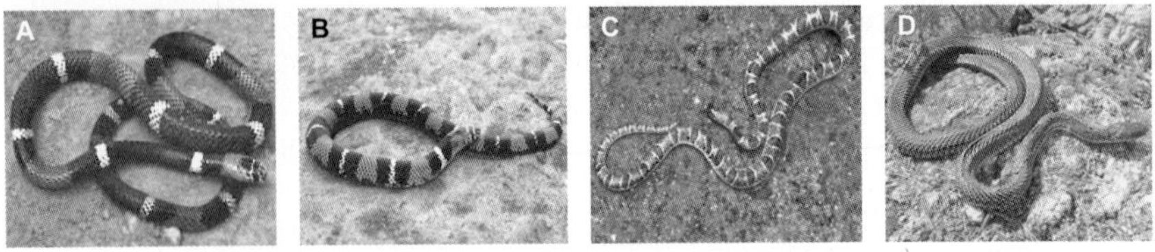

(A) Korallenotter *(Micrurus pyrrhocryptus)* – hochgiftig, (B) Dreifarbige Hakennasennatter *(Lystrophis pulcher)* – gering giftig, (C) Argentinische Mondnatter *(Oxyrhopus rhombifer)* – gering giftig, (D) Patagonien-Strauchnatter *(Philodryas patagoniensis)* – ungiftig.

Da Beutegreifer-Attacken nur schwer direkt beobachtet werden können, arbeiteten die Biologen mit Schlangenattrappen aus farbiger Knetmasse und ermittelten die Anzahl der Angriffe durch die Greifvögel anhand der hinterlassenen Schnabelmarkierungen.

Die Attrappen wurden im natürlichen Habitat der Schlangen ausgelegt, zum Teil direkt auf dem Boden, zum Teil auf einem auf dem Boden liegenden weißen Papier. Die Versuche wurden in beiden Variationen jeweils zwei Monate während der Trockenzeit und zwei Monate während der Regenzeit durchgeführt. Während der Trockenzeit steht weniger Beute für Greifvögel zur Verfügung, außerdem fällt die Brutzeit vieler Vogelarten in diese Jahreszeit.

Insgesamt beobachteten die Wissenschaftler Spuren von Angriffen bei knapp 20 % aller verwendeten Attrappen. Dabei konnte zwischen den Attrappen der jeweils gleichen Schlangenart, die auf natürlichem Boden bzw. auf weißem Papier ausgelegt waren, kein deutlicher Unterschied bezüglich der Anzahl der Attacken festgestellt werden.

Während der Regenzeit unterschied sich die Anzahl der Attacken auf die drei gemusterten Schlangenarten nur geringfügig, Strauchnatter-Attrappen wurden dagegen deutlich häufiger angegriffen. Während der Trockenzeit hingegen wurden zwar Korallenotter-Attrappen und Hakennasennatter-Attrappen wiederum wenig angegriffen, dafür war die Anzahl der Attacken auf die Mondnatter-Attrappen doppelt so hoch wie in der Regenzeit. Diese erreichte damit ungefähr das gleiche Ausmaß wie das der Angriffe auf die Strauchnatter-Attrappen in der Trockenzeit.

Material 1 basiert auf:
www.researchgate.net/publication/232989513_Predation_on_snakes_of_Argentina_Effects_of_coloration_and_ring_pattern_on_coral_and_false_coral_snakes (abgerufen am 20. 03. 2017).
Martin Hallmen: Die faszinierende Biologie der Schlangen, in: PdN BioS 1/59, 2010, S. 12–13.

Material 2

Der nikotinische Acetylcholinrezeptor (nAChR)
Zahlreiche Schlangengifte wirken an den Rezeptoren neuromuskulärer Synapsen. In deren postsynaptischer Membran befindet sich einer von zwei verschiedenen Typen von Acetylcholinrezeptoren (AChR), der sogenannte nikotinische Acetylcholinrezeptor (nAChR). Dieser Rezeptor besteht aus fünf ähnlich aufgebauten Untereinheiten. Je ein Acetylcholinmolekül bindet an die α-Untereinheiten. Die Untereinheit γ wird während der Individualentwicklung zum adulten Tier durch die Untereinheit ε ersetzt.

Aufbau eines nikotinischen ACh-Rezeptors (nAChR)

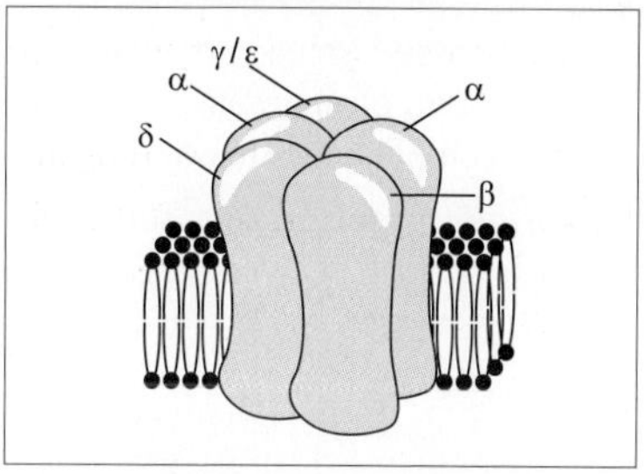

Material 2 basiert auf:
Thomas Michael Braun: Schönheit aus der Schlange, in: PdN Biologie in der Schule 3/63, 2014, S. 35ff.
https://publications.ub.uni-mainz.de/theses/volltexte/2001/144/pdf/144.pdf (abgerufen am 09. 10. 2016).

Material 3

Das Gift der Tempelviper
Die Tempelviper *(Tropidolaemus wagleri)* ist eine Giftschlange, die in Südostasien beheimatet ist. Das Gift, das sie mit ihren Giftzähnen in Beutetiere injiziert, enthält neben anderen Komponenten die Substanz Waglerin-1 (Wtx-1), benannt nach dem Zoologen G. Wagler.

Waglerin-1 ist ein kleines Proteinmolekül aus nur 22 Aminosäuren, das die synaptische Übertragung an Nerv-Muskel-Verbindungen beeinflusst. Entscheidend für die toxische Wirkung von Wtx-1 sind die beiden Aminosäuren Lysin und Arginin, zwischen denen sich die Aminosäure Prolin befindet.

Die Wirkung von Waglerin-1 wurde an unterschiedlich alten Mäusen durch Injektion einer für ausgewachsene Mäuse tödlichen Dosis untersucht (Abbildung 3.1).

In einem weiteren Versuch wurden einige zuvor aus den Skelettmuskeln erwachsener Mäuse isolierte neuromuskuläre Synapsen über einen gewissen Zeitraum einer Konzentration von 1 µmol Wtx-1 pro Liter ausgesetzt. Anschließend wurde an allen Synapsen die Spannungsänderung an der postsynaptischen Membran nach Zugabe von Acetylcholin gemessen (Abbildung 3.2).

Abbildung 3.1
Untersuchung der Wirkung von Wtx-1 an unterschiedlich alten Mäusen

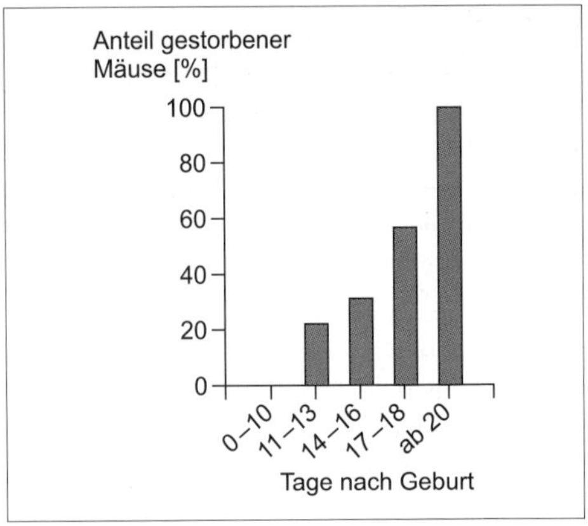

Abbildung 3.2
Spannungsänderung an der postsynaptischen Membran an neuromuskulären Synapsen ausgewachsener Mäuse

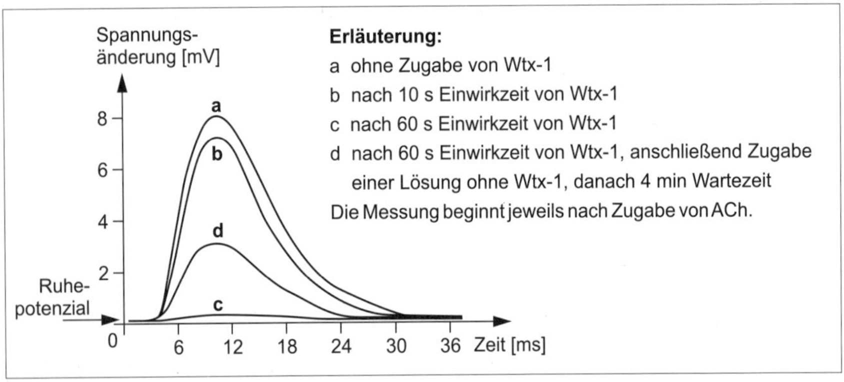

Material 3 basiert auf:
http://jpet.aspetjournals.org/content/289/1/543.long (abgerufen am 20. 03. 2017).
Thomas Michael Braun: Schönheit aus der Schlange, in: PdN BioS 3/63, 2016, S. 34–38.

Material 4

„Syn®-Ake", ein Schlangengift gegen Falten

Mit dem Slogan „Stop wrinkling – keep laughing" bewirbt das amerikanische Unternehmen DSM Nutritional Products ihr Anti-Aging-Produkt Liftake®, mit dem die Faltenbildung verhindert werden soll, die durch regelmäßige Kontraktion der Gesichtsmuskulatur und den verringerten Gehalt der Haut an Elastin und Kollagen mit zunehmendem Alter entsteht.

Der in Liftake® enthaltene Wirkstoff „Syn®-Ake" ist ein synthetisch hergestelltes Tripeptid aus den drei Aminosäuren Lysin, Prolin und Arginin. Die Moleküle sind klein genug, um direkt über die Haut aufgenommen zu werden. Die Substanz muss also nicht gespritzt werden, sondern lässt sich gut als Creme verarbeiten und anwenden. Nach Aussagen des Unternehmens wurde in einer Studie die Tiefe der Falten um die Augen und auf der Stirn um 52 % reduziert, nachdem die Creme 28 Tage lang zweimal täglich angewendet wurde.

Material 4 basiert auf:
www.skin-beautiful.com/images/SYN-AKE.pdf (abgerufen am 24. 09. 2016).
Thomas Michael Braun: Schönheit aus der Schlange, in: PdN BioS 3/63, 2016, S. 34–38.
www.inkanatural.com/de/arti.asp?ref=schlangengift-creme-zur-gesichtshautspannung (abgerufen am 21. 03. 2017).

Lösungsvorschläge

In der Aufgabe thematisierte Unterrichtsinhalte sind:
- *Klassische und operante Konditionierung*
- *Attrappenversuche in der Verhaltensforschung*
- *Mimikry*
- *Synaptische Übertragung an motorischen Endplatten*
- *Reversible Blockierung von Ionenkanälen der postsynaptischen Membran*
- *Auswertung experimenteller Daten aus der Neurobiologie*

1 *Eine unterrichtsbezogene Beschreibung zweier bekannter Lernformen ist gefordert. Beginnen Sie sinnvollerweise mit der klassischen Konditionierung. Erinnern Sie sich an Personen und Experimente, die mit der Erforschung dieser Lernform zu tun hatten. Notieren Sie Fachbegriffe zu dieser Lernform.*
Das gleiche Muster wenden Sie nun zum Thema operante Konditionierung an.
Die Beschreibung kann, wie im Folgenden dargestellt, anhand von Beispielen erfolgen oder allgemein gehalten werden.

Unterrichtsbezogene Beschreibung der klassischen Konditionierung:
Die Theorie der klassischen Konditionierung geht auf Experimente des russischen Physiologen und Mediziners PAWLOW an Hunden zurück. Bei diesen Studien stellte PAWLOW fest, dass die Speichelsekretion eines Hundes nicht erst mit dem Fressvorgang beginnt, sondern bereits beim Anblick der Nahrung. Der Anblick der Nahrung ist der unbedingte Reiz, der die Speichelsekretion auslöst. Auch ein ursprünglich in diesem Zusammenhang neutraler Reiz, wie beispielsweise ein Klingelton, kann die Sekretion von Speichel und anderen Verdauungssäften auslösen, wenn er regelmäßig der Fütterung vorausgeht. Nach einer ausreichend oft wiederholten zeitlichen Kopplung des neutralen Reizes mit dem unbedingten Reiz löst der neutrale Reiz allein das Verhalten aus. Er ist somit zum bedingten Reiz geworden.

Unterrichtsbezogene Beschreibung der operanten Konditionierung:
Bei der Lernform der operanten Konditionierung kommt es durch Belohnung oder Bestrafung zum Erlernen einer neuen Verhaltensweise. Ein Beispiel für operante Konditionierung zeigen die Experimente von SKINNER, der Ratten in einer sogenannten Skinner-Box trainierte. Ein zunächst zufälliges Verhalten des Versuchstiers, das Drücken eines Hebels im Käfig, wurde prompt mit einer Extraportion Futter belohnt. Das zufällige Verhalten wird also mit einem positiven Ereignis in Verbindung gebracht und in Folge häufiger ausgeführt, um das positive Ereignis wieder auszulösen. Umgekehrt können neue Verhaltensweisen auch mit negativen Erfahrungen in Verbindung gebracht werden und führen dann zur Vermeidung des Verhaltens.

2 *Für die Bearbeitung der Teilaufgabe ist es wichtig, die Beutegreifer-Attacken auf die 4 unterschiedlichen Schlangenattrappen zu analysieren und in Beziehung zur Jahreszeit und zur Brutzeit der Greifvögel zu setzen.*
Fragen Sie sich: Welchen Einfluss haben ...
- *Trocken- und Regenzeit,*
- *verschiedene Untergründe, auf denen die Attrappen angeboten werden,*
- *und die Farbmuster der Attrappen*

auf die Zahl der Beutegreifer-Attacken?
Ziehen Sie aus jedem der beschriebenen experimentellen Ergebnisse eine Schlussfolgerung.

- Aus der Tatsache, dass einfarbig grüne Schlangenattrappen von Greifvögeln häufiger attackiert werden als solche, die das Farbmuster der Korallenschlangen zeigen, lässt sich ableiten, dass die charakteristische rot-schwarz-weiße Zeichnung der Tiere offensichtlich abschreckend auf Beutegreifer wirkt.
- Da es keinen Unterschied in der Anzahl der Angriffe auf Attrappen mit gleichem Farbmuster auf unterschiedlichen Untergründen gibt, kann ausgeschlossen werden, dass der geringeren Häufigkeit der Angriffe auf Schlangen mit Korallenschlangen-Muster eine bessere Tarnung zugrunde liegt.
- In der Regenzeit werden ungiftige Strauchnattern deutlich häufiger angegriffen als die gemusterten Schlangenarten, wobei sich die Zahl der Attacken auf diese untereinander nur geringfügig unterscheidet.
  In der Trockenzeit wurden Korallenotter- und Hakennasennatter-Attrappen ebenso selten angegriffen wie in der Regenzeit, Mondnatter-Attrappen jedoch doppelt so oft wie in der Regenzeit und damit ungefähr ebenso häufig wie die ungiftigen Strauchnattern.
  Der Grund dafür ist wahrscheinlich, dass in der Trockenzeit die Brutperiode der Greifvögel liegt und ihr Nahrungsbedarf infolgedessen durch die zu fütternden Jungen stark ansteigt. Die Vögel sind in dieser Phase daher offensichtlich bereit, ein höheres Risiko beim Beuteerwerb einzugehen als in der Regenzeit. Das legt die Vermutung nahe, dass die Schutzwirkung der Mimikry vor den Beutegreifern umso besser ist, je ähnlicher das Muster dem der hochgiftigen Korallenotter ist, und dass die Beutegreifer folglich in der Lage sind, Unterschiede in den rot-schwarz-weißen Farbmustern zu erkennen. Die Mondnatter ist vermutlich in der Wahrnehmung der Beutegreifer der Korallenotter weniger ähnlich als die Hakennasennatter.

3 *Zunächst soll die Erregungsübertragung an einer neuromuskulären Synapse unterrichtsbezogen aus dem Gedächtnis beschrieben werden. Beginnen Sie Ihre Beschreibung mit dem Eintreffen von Aktionspotenzialen an der neuromuskulären Endplatte.*
Der Operator „Erläutern" bezieht sich auf die Tatsache, dass es sich hier um einen nikotinischen Acetylcholinrezeptor (nAChR) handelt, der eine spezifische Rezeptorvariante darstellt.

Laufen Aktionspotenziale in das synaptische Endknöpfchen (Präsynapse) einer neuromuskulären Endplatte ein, werden spannungsabhängige Kalziumkanäle in der Endknöpfchenmembran geöffnet und Ca^{2+}-Ionen strömen ein. Dies bewirkt die Wanderung von mit dem Neurotransmitter Acetylcholin (ACh) gefüllten Vesikeln in Richtung präsynaptische Membran. Dort verschmelzen die Vesikel mit der Membran und die Transmittermoleküle werden in den synaptischen Spalt ausgeschüttet. Sie diffundieren durch den synaptischen Spalt zur Muskelzelle (Postsynapse).
Die Acetylcholinmoleküle lagern sich an die beiden α-Untereinheiten des nikotinischen Acetylcholinrezeptors in der postsynaptischen Membran an. Dies führt zu einer Konformationsänderung des Rezeptormoleküls, was die Öffnung eines Ionenkanals zur Folge hat. Kationen strömen, dem Konzentrationsgefälle folgend, in das Innere der Muskelzelle und depolarisieren die postsynaptische Membran. Die Erregung der Muskelzelle ist die Folge.

4 *Beginnen Sie mit der Auswertung des Balkendiagramms in Abb. 3.1 unter Berücksichtigung der Informationen zum nAChR und zur Substanz Waglerin-1 (Wtx-1). Danach werten Sie die Kurven in Abb. 3.2 aus. Beachten Sie, dass die Werte auf der y-Achse die Depolarisation der postsynaptischen Membran aus dem Ruhepotenzial (ca. –90 mV) in Anwesenheit von ACh darstellen.*

Deutung der in **Abb. 3.1** dargestellten Versuchsergebnisse:
Mäusen unterschiedlichen Alters wurde eine für erwachsene Mäuse tödliche Dosis des Giftes Wtx-1 verabreicht und anschließend die Überlebensrate ermittelt.
Je jünger die Versuchstiere waren, desto niedriger war der Anteil der an dem Gift gestorbenen Mäuse. Vom Tag der Geburt an bis zum 10. Lebenstag scheinen Mäuse immun gegen Wtx-1 zu sein, da keine Maus dieser Altersgruppe nach Verabreichung der Dosis starb. Mit zunehmendem Alter erhöhte sich die Sterberate immer weiter. In der Altersgruppe „ab 20 Tage“ lag der Anteil der durch das Gift getöteten Tiere schließlich bei 100 %.
Die im Versuch beobachtete Altersabhängigkeit der Giftwirkung lässt die Vermutung zu, dass Wtx-1 an die ε-Untereinheit des nACh-Rezeptors bindet, die erst im Verlauf der Individualentwicklung die zunächst vorhandene γ-Untereinheit ersetzt. Solange die heranwachsenden Mäuse noch nicht über die ε-Untereinheit verfügen, sind sie demnach immun gegen den Giftstoff.

Deutung der in **Abb. 3.2** dargestellten Versuchsergebnisse:
Kurve a zeigt die Referenzkurve der Depolarisation der postsynaptischen Membran ohne Einwirkung des Giftes Wtx-1. Die Kurven b und c dokumentieren die Wirkung von Wtx-1 auf die Rezeptoren bzw. Kanalproteine der postsynaptischen Membran unter Berücksichtigung der Einwirkzeit. Aus den Kurven lässt sich ableiten, dass das Wtx-1 offenbar den Einstrom von Kationen in die Muskelzellen verhindert. Nach 10 s Einwirkzeit ist der Effekt noch gering, die Depolarisation wird um ca. 1 mV verringert (Kurve b). Nach 60 s Einwirkzeit ist kaum noch eine Depolarisation messbar (Kurve c).

Die Ursache für das Absinken der Spannungsänderung liegt in der Bindung des Wtx-1 an den nACh-Rezeptor, genauer an die Untereinheit ε. Die Einwirkung des Giftstoffs (genauer: der für die Giftwirkung des Wtx-1 verantwortlichen Aminosäuresequenz Lysin – Prolin – Arginin) scheint die Durchlässigkeit des Ionenkanals zu blockieren.
Verdünnt man das Gift, indem man nach 60 s Einwirkzeit eine Lösung ohne Wtx-1 zusetzt, kann man nach 4 Minuten Wartezeit wieder eine deutliche Depolarisation messen (Kurve d). Das lässt die Schlussfolgerung zu, dass Wtx-1 reversibel an den Rezeptor bindet, und dass folglich bei Verdünnung ein Teil der Ionenkanäle wieder frei wird und ACh wieder die Öffnung der Ionenkanäle bewirken kann.

5 *Für die Erklärung ist es nötig zu wissen, wie Falten z. B. im Gesicht entstehen. Werten Sie den Text in Material 4 auch unter dem Aspekt aus, wo genau und mit welchem Wirkstoff das Anti-Aging-Produkt wirken soll.*
In der Erörterung sollen Argumente für und gegen die Nutzung des Anti-Aging-Produkts zusammengetragen und unter Berücksichtigung von Sicherheitsaspekten bewertet werden.

Erklärung der Wirkungsweise des synthetisch hergestellten Wirkstoffs Syn-Ake als Anti-Aging-Produkt:
Die Zusammensetzung des künstlich synthetisierten Wirkstoffs (ein Tripeptid) entspricht in seiner Aminosäureabfolge dem toxisch wirksamen Anteil des Wtx-1. Vermutlich wird Syn-Ake daher ähnlich wie Wtx-1 an die nACh-Rezeptoren der postsynaptischen Membran von Muskelzellen, hier der für die Gesichtsmimik verantwortlichen Muskelzellen, binden und den Einstrom von Kationen blockieren. Die Folge ist eine Lähmung, die die Kontraktion der Muskeln im behandelten Bereich unterbindet und damit die Haut glatter erscheinen lässt.

Erörterung der Vor- und Nachteile bzw. Risiken des Einsatzes von Liftake:
Pro:
- Für die Anwendung ist prinzipiell nicht die Hilfe eines Arztes nötig, da der Wirkstoff in einer Creme zum Auftragen auf die Haut enthalten ist und daher nicht injiziert werden muss.
- Die Creme kann gezielt auf die gewünschten Hautpartien aufgetragen werden.
- Da die Giftwirkung reversibel ist, ist die Verursachung bleibender Schäden kaum zu erwarten.

Kontra:
- Ohne ärztliche Aufsicht sind unsachgemäße Anwendung und falsche Dosierung nicht auszuschließen, obgleich die Gefahr einer Überdosierung gering erscheint.
- Eine unbeabsichtigte Lähmung anderer Muskelpartien ist nicht ganz auszuschließen.
- Allergische Reaktionen auf die Creme sind möglich.
- Für einen anhaltenden Erfolg muss das Präparat regelmäßig angewendet werden, da nur eine reversible Hemmung der ACh-Rezeptoren erreicht wird.

Eine zusammenfassende Bewertung muss neben den Vor- und Nachteilen bzgl. Wirkung und Sicherheit in den Blick nehmen, ob die Anwendung eines Anti-Aging-Produkts die Gesundheit fördert bzw. das Lebensgefühl verbessert. Eine Antwortmöglichkeit ist z. B.:

Da der in der Antifaltencreme enthaltene Wirkstoff lediglich dafür sorgt, dass ein als ästhetisch nicht optimal empfundener Zustand verbessert wird, sollte vor dem Hintergrund der bestehenden Risiken für die Gesundheit von einer Anwendung des Produkts abgesehen werden.

Abiturprüfung 2019 Leistungskurs Biologie (Hessen)
A1: Neurobiologie und Verhaltensbiologie

Die Huntington-Krankheit		BE
1	Beschreiben Sie die Erregungsübertragung an einer erregenden, Acetylcholin führenden Synapse. Stellen Sie die Unterschiede der Vorgänge an einer GABA führenden Synapse im Vergleich zu einer Acetylcholin führenden Synapse dar. (Material 1)	16
2	Fassen Sie für die Huntington-Krankheit tabellarisch die Symptome, die Veränderungen im Nervensystem und deren Ursachen zusammen. Stellen Sie diesen die entsprechenden Fakten zur Alzheimer-Demenz gegenüber. (Material 2)	11
3	Deuten Sie die Ergebnisse der Kontrollgruppe in den in Material 3 dargestellten Experimenten. (Material 3)	11
4	Deuten Sie die Ergebnisse der Huntington-Mäuse in den dargestellten Experimenten im Vergleich zur Kontrollgruppe. (Material 2 und 3)	12
		50

Material 1

GABA führende Synapse

γ-Aminobuttersäure (GABA) ist im Zentralen Nervensystem als Neurotransmitter weit verbreitet. GABA wirkt hauptsächlich über zwei verschiedene Rezeptoren, die als $GABA_A$- bzw. $GABA_B$-Rezeptor bezeichnet werden. Die beiden Rezeptortypen können gemeinsam in einer Zelle vorkommen.

Schema einer GABA führenden Synapse

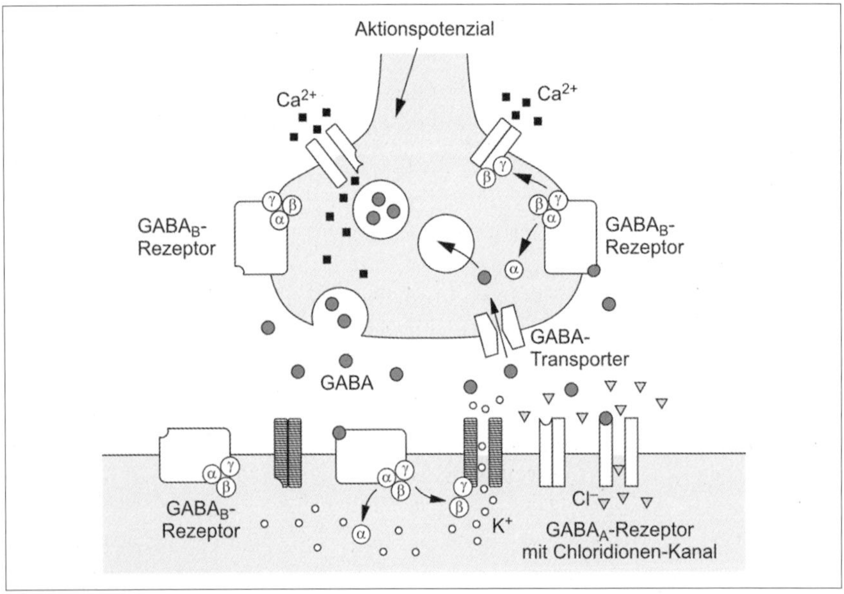

Erläuterung:

 Untereinheiten des G-Proteins

Material 1 basiert auf:
https://de.wikipedia.org/wiki/GABA-Rezeptor (abgerufen am 02. 01. 2018)
https://fr.wikipedia.org/wiki/R%C3%A9cepteur_GABAB#/media/File:Le_r%C3%A9cepteur_GABAB_dans_la_synapse.png (abgerufen am 02. 01. 2018)
http://n.neurology.org/content/neurology/78/8/578/F1.large.jpg (abgerufen am 02. 01. 2018)
Hua Han et al.: GABAB receptor and absence epilepsy, figure 1, https://www.researchgate.net/publication/229075859_GABAB_receptor_and_absence_epilepsy (abgerufen am 07. 03. 2018)

Material 2

Die Huntington-Krankheit

Die Huntington-Krankheit ist eine seltene Krankheit des Zentralen Nervensystems, von der in Deutschland etwa 8 000 Menschen betroffen sind.

Die ersten Symptome zeigen sich in den meisten Fällen in einem Alter zwischen 30 und 50 Jahren. Charakteristisch für die Huntington-Krankheit sind Bewegungsstörungen, die sich zunächst in einer leichten Unruhe, z. B. der Gesichtsmuskulatur, äußern. Im weiteren Verlauf der Erkrankung zeigen die Patientinnen und Patienten plötzlich einsetzende, unkontrollierte Bewegungen, wodurch die bewusst gesteuerten Bewegungen unterbrochen werden. Diese Bewegungsstörungen werden immer heftiger. Beim Vollbild der Erkrankung kommt es zu schleudernden Bewegungen von Armen und Beinen, außerdem zu Problemen beim Sprechen und Schlucken. Die Muskelspannung nimmt allmählich zu und führt schließlich zu einer Bewegungsverminderung durch Muskelsteifheit. Die Störungen der Motorik werden begleitet durch psychische Veränderungen, wie z. B. Depressionen. In späteren Stadien der Krankheit sind die kognitiven Fähigkeiten der Patientinnen und Patienten zunehmend eingeschränkt, es entwickelt sich eine Demenz.

Ursache der Krankheit ist eine Mutation im Gen für das Protein Huntingtin, die autosomal dominant vererbt wird. Die anormalen Proteine bilden unlösliche Aggregate in Neuronen verschiedener Gehirnregionen. Man beobachtet, dass besonders im Striatum, einem Bereich innerhalb der Basalganglien an der Basis des Großhirns, zunehmend Nervenzellen absterben. Das betrifft insbesondere Neurone, die γ-Aminobuttersäure (GABA) als Transmitter verwenden. Diese Neurone tragen dazu bei, dass Bewegungen kontrolliert ausgeführt werden können, indem sie Kraft, Ausmaß, Geschwindigkeit und Richtung der Bewegung steuern.

Im Endstadium der Krankheit nimmt schließlich die gesamte Gehirnmasse ab.

Material 2 basiert auf:
https://de.wikipedia.org/wiki/Chorea_Huntington (abgerufen am 02. 12. 2017)
https://www.huntington-hilfe.de/Die-Huntington-Krankheit (abgerufen am 02. 01. 2018)
Raymund AC Roos: Huntington's disease: a clinical review, in: Orphanet J Rare Dis. 2010; 5:40, https://www.ncbi.nlm.nih.gov/pmc/articles/PMC3022767/pdf/1750-1172-5-40.pdf (abgerufen am 02. 01. 2018)
Herwig Lange: Morbus Huntington – Klinik, Diagnose und Therapie, in: psycho 28 (2002), S. 482, https://www.researchgate.net/profile/Herwig_Lange/publication/200029410_Morbus_Huntington_-_Klinik_Diagnose_und_Therapie/links/06539337d0494b4952c76275/Morbus-Huntington-Klinik-Diagnose-und-Therapie.pdf (abgerufen am 01. 12. 2017)
Montserrat Arrasate, Steven Finkbeiner: Protein aggregates in Huntington's disease, in: Exp Neurol. 2012 Nov; 238(1):1–11; https://www.ncbi.nlm.nih.gov/pmc/articels/PMC3909772/pdf/nihms349961.pdf (abgerufen am 04. 02. 2018)

Material 3

Untersuchungen zur Huntington-Krankheit an Mäusen

Für das Protein Huntingtin konnte nachgewiesen werden, dass es im Nervensystem an der Regulation zahlreicher Prozesse beteiligt ist, z. B. der Bildung und Funktion von Synapsen. Bereits vor dem Verlust von Neuronen im Striatum, der im Spätstadium der Huntington-Krankheit auftritt, beobachtet man Veränderungen an Synapsen in Bereichen der Großhirnrinde, die für die Motorik zuständig sind. Diese Bereiche stehen über erregende Synapsen mit den GABA ausschüttenden Neuronen des Striatums in Verbindung.

Synaptische Verbindungen im zentralen Nervensystem können sich einerseits durch Änderung der Effizienz einzelner Synapsen verändern, andererseits werden auch abhängig von der Aktivität der Netzwerke ganze Synapsen auf- und abgebaut.

Zur Untersuchung der zellulären Prozesse bei der Huntington-Krankheit wurden Mäuse verwendet, in deren DNA man durch gentechnische Verfahren die wesentlichen Abschnitte des menschlichen mutierten Huntingtin-Gens eingebracht hatte. Diese sogenannten „Huntington-Mäuse" waren heterozygot für das mutierte Huntingtin-Gen. Sie zeigten in ihrem Käfig bis etwa zum 50. Lebenstag keine motorischen Auffälligkeiten. Die Kontrollgruppe bestand aus Mäusen ohne das menschliche mutierte Huntingtin-Gen.

Alle zwei Wochen wurden die motorischen Fähigkeiten der Versuchstiere getestet. Dazu ließ man die Tiere auf einem rotierenden Zylinder laufen, dessen Drehgeschwindigkeit kontinuierlich zunahm. Es wurde gemessen, wie lange sich die Mäuse auf dem Zylinder halten konnten.

Neurobiologen ist es gelungen, an lebenden Mäusen die synaptischen Verbindungen innerhalb der für die Motorik zuständigen Bereiche der Großhirnrinde zu untersuchen. Dazu setzten sie in den Schädelknochen der Tiere ein kleines Fenster aus durchsichtigem Kunststoff ein. Die Entwicklung der synaptischen Verbindungen bei den „Huntington-Mäusen" und der Kontrollgruppe konnten die Forscher verfolgen, indem sie in der Regel alle acht Tage Zahl und Position der sogenannten „Dornen" an den Dendriten immer derselben Nervenzellen feststellten. Dornen sind Vorwölbungen an den Dendriten, an denen sich – wenn die Dornen über mindestens eine Woche bestehen – präsynaptische Endigungen anderer Neurone anlagern können und so neue Synapsen gebildet werden können.

Während des gesamten Versuchszeitraums von mehr als 80 Tagen war bei den Mäusen noch keine Verminderung der Gesamtzahl der Neurone zu beobachten.

Abbildung 3.1
Test der motorischen Fähigkeiten

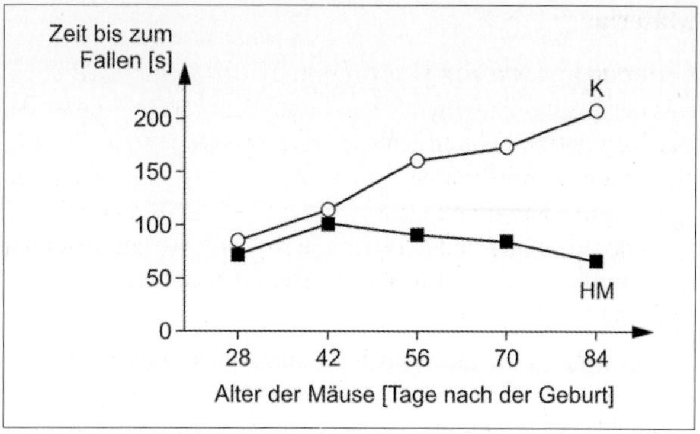

Erläuterung:
HM: Huntington-Mäuse
K: Kontrollgruppe

Abbildung 3.2
Dichte der Dornen an den Dendriten

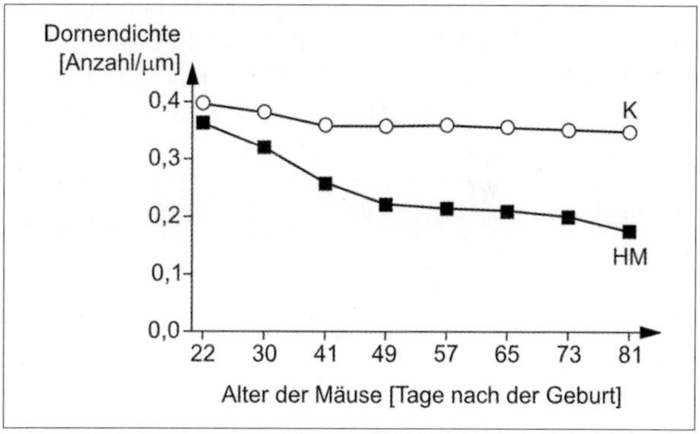

Erläuterung:
HM: Huntington-Mäuse
K: Kontrollgruppe

Abbildung 3.3
Abbau und Neubildung von Dornen

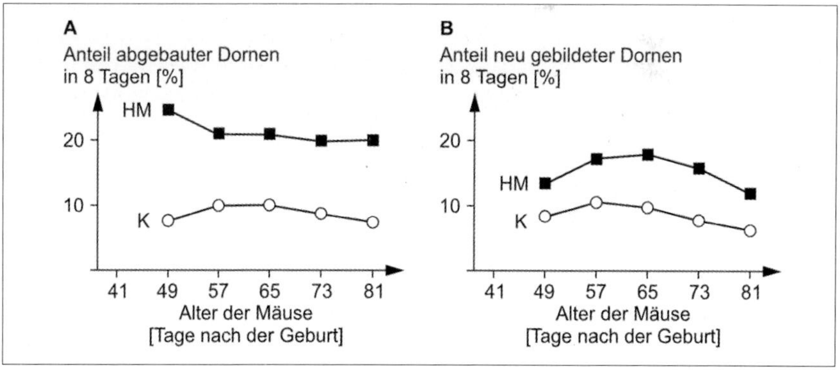

Erläuterung:
HM: Huntington-Mäuse; K: Kontrollgruppe

Material 3 basiert auf:
Reena Prity Murmu et al.: Dendritic Spine Instability Leads to Progressive Neocortical Spine Loss in a Mouse Model of Huntington`s Disease, in: Journal of Neuroscience 7 August 2013, 33 (32) 12 997–13 009; http://www.jneurosci.org/content/jneuro/33/32/12997.full.pdf, S. 12 997–13 004 (abgerufen am 06. 01. 2018)
Spencer U. McKinstry et al.: Huntingtin Is Required für Normal Excitatory Synapse Development in Cortical and Striatal Circuits, in: Journal of Neuroscience 9 July 2014, 34 (28) 9 455–9 472 http://www.jneurosci.org/content/jneuro/34/28/9455.full.pdf, S. 9 455 f. (abgerufen am 06. 01. 2018)

Lösungsvorschläge

In der Aufgabe thematisierte Unterrichtsinhalte sind:

- *Bau und Funktion von Nervenzellen und Synapsen*
- *Synaptische Übertragung an cholinergen und GABA führenden Synapsen im Vergleich*
- *Funktion von Proteinen und Enzymen in Neuronen bzw. im ZNS*
- *Molekulare Auslöser der Alzheimer-Demenz, mutierte Gene*
- *Autosomal-dominante Genmutationen und deren Auswirkungen*

1 *Kompetenzbereiche (siehe S. I f.): F1, F2 und E2*
Die Operatoren „Beschreiben" und „Darstellen der Unterschiede" sind getrennte Arbeitsaufträge.

- *Zunächst sollen Sie den Ablauf der synaptischen Übertragung an einer erregenden, Acetylcholin führenden Synapse strukturiert und fachsprachlich richtig in eigenen Worten wiedergeben. Alle relevanten Strukturen, Sachverhalte und Abläufe kennen Sie aus dem Unterricht. Eine Skizze aus dem Gedächtnis kann für die folgende Bearbeitung von Vorteil sein, um diese direkt mit dem in Material 1 vorgegebenen Schema einer GABA führenden Synapse vergleichen zu können.*
- *Identifizieren Sie dann die Unterschiede zwischen den Synapsentypen. Achten Sie dabei besonders auf zusätzliche Strukturen in der GABA führenden Synapse. Beziehen Sie sich auf die Abläufe im Axonendknöpfchen, im synaptischen Spalt und im Soma des nachfolgenden Neurons.*
  Eine sinnvolle Form der Darstellung ist eine Tabelle.

Beschreibung der Erregungsübertragung an einer erregenden, Acetylcholin führenden Synapse:

Kommt ein Aktionspotenzial am Axonendknöpfchen der präsynaptischen Zelle an, so werden zunächst spannungsgesteuerte Calciumionen-Kanäle in der Membran geöffnet und Calciumionen strömen ins Innere des Axonendknöpfchens (= Präsynapse) ein. Durch den Anstieg der Calciumionen-Konzentration verschmelzen mit dem Transmitter Acetylcholin (ACh) gefüllte Vesikel mit der präsynaptischen Membran. Folglich wird das ACh in den synaptischen Spalt ausgeschüttet. Die Calciumionen werden mithilfe von Ionenpumpen wieder aus der Präsynapse entfernt.

Die Transmittermoleküle diffundieren durch den synaptischen Spalt zur postsynaptischen Membran. Dort besetzen sie nach dem Schlüssel-Schloss-Prinzip die ACh-Rezeptoren in der Membran (Rezeptor-Transmitter-Komplex) und öffnen in den Rezeptoren befindliche Natriumionen-Kanäle. Dadurch strömen die im Außenmedium in hoher Konzentration vorliegenden Natriumionen in das Soma der postsynaptischen Zelle ein und depolarisieren die postsynaptische Membran. Ein erregendes postsynaptisches Potenzial (EPSP) bildet sich aus.

Die ACh-Moleküle lösen sich wieder von den Rezeptoren. Das im synaptischen Spalt aktive Enzym Acetylcholinesterase spaltet den Transmitter zu Cholin und Essigsäure. Das Cholin wird wieder in die Präsynapse aufgenommen und zu ACh resynthetisiert.

Darstellung der Unterschiede der Vorgänge an einer GABA führenden Synapse im Vergleich zu einer Acetylcholin führenden Synapse:

	ACh führende Synapse	**GABA führende Synapse**
Transmitter	Acetylcholin	GABA
Wirkung des Transmitters auf die Postsynapse	Öffnung von Natriumionen-Kanälen. Dadurch kommt es zur Depolarisation der postsynaptischen Membran (EPSP).	– Öffnung von ligandengesteuerten Chloridionen-Kanälen ($GABA_A$-Rezeptoren). Dadurch kommt es zur Hyperpolarisation der postsynaptischen Membran (IPSP). – Öffnung von Kaliumionen-Kanälen durch Bindung an $GABA_B$-Rezeptoren. Mechanismus: Zerfall des G-Proteins und Bindung der γ- und der β-Untereinheit an die Kaliumionen-Kanäle. Auch dies hat eine Hyperpolarisation der Postsynapse zur Folge (IPSP).
Wirkung des Transmitters auf die Präsynapse	Keine	Schließung von Calciumionen-Kanälen durch Bindung an $GABA_B$-Rezeptoren. Mechanismus: Zerfall des G-Proteins und Bindung der γ- und der β-Untereinheit an die Calciumionen-Kanäle. Das hat zur Folge, dass die GABA-Ausschüttung bei weiteren einlaufenden Aktionspotenzialen reduziert wird.
Recycling des Transmitters	Der Transmitter wird in Cholin und Essigsäure gespalten. Danach wird das Cholin in die Präsynapse aufgenommen und dort zu ACh resynthetisiert.	Das gesamte GABA-Molekül wird über GABA-Transporter wieder in die Präsynapse aufgenommen.

2 *Kompetenzbereiche (siehe S. I f.): F1, K1 und K2*
Beachten Sie, dass hier eine Tabelle als Darstellungsform zwingend gefordert ist. Auch die Kategorien der Gegenüberstellung (Symptome, Veränderungen des Nervensystems, Ursachen) sind verbindlich vorgegeben.
Die Fakten zur Huntington-Krankheit entnehmen Sie Material 2. Die Charakteristika der Alzheimer-Demenz kennen Sie aus dem Unterricht.

	Huntington-Krankheit	Alzheimer-Demenz
Symptome der Krankheit	– Treten ab einem Alter von 30–50 Jahren auf. – Im Frühstadium kommt es zunächst zu einer in der Gesichtsmuskulatur erkennbaren Unruhe. – Im weiteren Verlauf der Krankheit kommt es zu stärker werdenden unkontrollierten Bewegungen. – Das Vollbild der Erkrankung ist gekennzeichnet durch unkontrollierte Schleuderbewegungen der Arme und Beine sowie durch Schluckbeschwerden, Probleme beim Sprechen und zunehmende Muskelsteifheit. **Psychische Veränderungen** gehen einher (z. B. Depressionen). – Im Spätstadium nehmen die kognitiven Fähigkeiten der Patienten ab bis hin zur **Demenz**.	– Treten später, in der Regel erst ab dem 65. Lebensjahr auf. – Es gibt **keine motorischen Einschränkungen**. – Symptome im Frühstadium: • Gedächtnisverlust, der das tägliche Leben beeinträchtigt • Herausforderungen bei Planung und Lösung von Problemen nicht mehr gewachsen sein • Schwierigkeiten, gewohnte Aufgaben zu Hause, in der Arbeit oder in der Freizeit durchzuführen – Im weiteren Verlauf stellen sich Verwirrungen bzgl. Zeit und Ort ein. Visuelle Eindrücke und räumliche Zusammenhänge werden nicht mehr verstanden. – Im Spätstadium zunehmende **Demenz** und **psychische Veränderungen**.
Veränderungen im Nervensystem	Anormale Huntingtin-Proteine bilden unlösliche Aggregate **innerhalb** der Neuronen verschiedener Hirnareale. **Absterben** besonders von GABA führenden **Neuronen** im Striatum, die für die Bewegungskontrolle zuständig sind. Im Endstadium Abnahme der gesamten Hirnmasse.	β-Amyloid-Proteine bilden Aggregate (Plaques) **außerhalb** der Neuronen. Außerdem Ablagerung von Neurofibrillen aus Tau-Proteinen **innerhalb** der Neuronen. **Absterben** betroffener **Neuronen** und Veränderung der Hirnstruktur.
Ursachen	Eine autosomal-dominante Mutation im Huntigtin-Gen, die zur Bildung anormaler Huntingtin-Proteine führt.	In manchen Fällen genetisch bedingt: Mutationen verschiedener Gene führen zu Störungen des Abbaus der β-Amyloide und zur fehlerhaften Funktion der Tau-Proteine.

3 *Kompetenzbereiche (siehe S. I f.): E1 und K3*
Der Operator „deuten" erfordert in diesem Zusammenhang, dass im Text des Materials 3 beschriebene Sachverhalte, wie z. B. genetische Manipulationen und Versuchsanordnungen, erfasst und in Bezug zu den in den Abbildungen 3.1 bis 3.3 dargestellten experimentellen Ergebnissen gesetzt werden müssen.
Beachten Sie unbedingt, dass es in diesem Aufgabenteil ausschließlich um die in den Abbildungen mit „K" gekennzeichnete Kontrollgruppe geht. Die wesentlichen in den Diagrammen dargestellten Ergebnisse sind sinnvoll zueinander in Beziehung zu setzen und sollen begründete Schlussfolgerungen ermöglichen.

Deutung der Ergebnisse der Kontrollgruppe in den Experimenten:
Abb. 3.1.: Die motorischen Fähigkeiten der Mäuse der Kontrollgruppe wurden über einen Zeitraum von 8 Wochen (Alter der Mäuse zu Beginn: 28 Tage; Alter am Ende: 84 Tage) gemessen, indem man sie auf einem rotierenden Zylinder laufen ließ, dessen Drehgeschwindigkeit gesteigert wurde. Die Mäuse konnten sich mit zunehmendem Alter immer länger, d. h. bei immer höheren Geschwindigkeiten, auf dem Zylinder halten.

Abb. 3.2: Die Messung der Dornendichte im annähernd gleichen Zeitraum (Alter der Mäuse zu Beginn: 22 Tage; Alter am Ende: 81 Tage) ergab, dass diese bei den Kontrollmäusen zunächst leicht abnahm, dann aber etwa gleich blieb.

Abb. 3.3: Im Untersuchungszeitraum (Alter der Mäuse zu Beginn: 49 Tage; Alter am Ende: 81 Tage) wurden bei der Kontrollgruppe sowohl Dornen auf- als auch abgebaut. Dabei hielten sich der Auf- und der Abbau annähernd die Waage (jeweils um die 10 %). Die Umbautätigkeit nahm vom 49. bis zum 57. Lebenstag leicht zu und danach wieder leicht ab.

Diese Ergebnisse können wie folgt gedeutet werden: Im Zeitraum der Entwicklung der motorischen Fähigkeiten werden in den entsprechenden Hirnregionen im Zusammenhang mit dem Aufbau neuer Dornen an den Dendriten wahrscheinlich Synapsen neu gebildet. Im gleichen Zeitraum geht beim Abbau von dendritischen Dornen wahrscheinlich eine in etwa gleich große Anzahl an Synapsen verloren.
Da sich die motorischen Fähigkeiten der Kontrollgruppe trotz der Stagnation der Dornendichte ab dem 41. Lebenstag und trotz der Abnahme der Dornen-Umbautätigkeit ab dem 57. Lebenstag noch weiter verbesserten, ist anzunehmen, dass gegen Ende des Untersuchungszeitraums hauptsächlich die bestehenden synaptischen Verbindungen gefestigt wurden, wodurch Erregungen effizienter übertragen werden können.

4 *Kompetenzbereiche (siehe S. I f.): E1 und K3*
Die Anforderungen bei der Bearbeitung dieser Teilaufgabe entsprechen zunächst zum Großteil denen bei Aufgabe 3. Jedoch sollen hier die Ergebnisse der Huntington-Mäuse (in den Abbildungen mit HM gekennzeichnet) letztendlich nicht nur isoliert gedeutet, sondern auch im Vergleich mit denen der Kontrollgruppe betrachtet werden.

Deutung der Ergebnisse der Experimente mit den Huntington-Mäusen im Vergleich zur Kontrollgruppe:

Abb. 3.1: Die dargestellten Ergebnisse zeigen, dass die Entwicklung der motorischen Fähigkeiten der Mäuse mit dem mutierten Huntingtin-Gen deutlich hinter der der Kontrollgruppe zurückblieb. Zwar ist vom 28. bis zum 42. Lebenstag ein Anstieg der motorischen Fähigkeiten zu erkennen, der analog zu dem der Kontrollgruppe verläuft, danach nahm die Fähigkeit, sich auf dem rotierenden Zylinder zu halten, aber deutlich ab und war am Ende des Untersuchungszeitraums sogar etwas geringer als am Anfang.

Abb. 3.2: Die Dichte der Dornen nahm vom Beginn des Untersuchungszeitraums an stetig ab und lag nach 81 Lebenstagen nur noch bei ca. 50 % des Anfangswerts. Zu beobachten ist, dass die Dornendichte schon vor dem Auftreten deutlicher motorischer Einschränkungen, ab dem 42. Tag, deutlich zurückging.

Abb. 3.3: Die dargestellten Ergebnisse zeigen, dass bei den Huntington-Mäusen der Anteil abgebauter Dornen an den Dendriten in 8 Tagen etwa doppelt so hoch war wie bei der Kontrollgruppe. Der feststellbare Aufbau neuer Dornen liegt zwar deutlich höher als bei der Kontrollgruppe, kann den gleichzeitigen starken Abbau jedoch nicht kompensieren, sodass die Zahl der Dornen insgesamt abnimmt.

Diese Ergebnisse können wie folgt gedeutet werden: Die zu beobachtenden Unterschiede zwischen der Kontroll- und der Huntington-Gruppe sind auf das Vorliegen der anormalen Huntingtin-Proteine bei den genetisch veränderten Mäusen zurückzuführen.
Dem Text in Material 3 ist zu entnehmen, dass sich Synapsen nur an längere Zeit bestehenden Dornen bilden können. Die bei den Huntington-Mäusen erkennbare deutlich verstärkte Dornen-Umbautätigkeit hatte also wahrscheinlich zur Folge, dass wesentlich weniger Synapsen entstehen konnten als bei den Kontrolltieren, und dass die Synapsenzahl insgesamt abnahm. Vermutlich war die Zahl der Synapsen noch stärker reduziert, als es sich allein aus der Zahl der Dornen ableiten lässt. Die stark verringerte Zahl der dauerhaft existierenden Synapsen ist wahrscheinlich der Grund für die gegenüber den Kontrolltieren deutlich verminderte Lernleistung der Huntington-Mäuse im motorischen Bereich.

Abiturprüfung 2019 Leistungskurs Biologie (Hessen)
A2: Neurobiologie und Verhaltensbiologie

Fortpflanzungs- und Brutbiologie bei Blaufußtölpeln	BE
1 Geben Sie die Definitionen für proximate und ultimate Ursachen von Verhaltensweisen und die Definition für Fitness an.	8
2 Erklären Sie die Funktion der Färbung der Füße bei der Partnerwahl der Blaufußtölpel. (Material 1, 2 und 3)	9
3 Beschreiben Sie das Ergebnis des in Material 4 dargestellten Experiments. Entwickeln Sie eine begründete Hypothese zur Erklärung des Versuchsergebnisses bei den Blaufußtölpeln mit den künstlich matt blau gefärbten Füßen. (Material 1, 3 und 4)	10
4 Fassen Sie die Ergebnisse des Versuchs in Material 5 zusammen und begründen Sie die Tatsache, dass das für den jeweiligen Reproduktionserfolg verantwortliche unterschiedliche Verhalten jüngerer und älterer erkrankter Vögel fitnessmaximierend ist. (Material 1 und 5)	13
5 Fassen Sie die Ergebnisse des Aufzuchtexperimentes in Material 6 zusammen und deuten Sie diese. (Material 6)	10
	50

Material 1

Der Blaufußtölpel

Der Blaufußtölpel ist ein tropischer Meeresvogel. Er verdankt seinen Namen seinen leuchtend blauen Füßen und seiner scheinbaren Ungeschicklichkeit. Tatsächlich aber ist der Blaufußtölpel ein gewandter Flieger und Taucher beim Beutefang. Blaufußtölpel ernähren sich vor allem von Tintenfischen, Fliegenden Fischen, aber auch vielen anderen Fischarten, die sie durch Sturztauchen erbeuten.

Die Blaufußtölpel leben monogam, die einmal geschlossene Partnerschaft hält in der Regel ein ganzes Vogelleben lang, in der Freiheit sind dies etwa 15 bis 17 Jahre. Die Blaufußtölpel leben überwiegend auf den Galapagos-Inseln, wo sie in Kolonien brüten. Die Brutzeit ist fast ganzjährig. Die Eier werden von beiden Elternteilen 40 Tage lang bebrütet, danach werden die Küken von beiden Eltern mit Nahrung versorgt. Nach drei bis vier Monaten sind die aufgezogenen Jungvögel flügge, d. h. flugfähig, und verlassen das Nest. Mit drei bis vier Jahren sind sie selbst geschlechtsreif.

Material 1 basiert auf:
Alfred Grupp, Blaufußtölpel, Medienwerkstatt Mühlacker Verlagsgesellschaft mbH, https://medienwerkstatt-online.de/lws_wissen/vorlagen/showcard.php?id=31556&edit=0, (abgerufen am 24.12.2016)
http://www.aphilia.de/naturwissenschaft-galapagos-02-blaufusstoelpel.html (abgerufen am 24. 12. 2016)

Material 2

Zeigt her eure Füße – Wieso sind sie blau?

Das Balzverhalten bei den Blaufußtölpeln ist etwas ganz Besonderes. Zunächst sucht sich das Männchen einen geeigneten Nistplatz und beginnt dann mit der Werbung um das Weibchen. Hat sich nun ein Weibchen angenähert, beginnt die Parade, indem das Männchen mit Watschelschritten um das Weibchen tänzelt und den Schnabel nach oben reckt. Geht das Weibchen auf dieses Verhalten ein, tanzen beide. Die blauen Füße werden dabei nacheinander hochgezogen und sich gegenseitig gezeigt. Die Partnerwahl ist beiderseits stark von der Färbung der Füße abhängig.

Unter der Oberhaut der Füße befindet sich bei Blaufußtölpeln eine besondere Lage aus Kollagenfasern, die das Licht in einer bestimmten Weise brechen und reflektieren, wodurch nur blaues Licht zurückgeworfen wird. Allein dadurch verursacht diese Kollagenlage die grundsätzlich blaue Färbung. Außerdem nehmen die Tölpel mit ihrer

Nahrung Carotinoide (aus Haut, Muskulatur, inneren Organen und Augen der Fische) auf, die, je nach Konzentration, die Färbung der Füße nach strahlend grünlich-blau verändern. Carotinoide können nicht vom Körper selbst produziert werden. Die aufgenommenen Carotinoide werden im Stoffwechsel geringfügig verändert und im Bindegewebe der Füße eingelagert.

Material 2 basiert auf:
Nils Römeling: Blaufußtölpel – Blue Footed Boobi, Galapagos-Inseln.net vom 20.09.2009, https://www.galapagos-inseln.net/blaufusstoelpel-blue-footed-boobie/ (abgerufen am 24. 12. 2016)
Edelweisspirat: Blaufußtölpel, DGF-Magazin vom 23.04.2016, http://www.dgf-magazin.de/index.php/magazin/infothek/naturwissenschaften/13598-2016-04-23-16-20-10 (abgerufen am 26. 12. 2016)
Foto: © Mariko Yuki. Shutterstock

Material 3

Untersuchungen zur blauen Farbe der Füße der Blaufußtölpel
Ein spanisch-mexikanisches Forscherteam um Alberto Velando untersuchte bei einer Gruppe von gefangenen Blaufußtölpel-Männchen den Einfluss der Ernährung auf die Entwicklung der Färbung der Füße. Die Männchen bekamen normale carotinoidhaltige Fischnahrung und mussten dann 48 Stunden hungern, bevor sie erneut Nahrung bekamen.

Fußfärbung der Blaufußtölpel-Männchen in Abhängigkeit vom Ernährungszustand

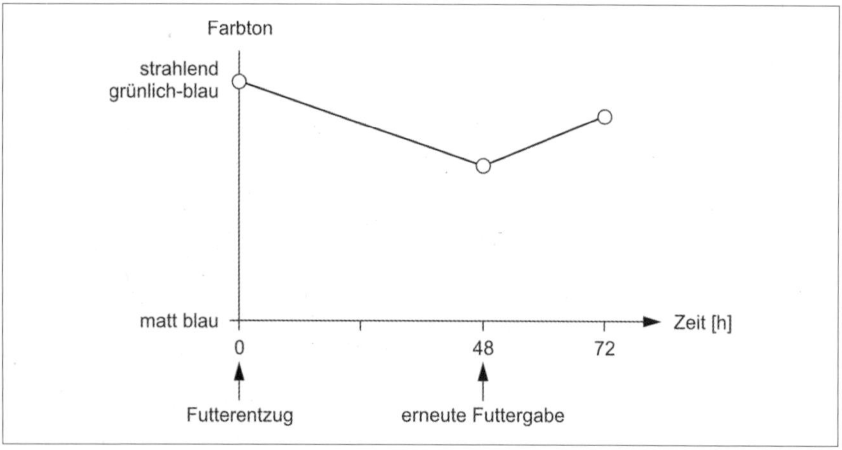

Velandos Team konnte zudem experimentell nachweisen, dass gut genährte Männchen mit strahlend grünlich-blau gefärbten Füßen eine bessere Abwehr gegenüber Krankheitserregern zeigten als Blaufußtölpel-Männchen, die keine Carotinoide aufgenommen hatten.

Material 3 basiert auf:
https://www.researchgate.net/publication/40442312_Senescing_sexual_ornaments_recover_after_a _sabbatical (abgerufen am 26. 12. 2016)
http://www.mare.de/index.php?article_id=2226&setCookie=1 (abgerufen am 26. 12. 2016)
http://www.dgf-magazin.de/index.php/magazin/infothek/naturwissenschaften/13598-2016-04-23-16-20-10 (abgerufen am 26. 12. 2016)
https://scholar.google.com/citations?view_op=view_citation&hl=de&user=3cngHSsAAAAJ&citation_for_view=3cngHSsAAAAJ:d1gkVwhDp10C (abgerufen am 26. 12. 2016)
Alberto Velando, René Beamonte-Barrientos, Roxana Torres: Pigment-based skin colour in the blue-footed booby: an honest signal of current condition used by females to adjust reproductive investment, in: Oecologia (2006) 149:535 – 542, auch veröffentlicht unter https://www.bennington.edu (abgerufen am 26. 12. 2016)
http://www.faz.net/aktuell/wissen/natur/blaufusstoelpel-tapsige-fussfetischisten-1384215.html (abgerufen am 26. 12. 2016)
http://onlinelibrary.wiley.com/doi/10.1111/j.1365-2656.2007.01282.x/epdf (abgerufen am 26. 12. 2016)

Material 4

Beeinflussung der Eiergröße bei Blaufußtölpeln

Um zu prüfen, ob auch fest verpaarte Weibchen ihrem Partner genau auf die Füße sehen, suchten die Wissenschaftler einige Vögel aus, die gerade ihr erstes Ei gelegt hatten. Blaufußtölpel-Weibchen legen nur alle acht Monate im Abstand von jeweils vier bis fünf Tagen insgesamt maximal drei, meistens eher nur zwei Eier. Nachdem das erste Ei normal gelegt wurde, schminkten die Wissenschaftler bei der Hälfte der Brutpaare die Füße der Männchen mit einer nicht-toxischen, wasserfesten Farbe künstlich matt blau.

Eivolumen des ersten und zweiten gelegten Eies bei unveränderter bzw. künstlich matt blauer Fußfärbung der Männchen

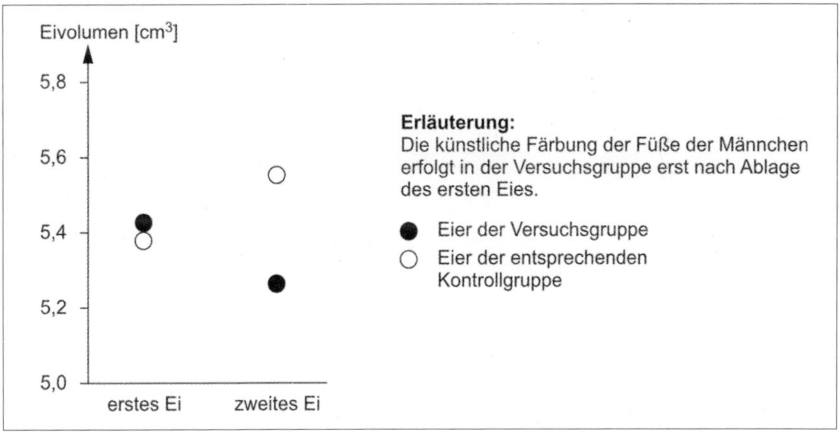

Material 4 basiert auf:
https://scholar.google.com/citations?view_op=view_citation&hl=de&user=3cngHSsAAAAJ &citation_for_view=3cngHSsAAAAJ:d1gkVwhDp10C (abgerufen am 26. 12. 2016)
Alberto Velando, René Beamonte-Barrientos, Roxana Torres: Pigment-based skin colour in the blue-footed booby: an honest signal of current condition used by females to adjust reproductive investment, in: Oecologia (2006) 149:535 – 542, auch veröffentlicht unter https://www.bennington.edu (abgerufen am 26. 12. 2016)

Material 5

Krankheit und Alter bei Blaufußtölpeln

Im Jahr 2004 fingen Biologen vor der Küste Mexikos 50 unterschiedlich alte, bereits verpaarte Blaufußtölpelmännchen, die sich in Brutstimmung befanden, ein. Die Männchen wurden zwei Altersklassen zugeordnet: drei bis neun Jahre alte Männchen sowie zehn Jahre und ältere Männchen. Nach dem Zufallsprinzip wurden diese anschließend einer von zwei Behandlungsgruppen zugeordnet. Einer Behandlungsgruppe injizierten die Forscher in Kochsalzlösung gelöste Lipopolysaccharide, die aus dem Bakterium *Escherichia coli* gewonnen wurden. Diese rufen Entzündungsanzeichen und allgemeine Krankheitssymptome hervor, die den Vögeln eine sinkende Überlebenswahrscheinlichkeit signalisieren. Der Kontrollgruppe wurde das entsprechende Volumen Kochsalzlösung injiziert.

Reproduktionserfolg von Blaufußtölpeln bei künstlich ausgelöster Erkrankung

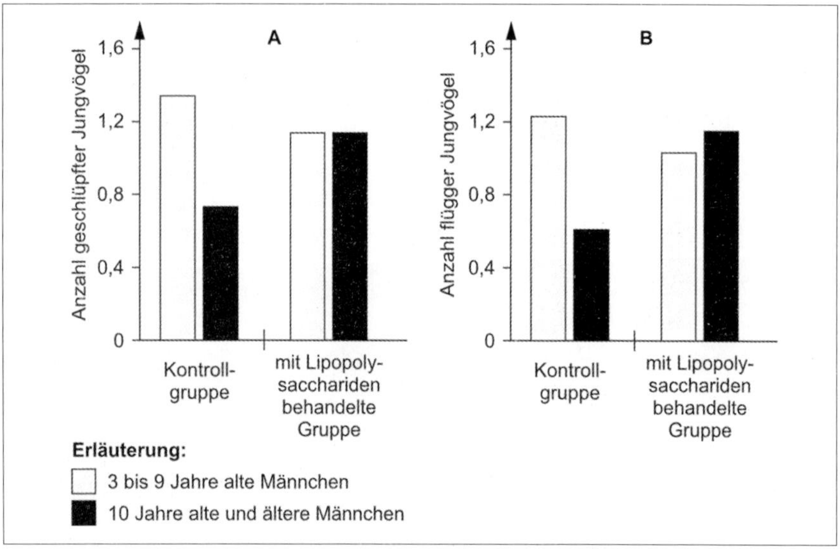

Material 5 basiert auf:
https://www.ncbi.nlm.nih.gov/pmc/articles/PMC1560321/ (abgerufen am 28. 12. 2016)
http://www.spektrum.de/news/kranke-alte-voegel-investieren-mehr-in-den-nachwuchs/803905 (abgerufen am 28. 12. 2016)

Material 6

Geschwisterkonflikte bei Tölpeln

Sowohl Blaufußtölpel als auch die nah verwandten Maskentölpel zeigen Brutreduktion durch aggressives Verhalten. Dabei führen offene Geschwisterkämpfe unter den beiden ungleich alten Küken zum Tod des jüngeren Geschwisters. Doch während bei Blaufußtölpeln der sogenannte Geschwistermord nur sehr selten auftritt, überleben bei den Maskentölpeln weniger als zehn Prozent der jüngeren Küken.

Nachdem Studien gezeigt hatten, dass Androgene die Aggressivität erhöhen, prüften die Forscher den Androgenspiegel (5α-DHT und Testosteron) von Jungtieren 24 Stunden nach dem Schlüpfen. 5α-DHT und Testosteron sind Sexualhormone, die bei beiden Geschlechtern vorkommen. Sie konnten feststellen, dass Maskentölpelküken bereits mit einem vielfach höheren Androgenspiegel als die Blaufußtölpelküken schlüpfen.

Einfluss der Eltern auf das aggressive Verhalten der Jungvögel

In einem Aufzuchtexperiment wurden jeweils zwei Geschwisterküken einer Brut verwendet, die in einem Abstand von 3–5 Tagen ausgebrütet wurden. Unmittelbar nach dem Schlüpfen des zweiten Kükens wurden die beiden Geschwisterküken dann für 15 Tage in ein Nest zu Pflegeeltern gegeben, deren eigene Zweierbrut ebenfalls für den entsprechenden Zeitraum zu Pflegeeltern gesetzt wurde.

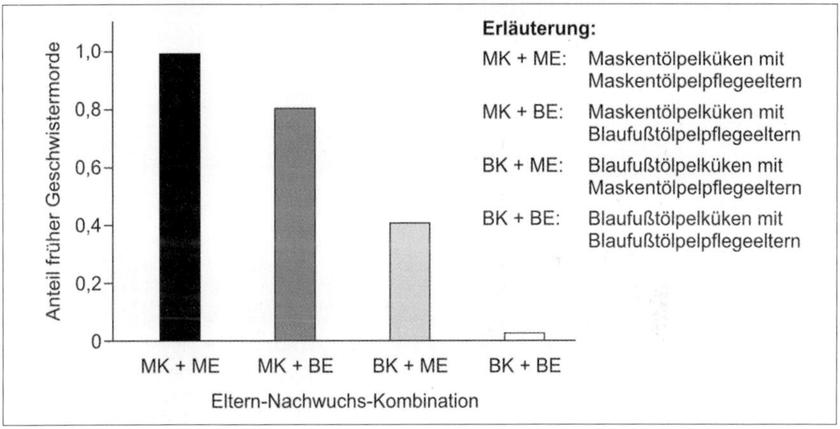

Material 6 basiert auf:
Kirsten Bucher, Geschwisterkonflikte bei Tölpel: Brudermörder und Desperados, Wiley Online Library vom 29.07.2004, https://onlinelibrary.wiley.com/doi/pdf/10.1002/biuz.200410257 (abgerufen am 29. 12. 2016)
John Alcock: Animal Behavior, Massachusetts 2009, S. 447; http://journals.plos.org/plosone/article?id=10.1371/journal.pone.0002460 (abgerufen am 29. 12. 2016)
https://www.ncbi.nlm.nih.gov/pmc/articles/PMC2413419/ (abgerufen am 29. 12. 2016)

Lösungsvorschläge

In der Aufgabe thematisierte Unterrichtsinhalte sind:
- *Proximate und ultimate Ursachen für Verhalten*
- *Direkte und indirekte Fitness; Gesamtfitness*
- *Balz, Schlüsselreize*
- *Auswertung von Verhaltensexperimenten*

1 *Kompetenzbereich (siehe S. I f.): F2*
Der Operator „Angeben" verlangt von Ihnen lediglich, die im Unterricht erarbeiteten Definitionen der Begriffe niederzuschreiben.

Unterrichtsbezogene Definition der Begriffe:
- **Proximate Ursachen von Verhalten** sind die unmittelbaren Wirkursachen des Verhaltens. Sie erklären beispielsweise, welche inneren Bedingungen (z. B. physiologisch, hormonell) und äußeren Reize eine Verhaltensweise auslösen.
- **Ultimate Ursachen von Verhalten** sind die Zweckursachen des Verhaltens. Hier geht es um die biologische Funktion von Verhaltensweisen, d. h. inwieweit sie als Angepasstheiten an Umweltfaktoren zu verstehen sind und die Fitness erhöhen.
  Daraus kann ein Selektionsvorteil von Verhaltensweisen und damit eine Fitnesssteigerung abgeleitet werden, die als evolutionsbiologische Erklärung für die Entwicklung dieses Verhaltens dient.
- Unter **Fitness** versteht man den Lebenszeitfortpflanzungserfolg. Sie ist ein Maß für die Fähigkeit eines Individuums, seine Gene in die Folgegenerationen einzubringen. Dies kann direkt über gezeugte Nachkommen (direkte Fitness) oder indirekt über Verwandtenförderung (indirekte Fitness) geschehen. Direkte und indirekte Fitness ergeben zusammen die Gesamtfitness.

2 *Kompetenzbereiche (siehe S. I f.): F2 und E1*
Der Operator „Erklären" verlangt von Ihnen, aus Texten und einer Grafik (Material 1–3) extrahierte Sachverhalte fachsprachlich richtig auf bekannte fachliche Grundprinzipien oder kausale Zusammenhänge zurückzuführen.
Material 1 liefert nur Hintergrundinformationen, um das Untersuchungsobjekt Blaufußtölpel kennenzulernen. Diese tragen zur Lösung der Aufgabe nichts bei. Kausale Zusammenhänge bezüglich der Aufgabenstellung finden sich in Material 2 und 3.

Erklärung der Funktion der Blaufärbung der Füße bei der Partnerwahl der Blaufußtölpel:
Die Grafik in Material 3 zeigt die Abhängigkeit des Farbtons der Tölpelfüße vom Ernährungszustand mit normaler carotinhaltiger Fischnahrung auf. Je besser die Versorgung im Experiment, desto strahlender grünlich-blau waren die Füße. Unter Futterentzug veränderte sich die Färbung in Richtung matt blau.

Überträgt man diese Ergebnisse auf die Situation im Lebensraum, so lässt der Farbton der Füße eines Tölpels Rückschlüsse auf seinen Ernährungszustand und damit auf seinen Jagderfolg zu. In der Balz signalisieren strahlend grün-blaue Füße dem Partner/der Partnerin demnach einen guten Ernährungszustand (= Jagderfolg) und außerdem einen guten Gesundheitszustand, da sich die ausreichende Versorgung mit Carotinoiden auch positiv auf die Abwehr von Krankheitserregern auswirkt. Bei der Wahl eines solchen Partners/einer solchen Partnerin ist also damit zu rechnen, dass …

- die Nachkommen ebenfalls erfolgreiche, gesunde Jäger werden.
- die gesunden und gut ernährten Tiere eine größere Hilfe bei der Brut und der Fütterung der Jungtiere sind.

Die Wahl eines Partners mit strahlend grün-blau gefärbten Füßen erhöht somit die Überlebenschancen der Nachkommen und steigert folglich die eigene Fitness.

3 *Kompetenzbereiche (siehe S. I f.): F2 und E1*
Die Entwicklung einer begründeten Hypothese setzt die in Teilaufgabe 2 gewonnenen Erkenntnisse voraus.

Zusammenfassung der Ergebnisse des in Material 4 dargestellten Experiments:
Gemessen wurde das durchschnittliche Volumen der ersten und zweiten Eier der Brutpaare aus der Versuchsgruppe und der Kontrollgruppe.
Die zweiten Eier der Weibchen aus der Versuchsgruppe, deren Männchen nach der ersten Eiablage die Füße mit einer nicht toxischen, wasserfesten Farbe matt blau eingefärbt wurden, waren leichter (ca. 5,25 cm^3) als die ersten (ca. 5,4 cm^3).
Bei den Eiern der Weibchen aus der Kontrollgruppe, deren Männchen unbehandelt blieben, nahm das Gewicht hingegen zu (von ca. 5,4 cm^3 auf ca. 5,55 cm^3).

Entwicklung einer begründeten Hypothese zur Erklärung der Versuchsergebnisse:
Die Weibchen der Versuchsgruppe erkannten die Veränderung der Farbe der Füße der Männchen. Die matt blaue Farbe signalisierte ihnen eine deutlich schlechtere körperliche Verfassung des Männchens und damit, dass es weniger gut in der Lage sein würde, bei der Aufzucht der Jungen zu helfen (ultimate Ursache für die Reaktion des Weibchens). Die Reaktion des Weibchens bestand folglich in einer geringeren Investition in das zweite Ei, um die eigene körperliche Belastung zu reduzieren, da nicht zu erwarten ist, dass mit einem geschwächten Partner zwei Junge versorgt werden können.
Durch dieses Verhalten reduziert sich zwar der mögliche aktuelle Fortpflanzungserfolg, aber die Überlebenswahrscheinlichkeit des verbleibenden Nachkommen erhöht sich, ohne dass das Weibchen selbst zu sehr geschwächt wird. Damit sind die Chancen höher, dass die nächste Brut erfolgreich verläuft.

4 *Kompetenzbereiche (siehe S. I f.): E1, E2, K1 und K3*
Fassen Sie zunächst die Versuchsergebnisse in Material 5 zusammen. Eine sinnvolle Strukturierungsmöglichkeit sind die Altersklassen.

Zusammenfassung der Versuchsergebnisse in Material 5:
In zwei Altersklassen von männlichen Blaufußtölpeln wurde ein Teil der Tiere mit Lipopolysacchariden behandelt, wodurch künstlich Krankheitssymptome herbeigeführt wurden (Versuchsgruppe). Den übrigen Individuen wurde lediglich Kochsalzlösung verabreicht (Kontrollgruppe).

3–9 Jahre alte Männchen: In dieser Altersgruppe sank infolge der künstlich ausgelösten Erkrankung die Zahl der geschlüpften Jungen von durchschnittlich ca. 1,3 auf ca. 1,1 Junge pro Paar. Die Zahl der flüggen Jungen verringerte sich von durchschnittlich ca. 1,2 auf ca. 1 pro Paar. Die Zahlen der geschlüpften Jungen entsprachen in etwa denen der flüggen Jungen, d. h., es waren kaum Verluste bei der weiteren Aufzucht der Küken zu verzeichnen.

10 Jahre alte und ältere Männchen: In dieser Altersgruppe lag die Zahl der geschlüpften Jungen pro Paar in der Kontrollgruppe bei ca. 0,7 pro Brut. In der Versuchsgruppe stieg die Zahl stark auf 1,1 an. Auch hier entsprachen die Zahlen der flüggen Jungen ungefähr den Zahlen der geschlüpften Jungen.

Begründung der Tatsache, dass das unterschiedliche Verhalten jüngerer und älterer erkrankter Vögel als fitnessmaximierend einzuschätzen ist:
Die jüngeren Blaufußtölpel haben noch relativ viel Lebenszeit vor sich und damit noch genügend Gelegenheit zur Aufzucht von Nachkommen. Würden die Elterntiere jedoch sterben, wäre der Fitnessverlust enorm. Es ist für sie daher im Hinblick auf die Fitnessmaximierung sinnvoller, im Krankheitsfall die Anstrengung zur Versorgung der aktuellen Brut zu verringern, um mittel- bzw. langfristig die eigenen Überlebenschancen und damit die Chancen auf weitere Bruten zu erhöhen. Ältere Blaufußtölpel haben in ihrer kurzen noch verbleibenden Restlebenszeit nur noch wenige Brutchancen (bzw. eventuell überhaupt keine mehr) und ihre Gesamtfitness würde sich durch einen krankheitsbedingten Tod kaum verändern. Für sie ist es daher im Krankheitsfall zur Erhöhung der reproduktiven Fitness sinnvoller, viele Ressourcen darauf zu verwenden, möglichst alle Jungtiere der aktuellen Brut erfolgreich großzuziehen.

5 *Kompetenzbereiche (siehe S. I f.): E1 und K3*

Informationen aus Material 6, Text 1: Die Brutreduktion durch aggressives Verhalten der älteren Küken gegenüber den jüngeren ist sowohl bei Masken- als auch bei Blaufußtölpeln zu beobachten. Geschwisterkämpfe, die zum Tod des jüngeren Küken führen, sind bei Maskentölpeln aber viel häufiger. Grund dafür ist wahrscheinlich der um ein Vielfaches höhere Androgenspiegel der Maskentölpelküken.

Zusammenfassung der Ergebnisse des Aufzuchtexperiments in Material 6:
Geschwisterküken beider Arten mit einem Altersunterschied von 3–5 Tagen wur-

den ihren Nestern entnommen und für 15 Tage in Nester zu Blaufuß- oder zu Maskentölpelpflegeeltern gegeben, deren eigene Zweierbrut ebenfalls für diese Zeit zu Pflegeeltern gesetzt wurde.

Aus der Grafik ist zu erkennen, dass …

- Maskentölpelküken sowohl bei Pflegeeltern der gleichen Art als auch bei Blaufußtölpelpflegeeltern wesentlich mehr Geschwister töteten als Blaufußtölpelküken (MK + ME: ca. 1 vs. BK + ME: ca. 0,4; MK + BE: ca. 0,8 vs. BK + BE: nahe 0).
- Maskentölpelküken bei Maskentölpelpflegeeltern mehr Geschwister töteten als bei Blaufußtölpelpflegeeltern.
- Blaufußtölpelküken bei Maskentölpelpflegeeltern wesentlich mehr Geschwister töteten als bei Blaufußtölpelpflegeeltern.

Der Anteil der Geschwistermorde ist also bei beiden Kükenarten höher, wenn die Nestlinge von Maskentölpelpflegeeltern betreut werden.

Deutung der Ergebnisse:

Zwei Faktoren bedingen wahrscheinlich die unterschiedliche Geschwistermordrate bei den Tölpeln:

- Laut dem 1. Text in Material 6 weisen Maskentölpelküken einen um ein Vielfaches höheren Androgenspiegel (5α-DHT und Testosteron) auf als Blaufußtölpelküken. Aus dem Material geht ebenfalls hervor, dass ein erhöhter Androgenspiegel aggressionssteigernd wirkt. Daher ist aus den Versuchsergebnissen zu schließen, dass unter anderem der höhere Androgenspiegel im Blut der Maskentölpelküken für den sehr häufigen Geschwistermord verantwortlich ist.
- Die Ergebnisse zeigen jedoch, dass auch der Einfluss der Eltern auf das Verhalten der Küken eine Rolle spielt. Eventuell schlichten Maskentölpeleltern Rivalitäten zwischen den Geschwistern weniger aktiv bzw. tolerieren den Geschwistermord sogar, währen die Blaufußtölpeleltern bei Konflikten eher intervenieren.

Ein weiterer möglicher Grund für die geringere Geschwistermordrate bei den Blaufußtölpelpflegeeltern könnte sein, dass die Elterntiere ihren Pflegenachwuchs intensiver versorgen, als es die Maskentölpelpflegeeltern tun, sodass weniger Anlass für Rivalitäten zwischen den Geschwistern gegeben ist.

Insgesamt ist festzustellen, dass die Androgenkonzentration eine stärkere Wirkung zeigt als der Einfluss der Eltern.

Abiturprüfung 2019 Leistungskurs Biologie (Hessen)
B1: Genetik und Gentechnik

Genome-Editing in der Pflanzenzucht	BE
1 Beschreiben Sie das Prinzip der Vermehrung eines DNA-Virus.	6
2 Beschreiben und erläutern Sie die einzelnen Phasen des Wirkmechanismus des prokaryotischen Abwehrsystems CRISPR/Cas9. (Material 1)	20
3 Erklären Sie, wodurch verhindert wird, dass in der Interferenzphase (Abbildung 1.2, Phase C) auch das bakterielle Genom selbst zerstört wird. (Material 1)	6
4 Erklären Sie anhand der Materialien 1 und 2.2, wie der CRISPR/Cas9-Komplex (Abbildung 1.3) aufgebaut sein muss, sodass er als gentechnisches Werkzeug Sequenzen auch in anderer DNA gezielt schneiden kann. (Material 1 und 2)	6
5 Beurteilen Sie anhand des dargestellten Beispiels das Verfahren des Genome-Editing im Vergleich zur Mutagenesezüchtung. (Material 2)	12
	50

Material 1

Abwehrmechanismus von Bakterienzellen gegenüber Phageninfektionen
Viele Lebewesen sind den Angriffen von Parasiten ausgesetzt. Im einfachsten Fall handelt es sich dabei um Viren, die Bakterien befallen (Bakteriophagen). Die Wirte sind solchen Angreifern jedoch nicht schutzlos ausgeliefert, sondern haben im Laufe der Evolution mitunter hochwirksame Gegenmaßnahmen zu ihrer Verteidigung entwickelt. So verfügen bereits Bakterien über ein zelluläres Abwehrsystem, das sogenannte CRISPR/Cas9-System.

Der CRISPR-Bereich in bakterieller DNA wurde bereits in den 80er-Jahren aufgrund seiner auffälligen Sequenzen entdeckt (Abbildung 1.1): Zwischen *Repeats* (kurzen Sequenz-Wiederholungen) liegen sogenannte *Spacer* (Abstandshalter). Diese Spacer enthalten bemerkenswerterweise DNA-Sequenzen, wie sie in Phagen vorkommen, und ihre Anzahl steht offensichtlich mit der Häufigkeit überstandener viraler Attacken in Zusammenhang. Sie stellen daher eine Art Archiv parasitärer Phagen-DNA im Wirtsgenom dar. Das abgebildete Beispiel (Abbildung 1.2) zeigt die Infektion durch einen vierten Phagentyp, sodass am Ende der Phase A vier verschiedene Spacer vorliegen.

In unmittelbarer Nähe der CRISPR-Sequenzen liegen weitere DNA-Bereiche, die für den Abwehrmechanismus von entscheidender Bedeutung sind, darunter mehrere Cas-Gene, die in Cas-Proteine übersetzt werden. Diese Proteine sind u. a. für die Erkennung fremder DNA verantwortlich oder können als Endonukleasen DNA-Stränge schneiden. In der viralen DNA wurde außerdem vor dem sogenannten Protospacer immer ein charakteristisches Basen-Triplett gefunden, das als PAM bezeichnet wird.

Abbildung 1.1
Bakterielles CRISPR/Cas9-DNA-System (vor Infektion mit Phagentyp 4)

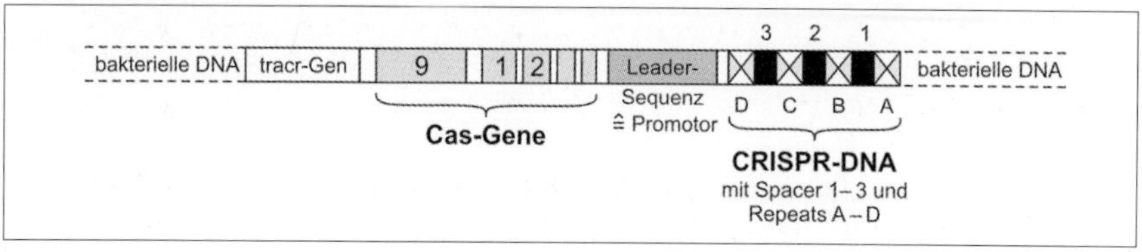

Abbildung 1.2
Details der drei Phasen der prokaryotischen Abwehrreaktion

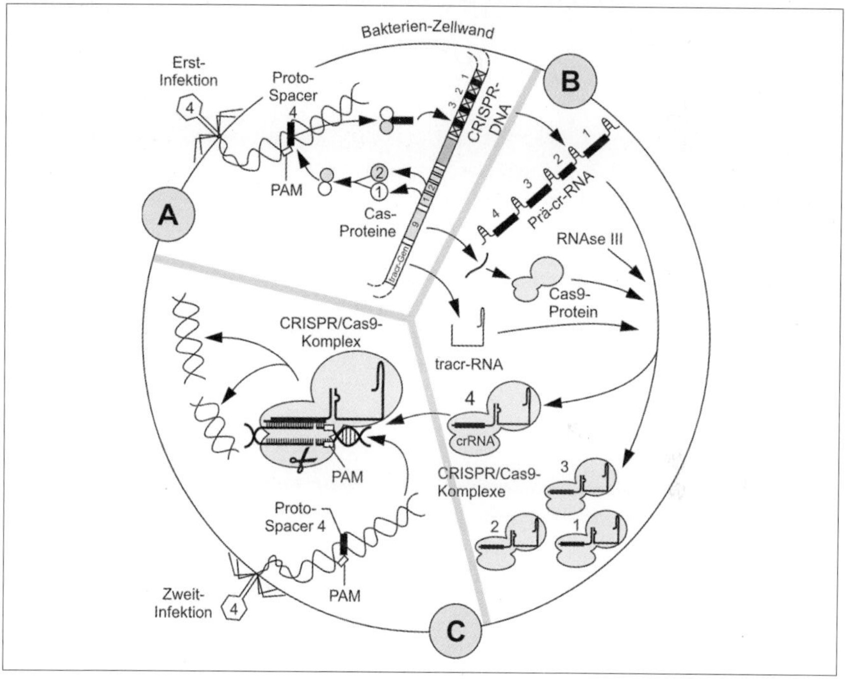

Erläuterungen:

A Immunisierungsphase: Nach der Phageninfektion wird in den CRISPR-DNA-Bereich ein neuer Spacer eingefügt.

B Expressions- und Prozessierungsphase: Bildung eines funktionsfähigen CRISPR-Cas9-Komplexes.

C Interferenzphase: Der eingedrungene Phagen-DNA wird zerstört.

Abbildung 1.3
Detailansicht des bakteriellen CRISPR/Cas9-Komplexes

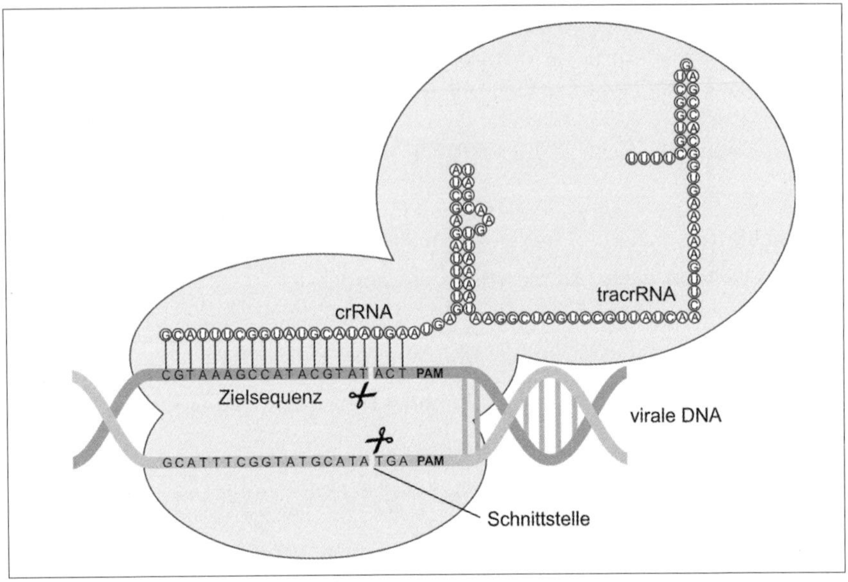

Material 1 basiert auf:
http://www.pflanzenforschung.de/de/journal/journalbeitrage/wie-crisprcas-funktioniert-eine-einfache-technologie-ve-10496 (abgerufen am 15. 01. 2017)
http://www.scienceinschool.org/content/faster-cheaper-crispr-new-gene-technology-revolution (abgerufen am 15. 01. 2017)
Margaret Knox; Gezielter Einblick ins Erbgut, in: Spektrum der Wissenschaft-Kompakt 9/2015, S. 4–11.
Ralf Wagner, Ümit Pul: Abwehr gegen Fremd-DNA durch das bakterielle Crispr/Cas-System. Biospektrum 4/2011, S. 393–395.
http://pubman.mpdl.mpg.de/pubman/item/escidoc:2110283/component/escidoc:2125359/Diploma_Borschiwer.pdf (abgerufen am 15. 01. 2017)
http://www.pnas.org/content/112/20/6245 (abgerufen am 15. 01. 2017)
http://www.ethikrat.org/dateien/pdf/jt22062016Vogel.pdf (abgerufen am 15. 01. 2017)

Material 2

Züchtung von Gurken auf Virus-Resistenz

2.1 Mutagenesezüchtung

Die klassische Züchtung beruht in der Regel darauf, dass aus natürlich vorkommenden Varianten einer Pflanzensorte A diejenigen Individuen mit der gewünschten Eigenschaft ausgewählt werden (hier z. B. Pflanzen mit Virus-Resistenz, die aber nur kleine Früchte tragen) und durch mehrfach wiederholtes kontrolliertes Kreuzen versucht wird, die gewünschte Eigenschaft auf eine bestehende Kulturpflanze B (hier z. B. eine Pflanze mit besonders großen und schmackhaften Früchten, aber ohne Virus-Resistenz) zu übertragen und diese weiter zu kultivieren.

Um allgemein die Mutationsrate und damit gleichzeitig die Wahrscheinlichkeit zu erhöhen, dass die gewünschte Genvariation auftritt, werden die Pflanzen der Sorte A außerdem radioaktiver Strahlung oder Mutationen auslösenden Chemikalien ausgesetzt (Mutagenese).

Bei der Kreuzung der Sorten A und B wird aber nicht nur das gewünschte Gen der Sorte A auf Sorte B übertragen, sondern zusätzlich weitere DNA-Bereiche. Durch weiteres Kreuzen dieser Hybriden (Mischformen) mit den gewünschten Eigenschaften untereinander verringert sich typischerweise über Generationen nach und nach der DNA-Anteil der Sorte A für unerwünschte Eigenschaften. Allerdings ist der verbleibende DNA-Bereich noch deutlich größer als das für die gewünschte Eigenschaft verantwortliche Gen und kann auch unerwünschte weitere Gene enthalten.

2.2 Genome-Editing mit dem CRISPR/Cas9-System

2012 fanden die Wissenschaftlerinnen Charpentier und Doudna heraus, dass im CRISPR/Cas9-Komplex die crRNA durch eine beliebige andere RNA-Sequenz ersetzt und direkt mit der tracr-RNA zu einem einzigen Molekül verbunden werden kann, was als Leit-RNA bezeichnet wird. Ein solcher veränderter CRISPR/Cas9-Komplex entwickelt dann in jedem beliebigen Zelltyp, auch in Eukaryoten, eine entsprechende Nuklease-Aktivität, sofern die Zielsequenz in der Nähe eines PAM-Tripletts liegt. Wenn die Zelle diesen Doppelstrangschnitt repariert, kommt es häufig zu zufälligen Veränderungen in der Basenabfolge, wodurch ein dort vorhandenes Gen funktionslos werden kann („knock out"). Auf diese Weise können daher gezielt Gene außer Funktion gesetzt werden. Obwohl diese Methode sehr spezifisch ist, schneidet die Endonuklease Cas9 gelegentlich aber auch an anderen Stellen.

Genome-Editing am Beispiel der Entwicklung einer virusresistenten Gurkensorte

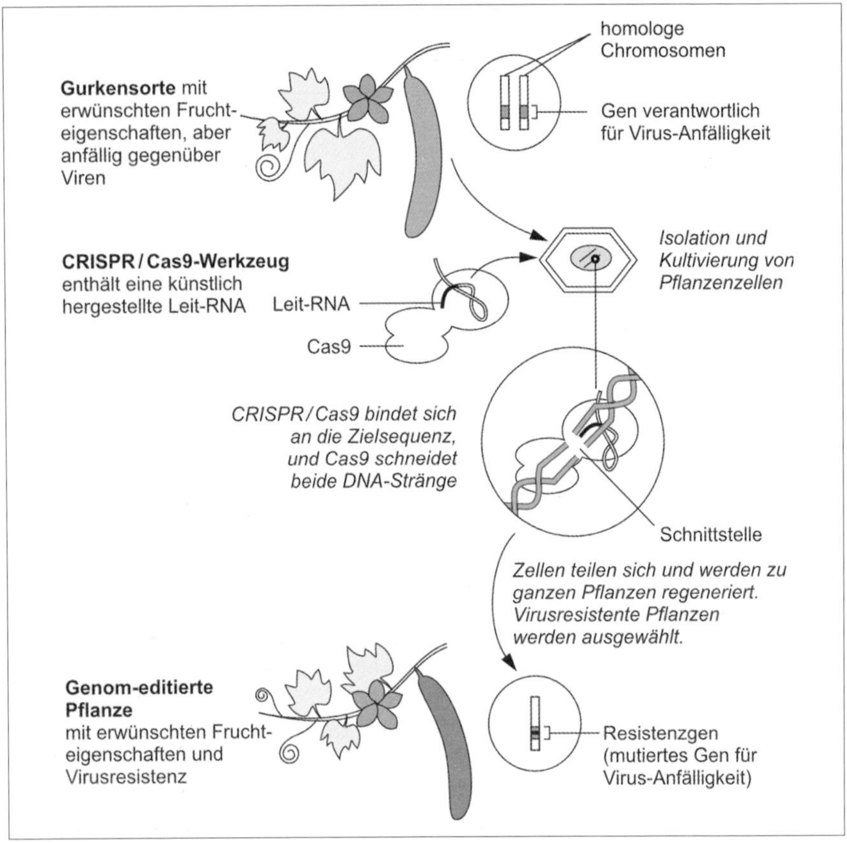

Material 2 basiert auf:
Juliette Irmer, Gentechnik ohne Gene? Spektrum der Wissenschaft-Kompakt 9/2015, S. 23–27.
Jan Osterkamp; Gentechnik-Innovation auch für die Landwirtschaft, Spektrum der Wissenschaft-Kompakt 9/2015, S. 39.
http://www.bfr.bund.de/cm/343/anwendung-neuer-techniken-der-genom-modifikation-in-der-pflanzenzuechtung.pdf (abgerufen am 15. 01. 2017)
http://www.innoplanta.de/fileadmin/user_upload/Pdf/Pdf_Innoplanta-Forum/InnoPlantaForum2016_Hartung.pdf (abgerufen am 15. 01. 2017)
Stephen S. Hall, Gentechnik im Tarnmantel; Spektrum der Wissenschaft 8, 2016, S. 54–63.
http://transgen.de/forschung/2537.kreuzen-gentechnik-genome-editing-pflanzenzuechtung.html (abgerufen am 15. 01. 2017)

Lösungsvorschläge

In der Aufgabe thematisierte Unterrichtsinhalte sind:
- *DNA-Viren und ihre Vermehrung*
- *Lytischer und lysogener Zyklus bei Bakteriophagen*
- *Endonukleasen als Werkzeuge in der Gentechnik*
- *Klassische Pflanzenzüchtung/Mutagenesezüchtung*
- *Erzeugung transgener Pflanzen*
- *In-vitro-Synthese von DNA/RNA*

1 *Kompetenzbereiche (siehe S. I f.): F1, F2 und K2*
Der Operator „Beschreiben" fordert lediglich eine fachsprachlich richtige und strukturierte Darstellung des Ablaufs einer Virusinfektion durch einen DNA-Virus. Erläuterungen oder Ähnliches sind nicht notwendig.
Es ist hilfreich, den Ablauf der Virusvermehrung an einem Ihnen bekannten Beispiel, z. B. einem Bakteriophagen, festzumachen. Überlegen Sie dazu, welchen typischen Aufbau DNA-Viren im Gegensatz zu RNA-Viren haben. Denken Sie bei Ihrer Bearbeitung immer an die Tatsache, dass Viren keinen eigenen Stoffwechsel haben. Auch kennen Sie das Phänomen, dass Viren-DNA latent in Körperzellen vorhanden ist, sichtbare Krankheitserscheinungen aber nur sporadisch auftauchen (z. B. Herpes simplex).

Unterrichtsbezogene Beschreibung des Prinzips der Vermehrung eines DNA-Virus am Beispiel eines Bakteriophagen:
Die erste Phase der Infektion ist das Andocken des Virus an zelluläre Rezeptoren der Bakterienhülle mithilfe spezieller Proteine oder Liganden. Danach injiziert der Phage seine DNA in die Bakterienzelle und die leere Virushülle verbleibt an deren Oberfläche. Im Anschluss folgt entweder der lytische oder der lysogene Zyklus:

- **Lytischer Zyklus:** Zum einen wird die Phagen-DNA mithilfe des bakteriellen Proteinbiosyntheseapparats exprimiert. Dadurch werden die entsprechenden Phagen-Proteine für den Aufbau neuer Phagen-Hüllen synthetisiert. Zum anderen wird die Phagen-DNA repliziert.
  Die gebildeten Phagen-Proteine bilden zusammen mit der Phagen-DNA neue Phagen. Enzyme lösen die Bakterienzellwand auf, die Bakterienzelle platzt und die neu gebildeten Phagen werden freigesetzt.
- **Lysogener Zyklus:** Nach dem Einschleusen der Phagen-DNA in die Bakterienzelle wird diese zunächst in das Bakteriengenom eingebaut. Infolgedessen wird sie gemeinsam mit der bakteriellen DNA bei jeder Zellteilung verdoppelt. Zur Expression kommt es zunächst nicht. Erst nach einer gewissen Zeit wird die Phagen-DNA wieder aus dem Bakterienerbgut ausgegliedert. Das kann sowohl spontan geschehen als auch durch Umweltfaktoren (z. B. UV-Strahlung) bedingt sein. Anschließend tritt das Virus in den lytischen Zyklus über.

2 *Kompetenzbereiche (siehe S. I f.): F2 und K1–K3*
Das Material zu dieser Teilaufgabe ist sehr umfangreich, sodass zunächst die Bedeutsamkeit der Textpassage und der drei Abbildungen geklärt werden sollte. Legen Sie die Abbildungen 1.1–1.3 nebeneinander. Machen Sie sich zuerst klar, welche Elemente aus Abb. 1.2 in den Abb. 1.1 und 1.3 detailliert dargestellt sind. Denken Sie an die Darstellung des im Unterricht behandelten Operon-Modells, das erleichtert das Erfassen des bakteriellen CRISPR/Cas9-DNA-Systems.
Die folgenden Fragen helfen, den Ablauf zu erfassen:
- *Welche Funktion haben die Genprodukte der Cas-Gene 1 und 2?*
- *Aus welchen Elementen besteht ein CRISPR/Cas9-Komplex? Wie werden diese Elemente gebildet?*
- *Wie erfolgen die spezifische Erkennung und das Unschädlichmachen der Phagen-DNA bei einer Zweitinfektion?*

Nachdem Sie diese Fragen beantwortet haben, sollten Sie den Wirkmechanismus in der angegebenen Reihenfolge der drei Phasen (A, B, C) beschreiben und erklären.

Beschreibung und Erläuterung der Phasen des Wirkmechanismus von CRISPR/Cas9:
Der Wirkmechanismus umfasst **drei Phasen:**

A) Immunisierungsphase: Ein Bakteriophage injiziert seine DNA in die Bakterienzelle. Dadurch werden die Transkription und die Translation der Genabschnitte Cas 1 und 2 induziert. Die entstehenden Proteine Cas 1 und Cas 2 können Fremd-DNA erkennen und schneiden in der Nähe der PAM-Sequenz der Phagen-DNA ein Fragment, den Proto-Spacer (im Material mit „4" gekennzeichnet), heraus. Der Komplex aus Proto-Spacer-DNA-Fragment und den Cas-Proteinen 1 und 2 integriert das neue Spacer-Element (4) in den CRISPR-DNA-Bereich des Wirtgenoms. Damit befinden sich dort nun 4 Spacer (1–4), jeweils getrennt durch Repeats. Die Spacer-Elemente stellen eine Art Archiv da, das spezifische DNA-Sequenzen verschiedener Phagen umfasst, die in der Vergangenheit DNA in die Bakterienzelle eingeschleust haben.

B) Expressions- und Prozessierungsphase: In dieser Phase werden, gemäß der im vorliegenden Fall 4 Spacer (die wie erwähnt aus verschiedenen Infektionen stammen), 4 unterschiedliche CRISPR/Cas9-Komplexe gebildet, die aus je drei Teilen bestehen:
- dem Cas9-Protein, exprimiert aus dem Cas-Gen 9 (vgl. Abb. 1.1),
- der tracr-RNA (Transkriptionsprodukt aus dem tracr-Gen des Wirts) und
- einer crRNA.

Der CRISPR-DNA-Bereich wird zunächst im Ganzen transkribiert. Dadurch entsteht eine prä-crRNA, die mithilfe des Enzyms RNAseIII gemäß der Anzahl der Spacer in (im vorliegenden Fall 4) einzelne crRNA-Stücke gespalten wird.

C) Interferenzphase: Kommt es zur erneuten Infektion mit einem bereits bekannten Phagentyp (Zweitinfektion), erfolgt in dieser Phase die Wiedererkennung der Phagen-DNA mithilfe der spezifischen crRNA (im vorliegenden Fall crRNA 4) des entsprechenden CRISPR-Cas9-Komplexes. Diese crRNA ist komplementär zu der entsprechenden charakteristischen Phagen-DNA (Zielsequenz) und lagert sich an diese an. Dadurch kann das Enzym Cas9 die Phagen-DNA hinter der PAM-Sequenz zerschneiden und somit unschädlich machen.

3 *Kompetenzbereiche (siehe S. I f.): F2, K2 und K3*
Stellen Sie sich hier folgende Frage: Wie unterscheidet sich die Umgebung des Proto-Spacers im Phagen-Genom von der des im Bakterien-Genom eingebauten entsprechenden Spacers?

Erklärung, wodurch verhindert wird, dass in der Interferenzphase auch das bakterielle Genom selbst zerstört wird:
Das in der Phagen-DNA in der Nachbarschaft des Proto-Spacers liegende Basentriplett PAM wird in der Immunisierungsphase nicht mit in die CRISPR-DNA des Bakteriums integriert.
Wahrscheinlich dient diese DNA-Region dem spezifischen CRISPR/Cas9-Komplex als Unterscheidungsmerkmal zwischen viraler und bakterieller DNA. Somit kann gezielt nur die parasitäre DNA geschnitten werden, während das bakterielle Genom intakt bleibt.

4 *Kompetenzbereich (siehe S. I f.): F2*
Überlegen Sie sich, welche Elemente sich im Zuge der Erarbeitung der vorherigen Teilaufgaben als essenziell für die Funktion des CRISPR/Cas9-Komplexes herausgestellt haben. Diese Voraussetzungen müssen auch in diesem Fall gegeben sein.

Erklärung, wie der CRISPR/Cas9-Komplex aufgebaut sein muss, sodass er Sequenzen auch in anderer DNA gezielt schneiden kann:
Die crRNA muss durch eine künstlich synthetisierte RNA ersetzt werden, die komplementär zur Zielsequenz der DNA ist, die geschnitten werden soll. Sie muss außerdem eine zur tracrRNA komplementäre Sequenz aufweisen, um mit dieser partiell einen Doppelstrang zu bilden (Anbindung). Kombiniert man das entstandene Element mit der Cas9-Endonuklease, ist der gebildete Komplex in der Lage, die entsprechende DNA gezielt zu erkennen und zu schneiden. Voraussetzung dafür ist, dass in der Nachbarschaft zur Zielsequenz ein PAM-Triplett vorhanden/eingebaut ist.

5 *Kompetenzbereiche (siehe S. I f.): E1 und B1*
„Beurteilen" bedeutet Fachkenntnisse und Fachmethoden einzusetzen, um eine begründete Einschätzung, hier der Effizienz zweier Züchtungsmethoden, zu geben. Die Vorarbeit dazu haben Sie mit der Analyse von Material 2 schon geleistet. Achten Sie darauf, dass die Beurteilung anhand des dargestellten Beispiels erfolgen muss.
Durchdenken Sie beide Methoden z. B. im Hinblick auf die Kriterien Zeitaufwand und Zielsicherheit (Schaffung einer Gurkensorte, die die erwünschten Fruchteigenschaften beibehält und eine Resistenz gegen Viren entwickelt).

Beurteilung des Verfahrens des Genome-Editings im Vergleich zur Mutagenesezüchtung anhand des dargestellten Beispiels:
Das Genome-Editing ist wesentlich effizienter, d. h. spezifischer und schneller als die Mutagenesezüchtung.

Im Fall der klassischen Pflanzenzüchtung ist zunächst die Auswahl von Pflanzen mit den gewünschten Eigenschaften nötig. Im vorliegenden Fall wären dies Individuen mit großen, schmackhaften Früchten bzw. geringer Anfälligkeit gegenüber Viren. Sollten keine geeigneten Pflanzen vorhanden sein, kann die Anzahl der Varianten durch eine vorgeschaltete Mutagenese, d. h. eine Behandlung der Pflanzen mit Mutagenen (z. B. radioaktive Strahlung), erhöht werden. Hierbei handelt es sich aber um einen Zufallsprozess, der nicht gesteuert werden kann. Das bedeutet, dass keine gezielten Veränderungen bestimmter Gene oder größerer DNA-Regionen möglich sind.
War die Mutagenese erfolgreich, muss im Verlauf eines (zeit)aufwendigen Kreuzungsprozesses versucht werden, aus Elternpflanzen, die entweder die Gene für die großen, schmackhaften Früchte oder für die Virusresistenz tragen, Nachkommen zu erzeugen, die diese gewünschten Merkmale in sich vereinen. Gleichzeitig muss dabei darauf geachtet werden, unerwünschte Gene, beispielsweise für Virussensibilität, in der Zielsorte weitgehend zu reduzieren.

Beim Genome-Editing mit CRISPR/Cas9 hingegen kann z. B. ein Gen, das in den Zellen einer Gurkenpflanze mit den gewünschten Fruchteigenschaften eine Virussensibilität bedingt, gezielt ausgeschaltet werden. Dazu muss nur die entsprechende DNA-Sequenz bekannt sein und der spezifische Schneidekomplex muss hergestellt und in die Pflanzenzelle eingebracht werden.
(Zeit)aufwendige Kreuzungsprozesse sind nicht notwendig: Aus den transgenen Zellen können via Gewebekultur in kurzer Zeit ganze Pflanzen regeneriert werden, aus denen diejenigen ausgewählt und weiter vermehrt werden, die tatsächlich die gewünschten Eigenschaften zeigen.
Auch wenn Cas9, wie im Material erwähnt wird, manchmal nicht an den gewünschten Stellen schneidet, ist die Wahrscheinlichkeit für die Entstehung unerwünschter Mutanten wahrscheinlich wesentlich geringer als im Fall der Verwendung der unspezifisch wirkenden Mutagene.

Abiturprüfung 2019 Leistungskurs Biologie (Hessen)
B2: Ökologische und stoffwechselphysiologische Zusammenhänge

Das Projekt „Tomatenfisch“ – Aquaponik		BE
1	Skizzieren Sie den Fluss von Energie und Biomasse in einer Biozönose mit drei Trophieebenen.	7
2	Beschreiben und erklären Sie mögliche Zusammenhänge der produktionsbiologischen Größen für Meeresfische in Abhängigkeit von der Populationsdichte. (Material 1)	16
3	Erläutern Sie das in Material 3 dargestellte Prinzip des Aquaponik-Systems unter besonderer Berücksichtigung der Stoff- und Energieumsetzung. Zeigen Sie materialbezogen die Vorteile des Aquaponik-Systems zur Produktion von Tilapien gegenüber einer offenen Lachs-Aquakultur. (Material 2, 3 und 4)	14
4	Analysieren Sie die in Material 5 dargestellten Ergebnisse und entwickeln Sie basierend darauf allgemeine Vorschläge zur Weiterentwicklung und Optimierung des Aquaponik-Systems in Bezug auf die eingesetzten Nutzpflanzen. (Material 3 und 5)	13
		50

Material 1

Nutzung von Meeresfischen

Der Mensch nutzt die Natur auf vielfältige Art und Weise. Werden Tiere oder Pflanzen vom Menschen als Nahrung genutzt, ist es häufig das Ziel, dem natürlichen System möglichst viele Individuen bzw. möglichst viel Biomasse zu entnehmen.

Für Meeresfische ist der Zusammenhang zwischen der Populationsdichte und einigen produktionsbiologischen Größen gut untersucht:

Produktionsbiologische Größen in Abhängigkeit von der Populationsdichte

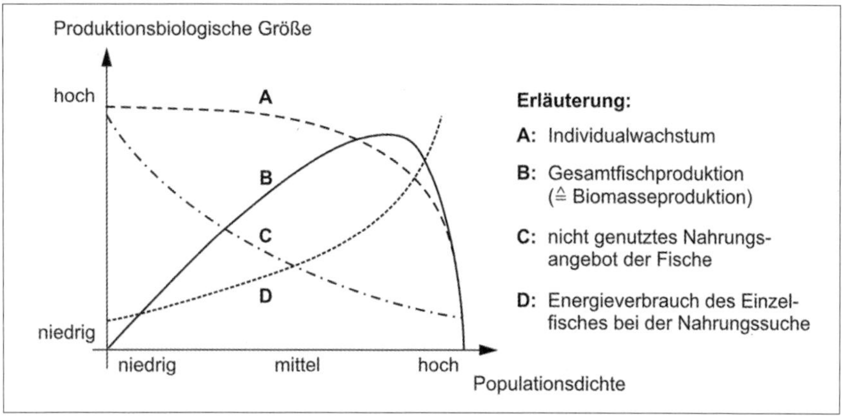

Material 1 basiert auf:
Hermann Remmert: Ökologie, Berlin 1989, S. 167.

Material 2

Aquakultur

Als Aquakultur bezeichnet man die kontrollierte Aufzucht von aquatischen, also im Wasser lebenden Organismen, insbesondere Fischen, Muscheln, Krebsen und Algen. Diese Form der Bewirtschaftung ist bisher meist eine Massentierhaltung in Netzen in verschiedenen Gewässern. Sie gewinnt besonders wegen der Überfischung der Weltmeere zunehmend an Bedeutung, da bei der hohen Nachfrage, z. B. nach Atlantik-Lachs, die natürlich vorkommenden Fischbestände nicht mehr ausreichen.
Im Jahr 2015 stammte schon fast jeder zweite Fisch aus solchen offenen Aquakulturen. Ein Vorteil der Aquakultur für den Handel ist außerdem, dass hier der Ertrag gleichmäßiger und einfacher zu planen ist. Aquakulturen können der Überfischung der Meere entgegenwirken und stellen eine zusätzliche Nahrungsquelle dar.

Allerdings benötigen fleischfressende Fische wie Lachse oder Forellen für ein gutes Wachstum in ihrer Nahrung tierisches Eiweiß, das häufig in Form von Fischmehl aus natürlich vorkommenden Fischbeständen gewonnen wird. Um ein Kilogramm Fisch zu produzieren, werden ungefähr 4–5 Kilogramm Futter benötigt.

Aquakulturen haben einen hohen Wasserverbrauch. Außerdem wird besonders in marinen Aquakulturen ein großer Anteil Biomasse aus nicht vollständig verwerteter Nahrung, Ausscheidungen der Fische und abgestorbenen Tieren in das umgebende Gewässer abgegeben. Zusätzlich sind die Fische krankheitsanfälliger als Wildfische, da sie in großen und dichten Verbänden gehalten und auf maximale Erträge hin gezüchtet werden, und benötigen deshalb häufig Antibiotika oder Mittel gegen Parasiten.

Auch besteht die Gefahr, dass Fische entweichen und sich mit den natürlich vorkommenden Fischbeständen vermischen oder diese Arten verdrängen. Beispielsweise sind in den 1990er-Jahren an der amerikanischen Westküste insgesamt etwa eine Million atlantischer Lachse aus Kulturen entkommen und haben sich dort außerhalb ihres natürlichen Verbreitungsgebietes dauerhaft angesiedelt.

Material 2 basiert auf:
http://www.planet-wissen.de/natur/meer/ueberfischung_der_meere/
pwieaquakultursargnagelstattrettungsanker100.html (abgerufen am 21. 04. 2016)

Material 3

Aquakultur + Hydroponik = Aquaponik

„Aquaponik“ ist ein aus den Begriffen „Aquakultur“ und „Hydroponik“ zusammengesetztes Kunstwort. Als Hydroponik wird eine Produktion von Nutzpflanzen bezeichnet, bei der die Pflanzen nicht mehr in Erde, sondern frei oder in einem Substrat in einem flachen Wasserbett angezogen werden, aus dem sie die nötigen Mineralsalze direkt mit den Wurzeln aufnehmen. Am Leibniz-Institut für Gewässerökologie und Binnenfischerei haben Forscher ein Verfahren entwickelt, mit dem gleichzeitig Nil-Tilapien *(Oreochromis niloticus)* und Tomaten *(Solanum lycopersicum)* in einem geschlossenen Gewächshaus produziert werden können. Bei diesem als „Tomatenfisch“ bezeichneten Aquaponik-Projekt macht man sich für die Produktion der beiden Lebensmittel die Tatsache zunutze, dass die Fische und Pflanzen in Bezug auf die Temperatur ganz ähnliche Umweltansprüche haben.

Abbildung 3.1
Aufbau einer Aquaponik-Anlage

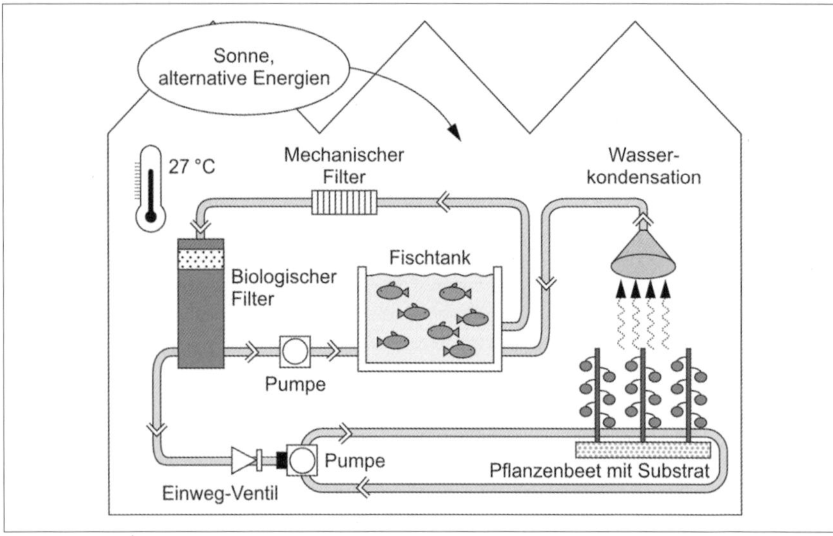

Erläuterung: Durch das Einweg-Ventil besteht die Möglichkeit, bei Bedarf die beiden Kreisläufe voneinander zu trennen.

Abbildung 3.2
Aquaponik-Kreislauf

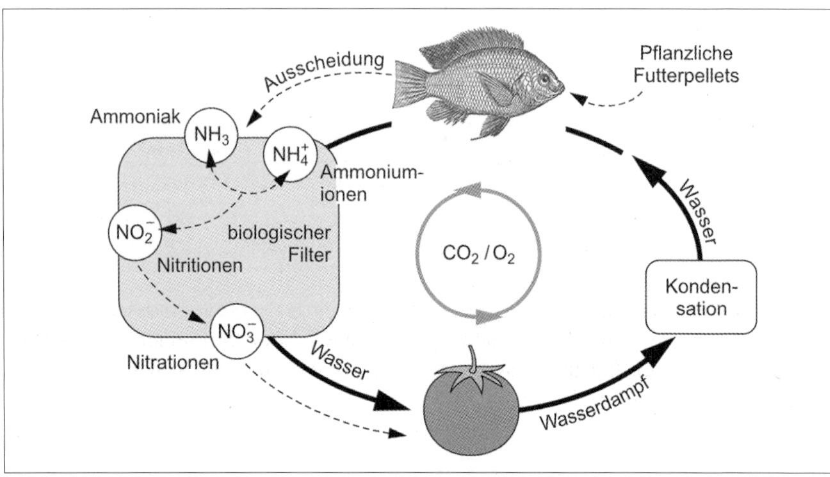

Fortsetzung siehe nächste Seite

Erläuterung:
Der biologische Filter enthält mehrere Bakterienarten, die stickstoffhaltige Verbindungen unter Sauerstoffverbrauch umsetzen.
Stickstoffverbindungen liegen in unterschiedlicher Form vor: Ammonium-Ionen (NH_4^+) sind ungefährlich, Ammoniak (NH_3) hingegen ist eines der stärksten Gifte für Fische. Ammonium-Ionen und Ammoniak werden pH-abhängig ineinander umgewandelt. Auch Nitrit-Ionen (NO_2^-) sind für Fische giftig, allerdings in weit geringerem Maße.

Material 3.1 basiert auf:
© Leibniz-Institut für Gewässerökologie und Binnenfischerei (IGB)

Restliches Material 3 basiert auf:
http://www.tilapia.at/aquaponik-hydroponik (abgerufen am 10. 01. 2016)
Prof. Dr. Werner Kloas, Leibniz-Institut für Gewässerökologie und Binnenfischerei, Berlin: Der Tomatenfisch, Vortrag Frankfurt 21. 04. 2016
http://www.tomatenfisch.igb-berlin.de/nachhaltigkeit.html (abgerufen am 10. 03. 2016)
http://www.senfberg.de/wp-content/uploads/2012/04/Denitrifikationsstufen_800.jpg (abgerufen am 10. 01. 2016)
http://diskus-direkt.de/info/Stickstoffkreislauf-im-Aquarium.html (abgerufen am 10. 01. 2016)
Zeichnung Oreochromis niloticus: W. H. Flower, Guide to the galleries of reptiles and fishes of the British Museum, 1898

Material 4

Buntbarsche (Tilapia)

Afrikanische Buntbarsche (Tilapia) stehen weltweit an dritter Stelle der Nutzfischproduktion. Sie werden aufgrund ihrer hohen Reproduktionsrate, ihres schnellen Wachstums, ihrer Robustheit gegenüber Umwelteinflüssen und ihrer geringen Krankheitsanfälligkeit weltweit in großer Zahl in Aquakulturen gezüchtet. Diese anspruchslosen Fische werden als hochwertige und wohlschmeckende Speisefische geschätzt, die auch ernährungsphysiologisch außerordentlich wertvoll sind: 100 Gramm Tilapia enthalten 19,5 Gramm Protein bei nur 1,0 Gramm Fett und haben einen Brennwert von ca. 390 kJ.

Tilapien fühlen sich in leicht salzigem Wasser ebenso wohl wie im Süßwasser, benötigen allerdings eine relativ hohe Wassertemperatur (20–30 °C). Sie erreichen bei entsprechender Fütterung nach neun Monaten ein Gewicht von durchschnittlich 500 Gramm. Die bereits nach sechs Monaten geschlechtsreifen Tiere vermehren sich sechs- bis achtmal im Jahr.

Tilapien sind effiziente Futterverwerter. Ihre Ernährungsweisen sind sehr vielfältig und reichen bei den etwa 40 zur Gattung gehörenden Arten von reinen Pflanzenfressern (Herbivoren) bis hin zu Allesfressern (Omnivoren). Sie können auch mit Abfällen aus Haus- und Landwirtschaft gefüttert werden.

Material 4 basiert auf:
http://www.aquakulturinfo.de/index.php/tilapia.html (abgerufen am 10. 01. 2016)
https://de.wikipedia.org/wiki/Aquakultur#Aquaponik (abgerufen am 10. 01. 2016)

Material 5

Wachstum zweier Pflanzenarten bei unterschiedlicher Stickstoffversorgung in Abhängigkeit vom pH-Wert

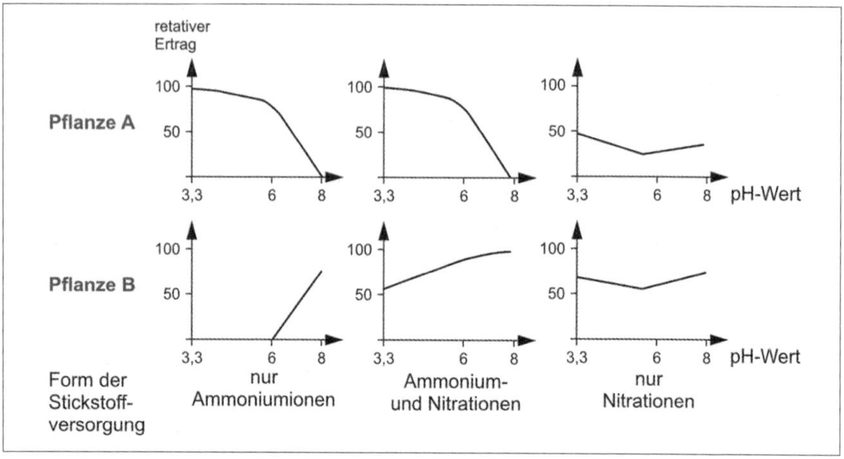

Hinweis:
Die Pflanzen wurden unter kontrollierten Bedingungen in Reinkultur untersucht. Die Gesamtstickstoffmenge war bei allen Experimenten konstant.

Material 5 basiert auf:
Brigitte Borchert: Untersuchungen zum ökologischen Verhalten zweier krautiger Pflanzen, in: Unterrichtsmaterialien Biologie, Freising, o. J., K 1.4.

Lösungsvorschläge

In der Aufgabe thematisierte Unterrichtsinhalte sind:
- *Energie- und Biomassefluss in Ökosystemen/Biozönosen, Trophiestufen*
- *Populationsentwicklung und Populationsdichte*

1 *Kompetenzbereiche (siehe S. I f.): F2 und E2*
Der Operator „Skizzieren" impliziert hier die Anfertigung einer hinreichend exakten Skizze, die den Energiefluss in einer Biozönose darstellt und zugleich den Verbleib der Biomasse klärt.
Achten Sie auf eine sorgfältige Beschriftung der Skizze. Beschränken Sie sich, wie in der Aufgabenstellung gefordert, unbedingt auf die Darstellung von 3 Trophieebenen. Aus der Zeichnung muss das ungefähre Verhältnis zwischen der auf einer Trophieebene verbleibenden bzw. „verloren gehenden" und der in die nächsthöhere Trophieebene weitergegebenen Biomasse/Energie hervorgehen.

Unterrichtsbezogene Skizze des Flusses von Energie und Biomasse in einer Biozönose mit drei Trophieebenen, z. B.:

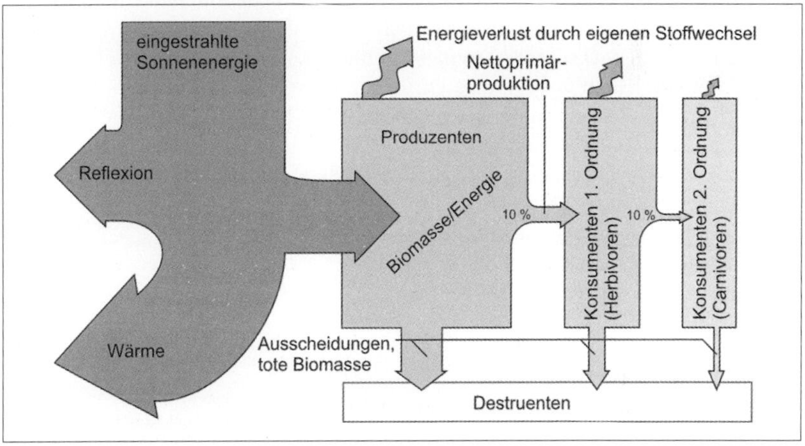

2 *Kompetenzbereiche (siehe S. I f.): F2, K1 und K2*
Die Lösung kann sinnvoll nach den Verhältnissen bei verschiedenen Populationsdichten (niedrig, mittel/zunehmend und hoch) strukturiert werden.

Beschreibung und Erklärung möglicher Zusammenhänge der dargestellten produktionsbiologischen Größen für Meeresfische:
Die Grafik in Material 1 zeigt die Entwicklungen von 4 produktionsbiologischen Größen in Abhängigkeit von der Populationsdichte.

Bei geringer Populationsdichte:
Das Individualwachstum (A) ist hoch, da aufgrund der geringen Nahrungskonkurrenz ein großes nicht genutztes Nahrungsangebot (C) vorhanden ist, was bedingt, dass der Energieverbrauch des Einzelfisches zur Nahrungssuche (D) gering ist. Folglich kann relativ viel Energie zum Aufbau von Biomasse genutzt werden. Die geringe Populationsdichte hat aber auch zur Folge, dass die Gesamtfischproduktion (B) zunächst gering ist.

Bei mittlerer bzw. zunehmender Populationsdichte:
Das Individualwachstum (A) bleibt noch auf recht hohem Niveau, da das ungenutzte Nahrungspotenzial (C) trotz einer deutlichen Abnahme wohl immer noch hoch genug ist und sich so der Energieverbrauch des Individuums für die Nahrungssuche (D) nur leicht erhöht. Mit zunehmender Anzahl der Individuen in der Population steigt die Gesamtfischproduktion (B) deutlich an.

Bei hoher Populationsdichte:
Bei hoher Populationsdichte nimmt das Individualwachstum (A) der Fische stark ab und tendiert schließlich gegen 0. Bei hoher Populationsdichte konkurrieren mehr Fische um die vorhandenen Nahrungsressourcen. Der Energieaufwand zur Nahrungsbeschaffung (D) wird für das Individuum deutlich höher, da ein höherer Suchaufwand und eventuell auch zusätzliche Faktoren wie Konkurrenzabwehr zu Buche schlagen. Da diese Aktivitäten mithilfe der Energie aus der aufgenommenen Nahrung bestritten werden müssen, steht nur mehr ein relativ geringer Nahrungsanteil für die Produktion fischeigener Biomasse zur Verfügung. Die Gesamtfischproduktion (B) steigt aber zunächst trotz abnehmendem Individualwachstum (A) noch an, da der Rückgang in diesem Bereich durch die Zunahme der Individuenzahl mehr als ausgeglichen wird. Bei einer bestimmten Populationsdichte erreicht die Gesamtfischproduktion (B) jedoch einen Maximalwert (= Kapazitätsgrenze des Lebensraums). Steigt die Populationsdichte weiter an, führt der Nahrungsmangel dazu, dass die Gesamtfischproduktion (B) wie das Individualwachstum (A) bis auf 0 zurückgeht.

3 *Kompetenzbereiche (siehe S. I f.): E1 und B1*
Konzentrieren Sie sich zunächst auf Material 3 und erläutern Sie die Funktion der Kopplung der Fisch- und der Pflanzenzucht beim Aquaponik-System. Haben Sie dabei wie gefordert ein besonderes Augenmerk auf die Stoffkreisläufe zwischen Pflanzen und Tieren und bedenken Sie den von außen benötigten Stoff- und Energieeinsatz.
In einem zweiten Schritt lesen Sie Material 2 zur klassischen Aquakultur und überlegen sich davon ausgehend Vorteile, die das Aquaponik-System zur Produktion von Tilapien gegenüber der offenen Lachs-Aquakultur hat.

Erläuterung des Prinzips des Aquaponik-Systems unter besonderer Berücksichtigung des Stoff- und Energieumsatzes:
Wie dem Material 3 entnommen werden kann, ist das Aquaponik-System eine Kombination von Aquakultur und Hydroponik. In einem solchen System werden

in einem geschlossenen Gewächshaus Nutzpflanzen (Produzenten; hier: Tomaten) und Nutztiere (Konsumenten; hier: Tilapien) gezüchtet, wobei jeweils die Abfallprodukte des einen Teilsystems für das andere nutzbar sind bzw. gemacht werden. Biologische Filter mit einem entsprechenden Bakterienbesatz stellen den dritten Teil des Systems dar.
Der bei der Fotosynthese der Tomatenpflanzen entstehende Sauerstoff wird sowohl von den Fischen als auch von den Bakterien im biologischen Filter genutzt. Die Bakterien entgiften unter Sauerstoffverbrauch den in den Ausscheidungen der Tilapien enthaltenen Ammoniak bzw. die Ammoniumionen, indem sie die Stoffe über Nitritionen zu Nitrationen umwandeln. Die Nitrationen fördern das Pflanzenwachstum und dienen damit als Dünger.
Das bei der Atmung der Tilapien entstehende CO_2 wird von den Pflanzen für die Fotosynthese verwendet.
Der Wasserdampf, der von den Tomaten über die Transpiration abgegeben wird, wird kondensiert und steht allen Teilsystemen infolgedessen wieder als flüssiges Wasser zur Verfügung.
Der Betrieb des Systems bedarf der Zuführung von Energie von außen für Heizung, Umwälzpumpen und Beleuchtung, die ggf. nachhaltig über Solarkollektoren bereitgestellt werden kann. Auch die Zugabe von Biomasse in Form von Fischfutter ist notwendig. Je größer die Menge an Biomasse ist, die dem System in Form von Tomatenfrüchten und Fischen als Nahrungsmittel für den Menschen entnommen werden soll, desto höher muss die Zufuhr an Energie und Biomasse von außen ausfallen.

Vorteile des Aquaponik-Systems zur Produktion von Tilapien gegenüber offenen Lachs-Aquakulturen:
Vorteile, die sich aus der Verwendung der Tilapien ergeben:
- Tilapien haben eine hohe Reproduktionsrate.
- Tilapien liefern hochwertiges Fischfleisch mit hohem Eiweiß- und geringem Fettgehalt.
- Tilapien sind kaum anfällig für Krankheiten und Parasitenbefall. Folglich kann der Medikamenteneinsatz gering ausfallen.
- Tilapia-Arten haben ein vielfältiges Nahrungsspektrum. Einige Arten können sogar rein pflanzlich ernährt werden. Eine vegetarische Ernährung hat die Vorteile, dass für die Futtermittelproduktion nur ein relativ geringer Biomasse- und Energieeinsatz notwendig ist und dass keine Produkte aus Fischmehl benötigt werden, deren Produktion natürliche Fischbestände gefährdet. Auch die Möglichkeit der Verwendung von Abfällen zur Fütterung der Tiere macht sie für Züchter sehr attraktiv.

Vorteile, die sich aus dem Aquaponik-System ergeben:
- Es besteht im Normalfall keine Gefahr des Entweichens der Fische in die natürlichen Gewässer.
- Eine Überdüngung natürlicher Gewässer kommt im Normalfall nicht vor.
- Es besteht kaum die Gefahr der Ausbreitung von Parasiten und Krankheiten im natürlichen Ökosystem.

– Der kombinierte Anbau von pflanzlichen Lebensmitteln (hier: Tomaten) ist möglich.
– Der Wasserverbrauch ist durch das geschlossene System gering.

Ein Nachteil des Aquaponik-Systems (nicht verlangt) ist der offensichtlich notwendige Energieeinsatz für Heizung, Beleuchtung etc.

4 *Kompetenzbereiche (siehe S. I f.): F2, K1, K2 und B1*
Beachten Sie, dass es in dieser Teilaufgabe nur um die Optimierung des Aquaponik-Systems in Bezug auf die eingesetzten Nutzpflanzen geht. Die Auswahl der Zuchtfischart steht nicht zur Diskussion!
Die einzigen zu betrachtenden Umweltbedingungen sind der pH-Wert und die Art der Stickstoffversorgung.

Analyse der dargestellten Ergebnisse:
Pflanzenart A liefert hohe Erträge bei einer Stickstoffversorgung mit Ammoniumionen oder einem Gemisch aus Ammonium- und Nitrationen, aber nur im pH-Wert-Bereich zwischen 3,3 und 6. Mit steigendem pH-Wert nimmt der Ertrag ab und erreicht bei pH 8 den Nullpunkt.
Bei alleiniger Versorgung mit Stickstoff in Form von Nitrationen liegen die Erträge von Pflanzenart A im gesamten angegebenen pH-Wert-Bereich (3,3–8) dagegen relativ niedrig.
Aus diesen Ergebnissen kann geschlussfolgert werden, dass Art A für möglichst optimales Wachstum auf eine Stickstoffversorgung in Form von Ammoniumionen angewiesen ist.

Bei **Pflanzenart B** ist der Ertrag am höchsten, wenn Stickstoff in Form eines Gemischs aus Ammonium- und Nitrationen angeboten wird und der pH-Wert zwischen 6 und 8 liegt. Auch durch die reine Gabe von ausschließlich Nitrationen können hohe Werte erzielt werden und zwar relativ unabhängig vom pH-Wert.
Erfolgt die Stickstoffversorgung ausschließlich in Form von Ammoniumionen, ist dagegen unterhalb eines pH-Werts von 6 überhaupt kein Ertrag messbar. Erst oberhalb dieses Werts steigt die Kurve an.
Aus diesen Ergebnissen kann geschlussfolgert werden, dass Art B für möglichst optimales Wachstum auf eine Stickstoffversorgung in Form von Nitrationen angewiesen ist.

Entwicklung von Vorschlägen zur Optimierung und Weiterentwicklung des Aquaponik-Systems in Bezug auf die eingesetzten Nutzpflanzen:
Aus den Ergebnissen lässt sich ableiten, dass die für das System infrage kommenden Nutzpflanzen so genau wie möglich sowohl hinsichtlich der Art der für sie optimalen Stickstoffversorgung als auch hinsichtlich der pH-Werte des Wachstumsmediums getestet werden müssen. Nur so kann ein maximal effizientes System mit optimalen Erträgen an Pflanzenprodukten garantiert werden.

Da der biologische Filter im Aquaponik-System bei guter Sauerstoffversorgung der Bakterien vorwiegend Nitrationen bereitstellt, sind vorwiegend Pflanzen geeignet, die Nitrat als Stickstoffquelle bevorzugen (Pflanzentyp B). Möchte man dagegen Pflanzen anbauen, die für optimales Wachstum auf Ammoniumionen angewiesen sind (Pflanzentyp A), so wäre es beispielsweise denkbar, die Bakterienkulturen im Biofilter unter Sauerstoffdefizit arbeiten zu lassen, was zur Folge haben könnte, dass die Nitrifizierung unvollständig abläuft und auch entsprechende Anteile an Ammoniumionen vorliegen. Eventuell wären auch der Einsatz anderer Bakterienarten oder die Zugabe von Ammoniumionen von außen denkbar.
Der pH-Wert im Nährmedium der Pflanzen müsste je nach Pflanzenart und Stickstoffquelle individuell so eingestellt werden, dass der Ertrag optimiert wird.

Bei Anwesenheit von Ammoniumionen wären hohe pH-Werte (>8) problematisch, da durch die Deprotonierung von Ammoniumionen Ammoniak entsteht, welches giftig ist und auch aus der Nährlösung ausgast.

Abiturprüfung 2020 Leistungskurs Biologie (Hessen)
A1: Ökologische und stoffwechselphysiologische Zusammenhänge

Flusspferde in Afrika		BE
1	Beschreiben Sie den Kohlenstoffkreislauf in einer Biozönose.	8
2	Beschreiben und erläutern Sie den dargestellten Energiefluss. (Material 2)	10
3	Erklären Sie die Messwerte von Wasserproben aus Tümpeln mit einer hohen Anzahl an Flusspferden. (Material 1, 3 und 4)	10
4	Deuten Sie die beiden Kurven im Ergebnis des Mischungsexperiments. (Material 1 und 5)	8
5	Deuten Sie die in Material 6 dargestellten Messwerte im Zusammenhang mit den in den Materialien 4 und 5 dargestellten Ergebnissen. Erklären Sie, inwiefern die Flusspferde für das Fischsterben verantwortlich sind. (Material 1, 3, 4, 5 und 6)	14
		50

Material 1

Lebensweise der Flusspferde

Flusspferde *(Hippopotamus amphibius)*, auch Nilpferde genannt, leben in Afrika südlich der Sahara. Erwachsene Flusspferde sind etwa 160 cm groß, 3 bis 5 m lang und wiegen zwischen 1 000 und 4 000 kg. Ihr Lebensraum sind Savannen mit Seen oder langsam fließenden Flüssen. Sie ernähren sich nicht von Wasserpflanzen, sondern fressen in der Dämmerung und nachts Gras an Land. Dazu entfernen sie sich bis zu 10 km vom Gewässer. Tagsüber ruhen die Flusspferde hauptsächlich im Wasser, um ihre Haut vor Sonne zu schützen. Sie verdauen dort die nachts aufgenommene Nahrung und geben große Mengen Kot und Urin in die Gewässer ab.

In den meisten Lebensräumen der Flusspferde schwanken die Niederschläge während des Jahres sehr stark. In der Trockenzeit sammeln sich die Flusspferde daher in großen Gruppen in den Wasserstellen, die noch tief genug sind.

Flusspferde beim Grasen

© Bernard Gagnon/Wikipedia, CC BY-SA 4.0

Gruppe von Flusspferden im Wasser

© Bernard DUPONT/Wikipedia, CC BY-SA 2.0

Material 1 basiert auf:
Amanda L. Subalusky et al.: The hippopotamus conveyor belt: vectors of carbon and nutrients from terrestrial grasslands to aquatic systems in sub-Saharan Africa, in: Freshwater Biology (2015) 60, 512–525, S. 513,
URL: https://onlinelibrary.wiley.com/doi/pdf/10.1111/fwb.12474 (abgerufen am 13. 10. 2018).
URL: https://de.wikipedia.org/wiki/Flusspferd (abgerufen am 06.02.2019).

Material 2

Energiefluss am Beispiel des Flusspferds (vereinfacht)

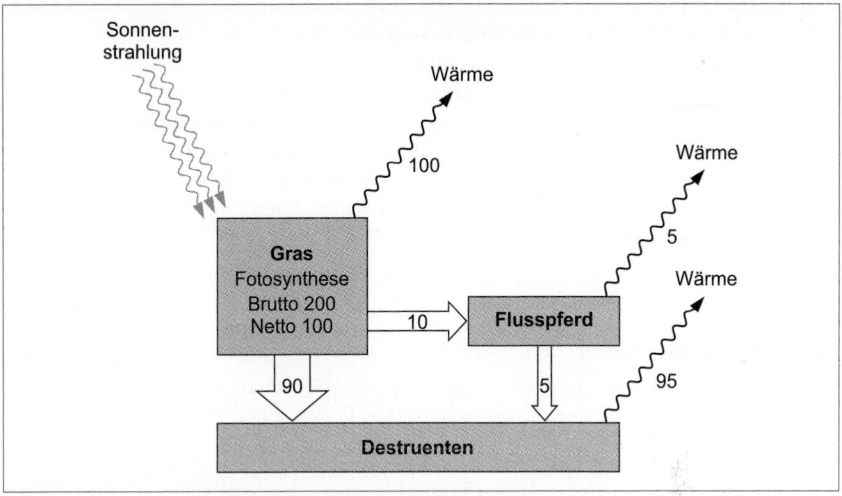

Erläuterung: alle Zahlenwerte in kJ pro m^2 und Tag

Material 2:
Jürgen Markl (Hg.): Markl Biologie Oberstufe, Stuttgart 2010, S. 348

Material 3

Stickstoff-Kreislauf im Ökosystem (Ausschnitt)

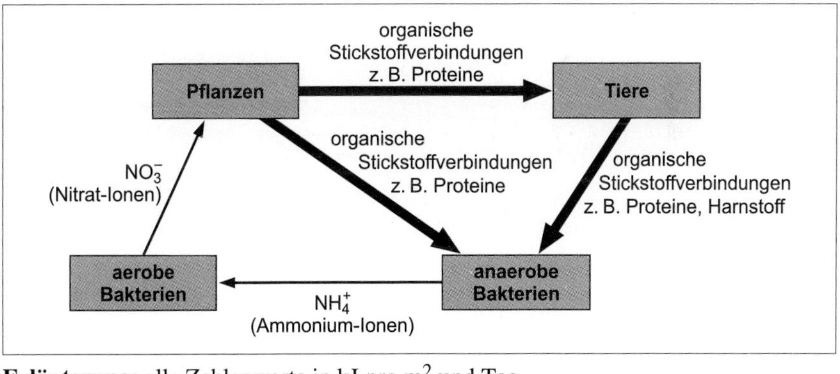

Erläuterung: alle Zahlenwerte in kJ pro m^2 und Tag

Material 3:
eigene Darstellung nach: FischX/Wikipedia, CC BY-SA 3.0

Material 4

Einfluss von Flusspferden auf das Wasser

Eine Gruppe von Biologen untersuchte im Jahr 2013 gegen Ende der fünfmonatigen Trockenzeit im November und Dezember Wasserproben am Great Ruaha River in Tansania. Der Wasserstand war so niedrig, dass ab September/Oktober kein durchgehend fließendes Gewässer mehr existierte, sondern nur noch einzelne, voneinander getrennte Wassertümpel vorhanden waren. Die Biologen untersuchten fünf Tümpel, in denen sich jeweils viele Flusspferde aufhielten (durchschnittlich 26 Tiere pro Tümpel), und sechs Tümpel, in denen fast keine Flusspferde vorkamen (durchschnittlich ein Tier pro Tümpel). Alle Tümpel hatten ähnliche Größen. Die Proben wurden in einer Wassertiefe von 10 cm genommen, ihre Inhaltsstoffe analysiert und die Durchschnittswerte berechnet.

Analyse von Wasserproben aus Tümpeln mit hoher (A) bzw. niedriger Anzahl (B) an Flusspferden

Wasserproben	Anzahl der Flusspferde	Konzentration an gelöstem Sauerstoff [mg/L]	Konzentration an Kohlenstoff als Bestandteil in gelösten organischen Verbindungen [mg/L]	Konzentration an Stickstoff als Bestandteil in gelösten Verbindungen (u. a. Ammonium- und Nitrat-Ionen) [mg/L]	Konzentration an Chlorophyll a [µg/L]
A	hoch	0,383	100,4	5,09	248,2
B	niedrig	7,691	24,1	1,85	54,0

Material 4 basiert auf:
Keenan Stears et al.: Effects of the hippopotamus on the chemistry and ecology of a changing watershed, in: PNAS May 29, 2018 115 (22) E5028-E5037, S. E 5029-E5032,
URL: https://www.pnas.org/content/115/22/E5028 (abgerufen am 12. 10. 2018).
URL: https://www.pnas.org/content/pnas/suppl/2018/05/09/1800407115.DCSupplemental/pnas.1800407115.sapp.pdf (abgerufen am 12. 10. 2018).
URL: https://www.pnas.org/highwire/filestream/809014/field_highwire_adjunct_files/1/pnas.1800407115.sd01.xlsx (abgerufen am 12 .10. 2018).

Material 5

Mischungsexperiment

Für dieses Experiment verwendeten die Biologen Wasser vom Boden eines Tümpels, in dem viele Flusspferde lebten. Der Sauerstoffgehalt betrug 0 mg/L.
60 mL dieses Wassers wurden in eine Flasche mit 240 mL Frischwasser gegeben. Als Kontrolle wurden 300 mL Frischwasser verwendet. Die Flaschen wurden sofort luftdicht verschlossen und ins Dunkle gestellt. Nach 30 Minuten, 5 Stunden, 16 Stunden und 28 Stunden wurde jeweils die Konzentration an gelöstem Sauerstoff gemessen.

Ergebnis des Mischungsexperiments

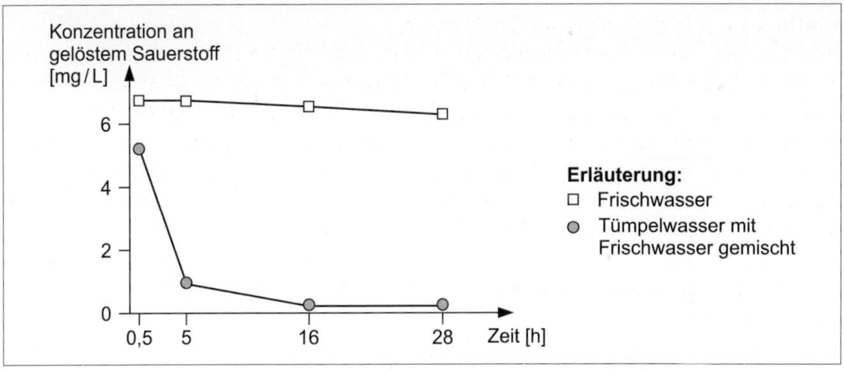

Material 5:
Christopher L. Dutton et al.: Organic matter loading by hippopotami causes subsidy overload resulting in downstream hypoxia and fish kills, in: Nature Communications (2018) 9:1951, S. 3, 4, 8; https://www.nature.com/articles/s41467-018-04391-6

Material 6

Flusspferde töten Fische

Der Mara River fließt durch das Maasai Mara Schutzgebiet in Kenia, das durch die jährlichen Wanderungen riesiger Herden von Wildtieren auf der Suche nach Nahrung bekannt ist. Der Mara River ist der einzige Fluss der Region, der ganzjährig Wasser führt, allerdings schwankt sein Wasserstand sehr stark. Während der Trockenzeit, die im Allgemeinen von Juni bis November dauert, führt der Fluss nur sehr wenig Wasser. In dieser Zeit konzentrieren sich die Flusspferde in den Bereichen, in denen der Fluss für sie noch tief genug ist, sogenannten Flusspferdepools. Pro Tag geben die ca. 4 000 Flusspferde, die in diesem Gebiet leben, insgesamt etwa 36 200 Kilogramm Kot in das Wasser ab.

In der Regenzeit kommt es durch kurze, sehr heftige Regenfälle immer wieder zu Hochwasser, das im Regelfall mehrere Stunden andauert. Da der Mara River ein tief eingeschnittenes Flussbett hat, führt dies aber nicht zur Überflutung des angrenzenden Graslands, sondern das gesamte Wasser fließt im Flussbett ab. In einem Zeitraum von drei Jahren wurden 55 Hochwasser beobachtet, vier Mal kam es dabei zu einem massiven Fischsterben.

Im Folgenden sind verschiedene Messungen während des Hochwassers am 10. Dezember 2013 dargestellt. Flussaufwärts vor der Messstelle liegen 171 Flusspferdepools. Das Wasser an der Messstelle begann um 5.30 Uhr zu steigen. Um 8.30 Uhr wurden an der Messstelle die ersten toten Fische gesichtet und um 9.00 Uhr lagen bereits Tausende von toten Fischen am Ufer.

Man vermutete lange Zeit, dass die Ursache für das immer wieder auftretende Fischsterben der Einsatz von Pestiziden in der Landwirtschaft wäre. Die Untersuchungen lassen dagegen nun den Schluss zu, dass die Flusspferde für das Fischsterben verantwortlich sind.

Ammonium-Ionen bzw. der daraus gebildete Ammoniak sind für Fische giftig. Die am Mara River gemessenen Konzentrationen sind jedoch nicht hoch genug, um das Fischsterben zu erklären.

Messwerte während eines Hochwassers am Mara River

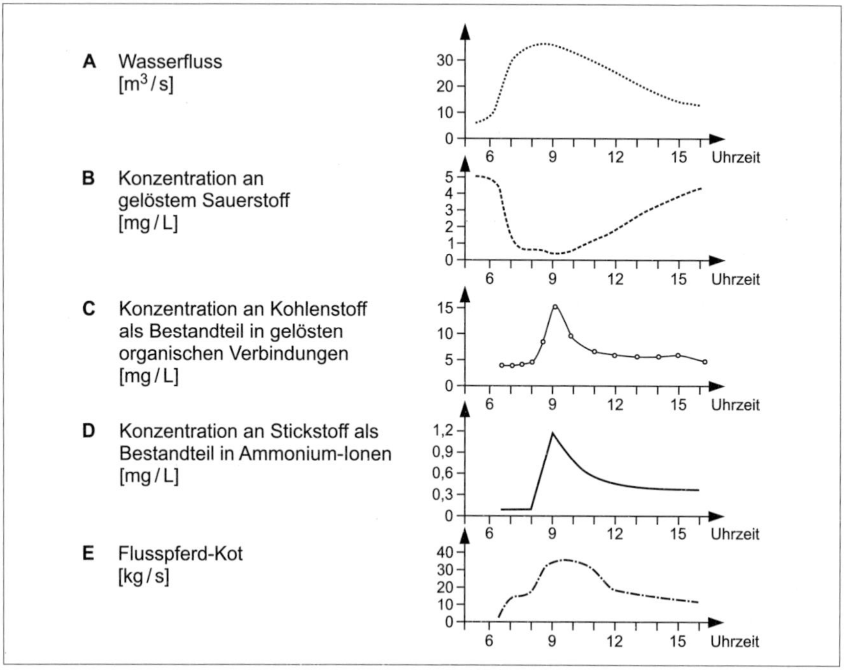

Christopher Dutton et al.: Organic matter loading by hippopotami causes subsidy overload resulting in downstream hypoxia and fish kills, https://static-content.springer.com/esm/art%3A10.1038%2Fs41467-018-04391-6/MediaObjects/41467_2018_4391_MOESM1_ESM.pdf

Material 6 basiert auf:
Christopher L. Dutton et al.: Organic matter loading by hippopotami causes subsidy overload resulting in downstream hypoxia and fish kills, in: Nature Communications (2018) 9:1951, S. 2, 3, 7, 8; https://www.nature.com/articles/s41467-018-04391-6 (abgerufen am 10. 10. 2018);
Amanda L. Subalusky et al.: The hippopotamus conveyor belt: vectors of carbon and nutrients from terrestrial grasslands to aquatic systems in sub-Saharan Africa, in: Freshwater Biology (2015) 60, 512 – 525, S. 512;
https://onlinelibrary.wiley.com/doi/pdf/10.1111/fwb.12474 (abgerufen am 13. 10. 2018);
https://www.spektrum.de/news/wenn-flusspferdekot-toedlich-wird/1566482 (abgerufen am 10. 10. 2018);
https://www.techly.com.au/2018/05/18/disgusting-way-hippos-killing-fish-thousand/ (abgerufen am 01. 02. 2019)

Lösungsvorschläge

In der Aufgabe thematisierte Unterrichtsinhalte sind:
- *Strukturierung von Gewässerökosystemen*
- *Stoffwechselprozesse wie Fotosynthese und Zellatmung*
- *Aerobe und anaerobe Abbauprozesse durch Destruenten*
- *Energiefluss und Biomasse in den Trophiestufen von Ökosystemen*
- *Kohlenstoff- und Stickstoffkreislauf im Ökosystem*
- *Biochemischer Sauerstoffbedarf*
- *Dynamik von Fließgewässern, Fischsterben*

1 *Kompetenzbereiche (siehe S. I f.): F1 und K2*
Die Beschreibung des Kreislaufs ohne bildliche Vorlage fordert von Ihnen die Erinnerung an entsprechende grafische Darstellungen aus dem Unterricht bzw. Ihrem Lehrbuch. Hilfreich ist es, zunächst Material 2 und 3 zu betrachten, in welchem die wesentlichen Elemente der am Kohlenstoffkreislauf beteiligten Organismengruppen (Produzenten, Konsumenten, Destruenten) in Grafiken zum Energiefluss und zum Stickstoffkreislauf dargestellt sind.

Die **Produzenten** – grüne Pflanzen, Algen und Cyanobakterien – nehmen Kohlenstoffdioxid (CO_2) aus der Luft bzw. aus dem Wasser auf und bilden daraus im Rahmen der Fotosynthese zunächst Glucose, die über weitere Stoffwechselwege in sekundäre organische Verbindungen, wie Stärke, Zellulose, Fette und Proteine, umgewandelt werden kann.
Die **Konsumenten** der verschiedenen Trophieebenen (Trophiestufen) nutzen einen Teil der organischen Produktion als Nahrung. In ihrem Stoffwechsel bauen sie die aufgenommene Biomasse im Rahmen der Zellatmung zum Zweck der Energiegewinnung aerob zu CO_2 und Wasser ab und bauen eigene Körpersubstanz auf. Das CO_2 wird an die Umwelt abgegeben.
Die Ausscheidungen der Konsumenten und Reste von abgestorbenen Konsumenten und Produzenten werden von den **Destruenten** – hauptsächlich Bakterien und Pilzen – abgebaut, wobei wiederum CO_2 freigesetzt wird.
Das von den Konsumenten und den Destruenten freigesetzte CO_2 kann von den Produzenten erneut zur Fotosynthese genutzt werden.

2 *Kompetenzbereiche (siehe S. I f.): F1 und F2*
Die Beschreibung des Energieflusses soll hier anhand der Grafik in Material 2 erfolgen. Der Sachverhalt soll in eigenen Worten strukturiert und fachsprachlich richtig dargestellt werden. Beachten Sie, dass über die Menge der eingestrahlten Sonnenenergie keine Aussage gemacht wird. Folglich beginnt die Betrachtung bei der Fotosyntheseleistung des Grases. Achten Sie darauf, die Einheit der Zahlenwerte korrekt anzugeben.

Zur Erläuterung müssen Sie den Sachverhalt so darlegen und veranschaulichen, dass er verständlich wird. Überlegen Sie dazu, bei welchen Prozessen Wärme erzeugt wird und in welcher Form die Energie von einer zur nächsten Organismengruppe übergeht.

Der Energiefluss in Ökosystemen beginnt im Normalfall immer mit der durch die Sonne bereitgestellten Energie in Form von Licht des sichtbaren Spektrums, welches von den Pflanzen, hier Gras, zur Fotosynthese genutzt werden kann. Die (Brutto-)Fotosyntheseleistung von 1 m^2 Grasland beträgt laut Grafik 200 kJ pro Tag. Die pro Quadratmeter netto erzeugte Biomasse entspricht jedoch nur einem Energiewert von 100 kJ pro Tag. Die anderen 100 kJ werden von den Pflanzen für die eigene Zellatmung, die Fotorespiration und den Sekundärstoffwechsel aufgewendet und letztendlich als Wärme freigesetzt.
90 % der von den Primärproduzenten täglich erzeugten Biomasse, das entspricht einem Energiegehalt von 90 kJ/m^2, werden direkt von den Destruenten verstoffwechselt (Atmung, Gärung, Mineralisierung). Nur 10 % der Primärproduzenten-Biomasse wird von den Konsumenten 1. Ordnung (Flusspferde) als Nahrung aufgenommen und kann theoretisch für Stoffwechselaktivitäten verwendet werden. Dabei wird die Hälfte der Energiemenge (5 kJ pro m^2 und Tag) als Wärme frei. Weitere 5 kJ pro m^2 und Tag stehen in Form von Ausscheidungen der Tiere und schließlich als Kadaver (tierische Biomasse) den Destruenten zur Verfügung.
Beim Abbau der pflanzlichen und tierischen Biomasse setzten die Destruenten letztlich die gesamte darin enthaltene Energie von 95 kJ pro m^2 und Tag in Form von Wärme frei.

Endprodukte dieser Verarbeitung der Biomasse sind Stoffe ohne Energiegehalt, wie z. B. CO_2 (vgl. Kohlenstoffkreislauf) und NO_3^- (vgl. Stickstoffkreislauf).

3 *Kompetenzbereich (siehe S. I f.): E1*
Die in Material 4 aufgeführten 4 Messparameter und deren Bedeutung für die Wasserqualität sollten Ihnen aus experimentellen ökologischen Untersuchungen bzw. der Auswertung und Interpretation experimentell gewonnener Daten aus dem Unterricht bekannt sein. Erklären heißt hier, die Daten in Bezug zueinander und zur Lebensweise der Flusspferde (Material 1) zu setzen. Erklären Sie, warum sich die erhobenen Daten in Abhängigkeit von der Anzahl der Tiere in den Tümpeln stark unterscheiden. Beginnen Sie damit, das Verhalten der Tiere am Tage und dessen Einfluss auf das Wasser zu beschreiben. Welche Stoffwechselvorgänge werden angeregt und welchen Einfluss haben diese auf die Messparameter? Gibt es Abhängigkeiten zwischen den Parametern?

Am Tag ruhen die Flusspferde in Gewässern. Während dieser Zeit geben die Tiere große Mengen Kot und Urin ins Wasser ab, d. h., große Mengen organischer Substanzen, wie beispielsweise organische Stickstoffverbindungen (z. B. Harnstoff), werden in das Gewässer eingetragen. Die Zersetzung der gesamten organischen Substanz durch aerobe Destruenten zu CO_2 und Wasser (Atmung) verbraucht viel Sauerstoff, sodass die Wasserproben aus den Tümpeln mit vielen Flusspferden

kaum noch gelösten Sauerstoff enthalten (nur 0,383 mg/l). Durch die mehrstufigen Zersetzungsprozesse der aeroben Destruenten gelangen auch vermehrt lösliche organische Zwischenprodukte ins Wasser, erkennbar an dem hohen Wert für gebundenen Kohlenstoff in den stark frequentierten Tümpeln (100,4 mg/l).
Die hohe Konzentration an gelösten Stickstoffverbindungen, wie Ammonium- und Nitrat-Ionen, ist auf den Abbau der organischen Stickstoffverbindungen aus dem Kot und dem Urin der Flusspferde durch aerobe und anaerobe Bakterien zurückzuführen (vgl. Material 3).
Die hohe Konzentration an Chlorophyll in den stark frequentierten Tümpeln weist auf ein starkes Algenwachstum hin, das durch die hohe Konzentration an Ammonium- und Nitrat-Ionen gefördert wird, die den Algen als Nährstoffe dienen.

Die Vermehrung der fotosynthetisch aktiven Algen könnte den Sauerstoffgehalt positiv beeinflussen.

4 *Kompetenzbereich (siehe S. I f.): E1*
Der Operator „deuten" bedeutet hier, den vorliegenden Sachverhalt bzw. die experimentellen Ergebnisse auf Erklärungsmöglichkeiten hin zu untersuchen und auf das ursprüngliche Problem, hier die hohe organische Belastung des Wassers durch die Flusspferde, zu beziehen. Erinnern Sie sich an die im Unterricht besprochenen Messparameter zur Beurteilung der biologischen und chemischen Wassergüte von natürlichen Gewässern wie z. B. Sauerstoffgehalt und biochemischer Sauerstoffbedarf (BSB2 oder BSB5) sowie die Sauerstoffkurven in oligotrophen und eutrophen Seen. Erfassen Sie die Logik des Versuchsaufbaus (Frischwasser, Kontrollprobe, Mischwasser, Dunkelheit, Sauerstoffgehalt) und geben Sie ihn in eigenen Worten wieder.

In der Kontrollprobe (Referenzprobe) mit **Frischwasser** bleibt der Gehalt an gelöstem Sauerstoff innerhalb des Versuchszeitraums nahezu konstant und über 6 mg/l. Dies ist dadurch zu erklären, dass im Frischwasser kaum gelöste organische Substanzen enthalten sind, deren Abbau durch aerobe Bakterien eine Sauerstoffzehrung zur Folge hätte. Das Experiment wird in Dunkelheit durchgeführt, um die Kompensation der Sauerstoffzehrung durch die fotosynthetische Aktivität vorhandener Algen und Cyanobakterien zu verhindern.
Der Anfangsgehalt des **Mischwassers** an gelöstem Sauerstoff (ca. 5,2 mg/l) ist geringer als der des Frischwassers. Er ergibt sich aus dem Mischungsverhältnis von 240 ml Frischwasser zu 60 ml Tümpelwasser mit 0 % Sauerstoffgehalt. Durch das Mischen mit sauerstoffhaltigem Frischwasser können die organischen Stoffe aus dem Tümpelwasser durch aerobe Bakterien abgebaut werden. Der damit verbundene Sauerstoffverbrauch lässt die Sauerstoffkonzentration in der Probe in den ersten 5 Stunden auf weniger als 1 mg/l stark absinken. Innerhalb der folgenden 11 Stunden wird der Sauerstoff nahezu völlig verbraucht. Nur noch anaerobe Stoffwechselvorgänge sind möglich. Das Experiment zeigt, warum am Boden der von vielen Flusspferden besiedelten Tümpel aufgrund der hohen organischen Belastung durch deren Exkremente kein Sauerstoffgehalt mehr zu messen ist.

5 *Kompetenzbereiche (siehe S. I f.): K2 und B1*
„Deuten" bedeutet in diesem Zusammenhang, das Phänomen des Fischsterbens im Mara River bei Hochwasser auf Erklärungsmöglichkeiten hin zu untersuchen und abzuwägen, welche Parameter dafür infrage kommen und warum.
Beginnen Sie mit der Beschreibung und Auswertung der Messwerte. Die Werte A und E bilden die Voraussetzungen für das dargestellte Szenario. B, C und D erfassen die Folgeerscheinungen, die zum Fischsterben führen.
Um zu erklären, warum die Flusspferde für das Fischsterben verantwortlich sind, müssen Sie Ihre Entscheidung auf kausale Zusammenhänge zurückführen.

Deutung der im Material 6 dargestellten Messwerte im Zusammenhang mit den Ergebnissen aus Material 4 und 5:
Die starken Regenfälle haben Hochwasser im Flussbett und starke Strömungen zur Folge. Der Wasserabfluss steigt dabei innerhalb von 3 Stunden von ca. 6 m^3/s auf über 30 m^3/s, d. h. auf etwa die 5-fache Wassermenge, an (Material 6 A). Das vorher stehende, sauerstoffarme Wasser in den Flusspferdpools kommt in Bewegung, und der Bodenschlamm aus dem Kot der Flusspferde wird aufgewirbelt und mitgerissen. Das somit stark organisch belastete Wasser schwemmt flussabwärts zur Messstelle, an der um 9:00 Uhr die größte Menge an Flusspferdkot, etwa 35 kg/s, gemessen wird (Material 6 E).
Während die anfängliche Sauerstoffkonzentration an der Messstelle noch ca. 5 mg/l beträgt (Material 6 B), kommt es durch den Eintrag des sauerstoffarmen Wassers aus den Flusspferdpools zu einem starken Absinken der Werte ab ca. 6:30 Uhr. Die Verarmung des Wassers an Sauerstoff bis auf ein Minimum von unter 1 mg/l um ca. 9:00 Uhr wird dabei noch durch den einsetzenden aeroben Abbau der im Flusspferdkot enthaltenen organischen Verbindungen verstärkt. Durch den Abbau steigt gleichzeitig die Konzentration an löslichen organischen Abbauprodukten (Kohlenstoffverbindungen) an (Material 6 C).
Aufgrund des auftretenden Sauerstoffmangels können die organischen Stickstoffverbindungen nur durch anaerobe Bakterien bis zum NH_4^+ abgebaut werden, sodass die Ammonium-Ionen-Konzentration bis ca. 9:00 Uhr steil ansteigt (Material 6 D).

Nach dem Abfließen des Hochwassers nähern sich die Werte wieder denen vor den Überflutungen an, da es nicht mehr zu einem weiteren Eintrag von Wasser aus den Flusspferdpools kommt. Durch nachströmendes sauerstoffhaltiges Oberflächenwasser ist ab ca. 10.00 Uhr wieder ein deutlicher Anstieg des Sauerstoffgehalts messbar. Damit nimmt auch die Ammonium-Ionen-Konzentration ab, da in der Folge ein aerober Abbau des Ammoniums zu Nitrat (NO_3^-) ermöglicht wird. Auch die gelösten organischen Verbindungen werden zu CO_2 abgebaut (Atmung).

Erklärung, inwiefern die Flusspferde für das Fischsterben verantwortlich sind:
Das Fischsterben korreliert zeitlich mit der Abnahme der O_2-Konzentration für eine längere Zeit auf unter 1 mg/l. Aufgrund dessen ist davon auszugehen, dass die Fische erstickt sind. Da die Ausscheidungen der Flusspferde den Sauerstoffmangel herbeigeführt haben, sind sie letztendlich für das Fischsterben verantwortlich.

Ergänzend wäre es auch möglich, zusätzlich noch den Anstieg der Ammonium- bzw. Ammoniakkonzentration im Wasser miteinzubeziehen:

… Der Tod der Fische könnte zusätzlich auch durch zu hohe Ammoniakkonzentrationen im Wasser begünstigt worden sein. Ammoniak (NH_3) ist stark fischgiftig und entsteht bei pH-Werten über 7 aus NH_4^+.

Da der pH-Wert nicht gemessen wurde, kann der Einfluss der Ammoniakkonzentration auf das Fischsterben aber nicht belegt werden.

Abiturprüfung 2020 Leistungskurs Biologie (Hessen)
A2: Ökologische und stoffwechselphysiologische Zusammenhänge

Partnerschaft im Riff

		BE
1	Geben Sie die Definitionen für Biotop und Biozönose an. Ordnen Sie drei Paaren der in Material 1 beschriebenen tierischen und pflanzlichen Organismen jeweils begründet eine Form der Wechselbeziehungen zu. (Material 1)	10
2	Fassen Sie die in Material 2 dargestellten Untersuchungsergebnisse zusammen und entwickeln Sie eine Deutung. (Material 1 und 2)	12
3	Beschreiben Sie die in der Abbildung in Material 3 dargestellten Versuchsergebnisse und deuten Sie diese. (Material 3)	10
4	Analysieren Sie die Ergebnisse in Abbildung 4.1 und 4.2 und deuten Sie diese. (Material 3 und 4)	13
5	Entwickeln Sie eine begründete Hypothese hinsichtlich der Bedeutung der Riffbarsche für die Korallen. (Material 3 bis 5)	5
		50

Material 1

Korallenriffe

Korallenriffe gehören zu den vielfältigsten Ökosystemen auf der Erde. Es sind meist küstennahe marine Ökosysteme, die durch ständiges Wachstum festsitzender, koloniebildender Korallenpolypen (Steinkorallen) entstanden sind. Polypen sind ein bis vierzig Millimeter große, einfach gebaute, fest sitzende Hohltiere. Alle Polypen bilden während ihres gesamten Lebens durch Abgabe von Kalk ein Skelett, auf dem der Weichkörper des Tieres aufsitzt. Mit ihren Tentakeln filtern Korallen ihre Nahrung aus dem Wasser, die u. a. aus Plankton besteht. Lebende Korallen finden sich überwiegend in den lichtdurchfluteten oberen Meeresschichten.

In Korallenriffen sind komplexe Beziehungsgefüge allgegenwärtig. Ein Beispiel für solche Interaktionen sind die Beziehungen zwischen Riffbarschen und sich verzweigenden Korallen im nördlichen Roten Meer. Die hier häufig vorkommende Steinkoralle *Stylophora* hat kleine Algen (Zooxanthellen) in der inneren ihrer aus nur zwei Zellschichten bestehenden äußeren Körperhaut eingelagert. Das Kohlenstoffdioxid, das der Polyp ausscheidet, nutzen die Algen zur Fotosynthese. Ein Teil der in der Fotosynthese gebildeten Kohlenhydrate wird an die Zellen des Polypen abgegeben. Dem Rotmeer-Preußenfisch *(Dascyllus marginatus)* aus der Familie der Riffbarsche bieten die Korallen bei Tag und bei Nacht Unterschlupf vor Räubern, einen Ort für soziale Interaktionen und für die Eiablage. Die Fische entfernen Ablagerungen von der Korallenoberfläche, schützen sie vor Fressfeinden wie z. B. Seesternen und scheiden stickstoff- und phosphatreiche Nährstoffe aus, die die Korallenpolypen aufnehmen.

Schematischer Längsschnitt durch einen Korallenpolypen (Steinkoralle) mit Zooxanthellen

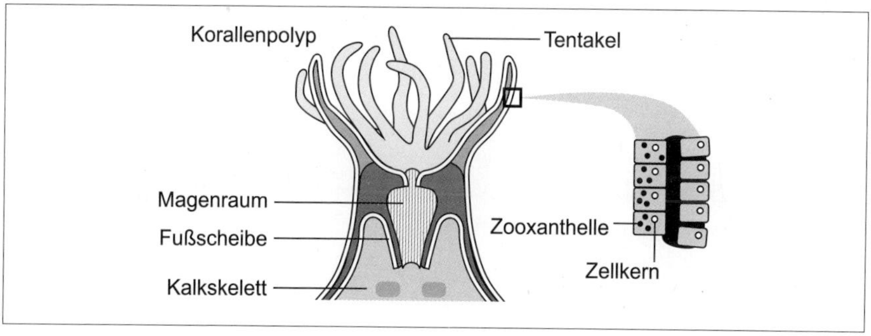

Material 1 basiert auf:
URL: https://www.planet-wissen.de/natur/meer/korallenriffe/index.html (abgerufen am 25. 12. 2017).
URL: http://jeb.biologists.org/content/220/10/1803.long (abgerufen am 25. 12. 2017).
Jürgen Markl et al.: Biologie Oberstufe, Stuttgart 2018, S. 348.

Material 2

Experimente mit Riffbarschen und Korallen

Im Labor brachte man Fische und Korallen in einer Messkammer zur Untersuchung des Gas-Stoffwechsels zusammen.

Für die Messungen wurde gefiltertes Meerwasser mit einer Temperatur von 22–25 °C verwendet sowie eine Lichtquelle mit einer ähnlichen Lichtintensität, wie sie am Riff während der Mittagszeit in 10 m Tiefe gemessen wird. Es wurden jeweils Paare, bestehend aus einer einzigen Kolonie *Stylophora* (Länge 10–12 cm, Breite 9–10 cm) und einem einzelnen Rotmeer-Preußenfisch, verwendet. Gemessen wurden die Änderungen des Sauerstoffgehalts im Wasser, sowohl bei getrennter als auch bei gemeinsamer Haltung. Die Änderungen im Sauerstoffgehalt des Wassers wurden über 10 Intervalle von jeweils 10 Minuten gemessen, um die mittleren Raten pro Paar zu bestimmen.

Änderung des Sauerstoffgehalts im Wasser

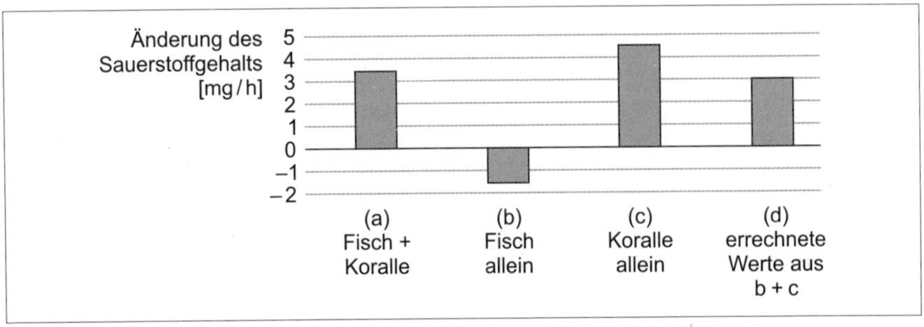

Material 2:
eigene Darstellung nach: Garcia-Herrera, Sebastian C. A. Ferse, Andreas Kunzmann, Amatzia Genin: Mutualistic damselfish induce higher photosynthetic rates in their host coral, Journal of Experimental Biology 2017, http://jeb.biologists.org/content/220/10/1803

Material 3

Fotosynthese und Lichtatmung

Die Fixierung von Kohlenstoffdioxid (CO_2) im Calvinzyklus wird von dem Enzym RubisCO (Ribulose-1,5-bisphosphatcarboxylase/-oxygenase) katalysiert. Die Rate der CO_2-Fixierung ist dabei direkt abhängig von der CO_2-Konzentration.

RubisCO zeigt neben der Carboxylase-Aktivität aber auch Oxygenase-Aktivität. Dabei wird anstelle von CO_2 molekularer Sauerstoff (O_2) an Ribulose-1,5-bisphosphat gebunden. Welche der beiden Reaktionen katalysiert wird, hängt von den jeweiligen Konzentrationen von O_2 und CO_2 ab.
Wenn O_2 an Ribulose-1,5-bisphosphat fixiert wird, entsteht in den folgenden Reaktionen u. a. CO_2. In diesem Prozess wird also CO_2 freigesetzt und O_2 verbraucht. Daher bezeichnet man diesen Stoffwechselweg auch als „Lichtatmung“.

Durchschnittliche Sauerstoffproduktionsrate in den Zellen der Korallen in Abhängigkeit von der Sauerstoffkonzentration im Umgebungswasser
Die Messungen wurden im Labor bei einer Meerwassertemperatur von 25 °C und einer Lichtintensität durchgeführt, die schwächer war als die für die maximale Fotosynthese benötigte Menge in den Tiefen, in denen die Korallen gesammelt wurden. Für die Messungen wurde eine Mikroelektrode in die Haut der Koralle eingeführt.

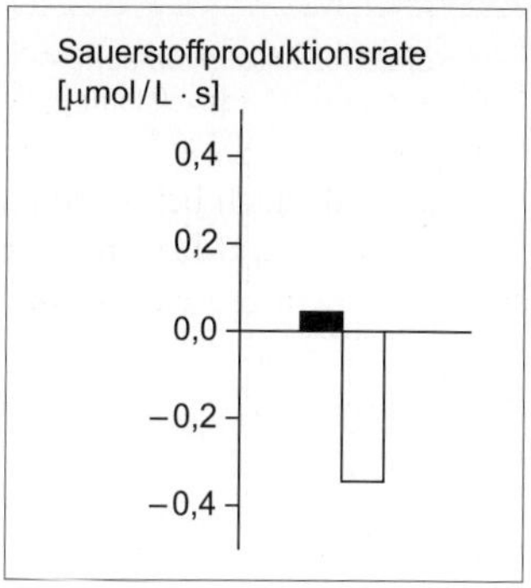

Erläuterung:
ausgefüllte Säule: Umgebungswasser mit normaler Sauerstoffkonzentration
offene Säule: Umgebungswasser mit übersättigter Sauerstoffkonzentration

Tali Mass, Amatzia Genin, Uri Shavit, Mor Grinstein, and Dan Tchernov: Flow enhances photosynthesis in marine benthic autotrophs by increasing the efflux of oxygen from the organism to the water, PNAS February 9, 2010, http://www.pnas.org/content/107/6/2527

Material 3 basiert auf:
Elmar Weiler, Lutz Nover: Allgemeine und molekulare Botanik, Stuttgart 2008, S. 282.
David Sadava et al.: Purves Biologie, München 2011, S. 262 f.
URL: http://www.pnas.org/content/107/6/2527 (abgerufen am 28. 12. 2017).

Material 4

Einfluss der Strömung auf Korallen
Wissenschaftler des israelischen Interuniversity Institutes for Marine Sciences (IUI) untersuchten den Einfluss der Strömung auf die Stoffwechselaktivitäten der Koralle *F. veroni*, die ebenfalls fotosynthetisch aktive Algen in der inneren Zellschicht ihrer äußeren Körperhaut eingelagert hat.
Zusätzlich zu den in Material 3 genannten Bedingungen wurde eine Strömung in der Messkammer mittels eines kleinen Rührers erzeugt.

Abbildung 4.1:
Durchschnittliche Sauerstoffkonzentration in den Zellen der Koralle *F. veroni* in Abhängigkeit von der Strömung

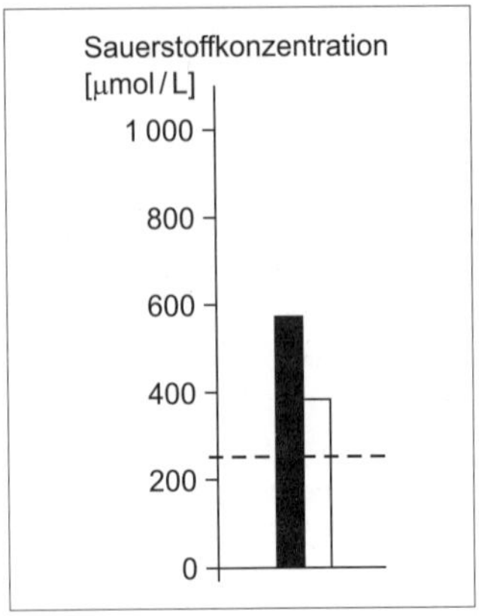

Erläuterung:
ausgefüllte Säule: keine Strömung
offene Säule: Strömung

Die gestrichelte horizontale Linie zeigt die umgebende Sauerstoffkonzentration (256 µmol/L) an.

Abbildung 4.2:
Sauerstoffkonzentration und Quantenausbeute in *F. veroni* in Abhängigkeit von der Strömung

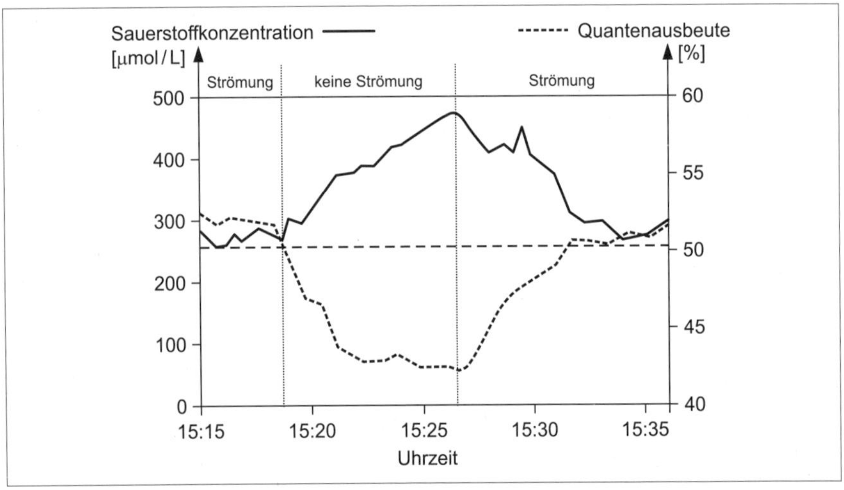

Erläuterung: Die gestrichelte horizontale Linie zeigt die umgebende Sauerstoffkonzentration (256 µmol/L) an. Die Quantenausbeute gibt an, welcher Anteil der absorbierten Lichtenergie effektiv für die Fotosynthese verwendet werden kann.

Material 4:
Tali Mass, Amatzia Genin, Uri Shavit, Mor Grinstein, and Dan Tchernov: Flow enhances photosynthesis in marine benthic autotrophs by increasing the efflux of oxygen from the organism to the water, PNAS February 9, 2010, http://www.pnas.org/content/107/6/2527

Material 5

Riffbarsche und Korallen

Eine Ökologin vom Leibniz-Zentrum für Marine Tropenforschung beobachtete im Roten Meer vor Eilat in Israel Rotmeer-Preußenfische *(Dascyllus marginatus)* in ihrer natürlichen Umgebung. Im Morgengrauen tauchten die Fische aus ihren Zufluchtsorten zwischen den Korallenästen auf und verbrachten die meiste Zeit bis zur Abenddämmerung damit, in den Gewässern rund um ihre Wirtskolonien nach Nahrung in Form von tierischem Plankton zu suchen. Während der Dämmerungszeiten hielten sich die Rotmeer-Preußenfische durchschnittlich mehr als die Hälfte der Zeit (57 %) zwischen den Korallenästen auf. Gelegentlich wurden auch Fische beobachtet, die sich tagsüber zwischen die Korallenäste zurückzogen, manchmal zum Schutz und manchmal ohne ersichtlichen Grund. Im Durchschnitt verbrachten die Fische bei vollem Tageslicht 19 % ihrer Zeit zwischen den Korallen. Darüber hinaus fand man, dass die Fische an klaren Tagen durchschnittlich 7 % mehr Zeit in der Kolonie verbrachten als an bedeckten Tagen. Wenn sich die Fische zwischen den Korallenästen befanden, bewegten sie ständig und unabhängig von der Tageszeit ihre Flossen.

Material 5 basiert auf:
URL: http://jeb.biologists.org/content/220/10/1803 (abgerufen am 28. 12. 2017).

Lösungsvorschläge

In der Aufgabe thematisierte Unterrichtsinhalte sind:

- *Beziehungen zwischen Organismen und Umwelt, Wechselwirkungen innerhalb von Lebensgemeinschaften*
- *Formen von Wechselbeziehungen, z. B. Räuber-Beute-Beziehung, Parasitismus, Symbiose, inter- und intraspezifische Konkurrenz, Kommensalismus*
- *Fotosynthese und Lichtatmung, Lichtreaktion und lichtunabhängige Reaktion*
- *Gaswechsel durch Diffusion*
- *Konzeption naturwissenschaftlicher Experimente, Variablen, Messparameter*

1 *Kompetenzbereiche (siehe S. I f.): F1 und F2*
Zunächst sind die Definitionen für die Begriffe Biotop und Biozönose, so wie Sie sie im Unterricht kennengelernt haben, ohne Erläuterungen und Begründungen zu formulieren.
Für den zweiten Teil dieser Aufgabe erinnern Sie sich an die im Unterricht behandelten Wechselwirkungen zwischen Arten, wie z. B. interspezifische Konkurrenz, Räuber-Beute-Beziehungen, Symbiosen, Parasitismus usw. Denken Sie daran, dass die Zuordnung begründet erfolgen muss. Dabei ist es sinnvoll, sich die im Unterricht erarbeiteten Kriterien für die Zuordnung noch einmal am Beispiel zu vergegenwärtigen.

Unterrichtsbezogene Angabe der Definitionen:

- Biotop: Das Biotop (altgriechisch *bíos* = Leben und *tópos* = Ort) ist ein Lebensraum mit der Gesamtheit seiner abiotischen Umweltfaktoren (z. B. klimatisch, geografisch und geologisch). Das Biotop bildet gemeinsam mit der Biozönose das Ökosystem.
- Biozönose: Die Biozönose (altgriechisch *bios* = Leben und *koinós* = gemeinsam) ist die Lebensgemeinschaft der Arten, die sich aufgrund ihrer Ansprüche an abiotische und biotische Umweltfaktoren in einem Biotop einstellt. Biotop und Biozönose bilden zusammen das Ökosystem.

Begründete Zuordnung der Formen der Wechselbeziehungen der Lebewesen:

Im Material 1 sind vier verschiedene Organismenpaare dargestellt, die in einer Wechselbeziehung stehen. Nur drei der folgenden begründeten Zuordnungen sind verlangt.

- Eine Symbiose stellt eine Partnerschaft zwischen Individuen zweier Arten dar, die beiden Seiten nützt.
  Die Korallen gehen mit den einzelligen Algen eine Symbiose ein: Die Algen betreiben Fotosynthese und liefern den Polypen Kohlenhydrate und Sauerstoff. Der Polyp versorgt die Algen im Gegenzug mit Kohlenstoffdioxid.

- Die Beziehung der Korallen zum Riffbarsch ist ebenfalls als Symbiose einzuordnen: Die Koralle bietet dem Riffbarsch einen Ort zum Schutz vor Räubern, für ungestörte soziale Interaktionen (z. B. Balz) und für die Eiablage. Im Gegenzug entfernen die Fische Ablagerungen von der Korallenoberfläche, schützen die Korallen vor Fressfeinden und liefern ihnen notwendige stickstoff- und phosphatreiche Nährstoffe.
- Der Seestern ernährt sich von den Korallen. Folglich stehen die beiden Arten zueinander in einer Räuber-Beute-Beziehung.
- Korallen ernähren sich u. a. von pflanzlichem und tierischem Plankton. Beide stehen also ebenfalls in einer Räuber-Beute-Beziehung zueinander.

2 *Kompetenzbereiche (siehe S. I f.): F1, K1 und K2*
„Zusammenfassen" bedeutet hier, die grafisch dargestellten, sehr eindeutigen Versuchsergebnisse in strukturierter Form fachsprachlich richtig darzustellen. Gehen Sie vorzugsweise in der Reihenfolge c – b – a – d vor.
Im zweiten Teil der Aufgabe sind die experimentellen Ergebnisse auf kausale Stoffwechselzusammenhänge zurückzuführen (vgl. Material 1). Stellen Sie sich die Frage, wie es sein kann, dass ein Tier (Polyp) den Sauerstoffgehalt des Wassers erhöht. Konzentrieren Sie sich außerdem auf die Deutung der auf den ersten Blick nicht erklärbaren Diskrepanz zwischen den Messwerten aus a und der Verrechnung der Messwerte aus b und c (=d).

Zusammenfassung der Ergebnisse:
Allein in einem abgeschlossenen Becken gehalten, erhöht die Koralle den Sauerstoffgehalt im Wasser deutlich um ca. 4,5 mg/h (c). Befindet sich der Fisch allein im Versuchstank, nimmt der Sauerstoffgehalt um ca. 1,5 mg/h ab (b).
Die Änderung des Sauerstoffgehalts im Wasser bei gemeinsamer Haltung von Fisch und Koralle liegt mit ca. 3,5 mg/h (a) höher als die errechnete Summe der Werte für Fisch und Koralle in Einzelhaltung (d; ca. 3 mg/h).

Entwicklung einer Deutung der Versuchsergebnisse:
Die Sauerstoffproduktion der symbiontisch in den Korallen lebenden Algen (Zooxanthellen) ist anscheinend höher als der Sauerstoffverbrauch durch Zellatmung in den Mitochondrien der Zellen der Koralle. Somit geben die Korallen inkl. ihrer Symbionten Sauerstoff an die Umgebung ab.
Fische verbrauchen Sauerstoff für ihre Zellatmung, weshalb der Sauerstoffgehalt im Tank bei Alleinhaltung sinkt.
Eine höhere Nettosauerstoffproduktion im Versuchstank bei gleichzeitigem Besatz mit Koralle und Fisch im Gegensatz zur Summe der Werte aus Einzelhaltung von Koralle und Fisch kann zwei Gründe haben:

Nur eine Deutung ist verlangt.

- Die symbiontischen Algen in der Koralle treiben in Gegenwart eines Fisches verstärkt Fotosynthese. Dies könnte auf die Kohlenstoffdioxidabgabe des Fisches zurückzuführen sein, die die Fotosynthese begünstigt.

– Der Fisch bewegt sich in Gegenwart der Koralle weniger. Er bleibt in seinem „Versteck“ und verbraucht daher weniger Sauerstoff.

3 *Kompetenzbereiche (siehe S. I f.): F2 und E1*
Für die Beschreibung der Versuchsergebnisse benötigen Sie nur die Abbildung in Material 3. Geben Sie das Ergebnis der Untersuchung in eigenen Worten wieder. Für die Deutung müssen Sie die Ergebnisse auf Erklärungsmöglichkeiten untersuchen. Voraussetzung dafür ist, dass Sie den Text zur Fotosynthese und Lichtatmung in Material 3 gelesen haben. Die dargestellten Prozesse sind Ihnen möglicherweise aus dem Unterricht bekannt, können aber auch rein aus dem Text erschlossen werden. Denken Sie daran, dass die im Korallenkörper lebenden Symbionten (Algen) die messbaren Effekte hervorrufen. Es ist wichtig, die Messanordnung verstanden zu haben. Stellen Sie sich die Frage, wie die beiden gelösten Gase CO_2 und O_2 in die Algenzellen gelangen. Die Grundlagen kennen Sie aus der Zellbiologie.

Beschreibung der Versuchsergebnisse in der Abbildung in Material 3:

Die Sauerstoffproduktionsrate wird über eine Mikroelektrode in der Haut des Polypenkörpers gemessen, in der die Zooxanthellen eingelagert sind. Der unterschiedliche Sauerstoffgehalt wird über das Umgebungswasser angeboten. Belichtung und Temperatur werden konstant gehalten.

Bei normaler Sauerstoffkonzentration in ihrer Umgebung produzieren die Korallen bei Belichtung ca. 0,05 µmol/l O_2 in der Sekunde. Erhöht man die Sauerstoffkonzentration bei gleicher Belichtung bis über die Sättigungsgrenze, führt das dazu, dass die Koralle mehr als 0,3 µmol/l O_2 in der Sekunde verbraucht.

Deutung der Ergebnisse:
Bei normaler Sauerstoffkonzentration im umgebenden Wasser diffundieren nur geringe Mengen Sauerstoff in den Polypenkörper, das Angebot an CO_2 aus der Atmung des Polypen überwiegt. Daraus folgt, dass RubisCO in den Algenzellen überwiegend als Carboxylase agiert. Die Algen können also CO_2 fixieren, betreiben Fotosynthese und geben somit Sauerstoff an die Zellen der Koralle ab.
Bei Sauerstoffsättigung diffundieren dem Konzentrationsgefälle folgend Sauerstoffmoleküle in großer Zahl durch die Membranen in den Korallenkörper. Bei dem infolgedessen auch in den Zellen der symbiontischen Algen erhöhten Sauerstoffgehalt konkurriert O_2 mit dem CO_2 um das aktive Zentrum der RubisCO. Es kommt zur vermehrten Lichtatmung anstelle von Fotosynthese und damit zu einer negativen Sauerstoffproduktionsrate in den Algenzellen, d. h., es wird insgesamt Sauerstoff verbraucht.

4 *Kompetenzbereiche (siehe S. I f.): F1, F2 und E1*
Ermitteln Sie die unabhängigen und die abhängigen Variablen und stellen Sie fest, welche Faktoren konstant gehalten werden. Beginnen Sie mit der Abbildung 4.1 und vergegenwärtigen Sie sich, dass die Sauerstoffkonzentration in den Zellen dargestellt ist. Erinnern Sie sich an das Phänomen der Diffusion von Gasen aus dem Zellbiologie- und Stoffwechselkurs.
Lassen Sie sich von der Komplexität der Abb. 4.2 nicht verwirren. Es handelt sich lediglich um eine differenziertere Darstellung der Ergebnisse aus dem schon bekannten Experiment. Beachten Sie: Für jeden der beiden Messparameter (O_2-Konzentration und Quantenausbeute) ist in der Grafik eine eigene Ordinate angelegt. Beziehen Sie die sich verändernden Werte der Quantenausbeute auf den Ablauf der Fotosynthese (Lichtreaktion und lichtunabhängige Reaktion) sowie auf die Doppelfunktion von RubisCO (vgl. Teilaufgabe 3).

Die während der Versuche vorherrschende umgebende Sauerstoffkonzentration im Wasser liegt bei konstant 256 µmol/l. Unabhängige Variable ist die Strömung, die vorhanden oder nicht vorhanden ist. Die Sauerstoffkonzentration in den Zellen der Koralle ist als abhängige Variable bei fehlender Strömung mit ca. 580 µmol/l höher als bei Strömung mit ca. 400 µmol/l. Beide Werte liegen deutlich oberhalb der O_2-Konzentration im Außenmedium. Daraus folgt, das der durch die Fotosynthese der Symbionten erzeugte Sauerstoff ohne Strömung zu einem relativ großen Anteil in den Zellen verbleibt, während er bei Strömung in stärkerem Maße herausdiffundiert. Das ist wahrscheinlich darauf zurückzuführen, dass bei Strömung der Sauerstoff in der Umgebung der Koralle laufend abtransportiert wird und infolgedessen das Sauerstoff-Konzentrationsgefälle zwischen Zellen und Außenmedium konstant hoch gehalten wird. Die O_2-Konzentration in den Zellen sinkt bei Strömung folglich stärker, bleibt jedoch offensichtlich immer noch über der des Umgebungsmediums.

Abbildung 4.2 konkretisiert das oben analysierte und gedeutete Geschehen noch einmal im zeitlichen Verlauf des Wechsels von Ruhe und Strömung. Unter strömungsfreien Bedingungen steigt die Sauerstoffkonzentration in der Koralle innerhalb von etwa 8 Minuten nahezu kontinuierlich um ca. 150 µmol/l an, während im gleichen Zeitraum die Quantenausbeute um ca. 8 % abnimmt. Mit Einsetzen der Strömung kehren sich die Verhältnisse um: Innerhalb weniger Minuten kommt es zu einer Abnahme der Sauerstoffkonzentration in der Koralle um ca. 200 µmol/l bei gleichzeitiger Zunahme der Quantenausbeute um ca. 10 %.
Dabei liegt der Sauerstoffgehalt in der Koralle immer, wenn auch bei Strömung nur geringfügig, über dem Umgebungswert.

Ohne Strömung steigt die Sauerstoffkonzentration in der Koralle an, d. h., es ist mit einer verstärkten Oxygenase-Funktion der RubisCO zu rechnen und infolgedessen mit einer erhöhten Lichtatmung (vgl. Material 3). Folglich wird in der lichtunabhängigen Reaktion der Fotosynthese weniger CO_2 fixiert. Damit stehen für die lichtabhängigen Reaktionen weniger $NADP^+$-Moleküle als Wasserstoff- und Elektronenakzeptoren zur Verfügung, wodurch die Quantenausbeute sinkt.

Der Abtransport des Sauerstoffs durch die Strömung begünstigt dagegen durch Verringerung der O_2-Konzentration in den Zellen die Carboxylase-Aktivität der RubisCO und damit die CO_2-Fixierung im Calvin-Zyklus. Damit geht eine höhere Verfügbarkeit von $NADP^+$ für die Lichtreaktion und so eine höhere Quantenausbeute einher.

5 *Kompetenzbereiche (siehe S. I f.): E1, K1 und B1*
Eine Hypothese zur Bedeutung der Riffbarsche für die Korallen zu entwickeln heißt, das aus naturwissenschaftlichen experimentellen Ergebnissen gewonnene Modell zur Wechselwirkung von Strömung, O_2-Konzentration, Aktivität der RubisCO und Quantenausbeute weiterzuführen. Stellen Sie sich die Frage, was der Fisch tun muss, um für das Wachstum der Korallen förderlich zu sein.
Werten Sie zunächst Material 5 aus, in dem das Verhalten der Riffbarsche in Abhängigkeit von Tageszeit und Lichtintensität aufgezeigt wird. Suchen Sie nach Hinweisen, die einen Zusammenhang zu den Ergebnissen aus Teilaufgabe 4 herstellen.

Die in enger Gemeinschaft mit den Korallen lebenden Riffbarsche fächeln diesen durch ihre Flossenbewegungen Frischwasser zu. Die Wasserströmung sorgt für eine bessere Diffusion des Sauerstoffs aus den Zellen der symbiontischen Algen. Durch die infolgedessen verstärkte Carboxylase-Aktivität der RubisCO erhöht sich die Effizienz der Fotosynthese in den Algen.

Diese Hypothese wird dadurch gestützt, dass Riffbarsche an klaren Tagen durchschnittlich 7 % mehr Zeit in der Korallenkolonie verbringen als an bedeckten. Unter diesen Bedingungen wirkt sich die Aktivität der Fische wahrscheinlich besonders förderlich auf die Fotosyntheserate der Algen und damit das Wachstum der Korallen aus, da die Sauerstoffproduktion besonders hoch ist.

Abiturprüfung 2020 Leistungskurs Biologie (Hessen)
B1: Genetik und Gentechnik

Muskelwachstum	BE
1 Fassen Sie die wesentlichen Schritte des Wegs vom Gen zum Protein bei Eukaryoten in Form eines Flussdiagramms zusammen.	8
2 Erläutern Sie die Abläufe zur Regulation der Entwicklung von Myotuben aus Myoblasten und beschreiben Sie den Einfluss der Myostatinkonzentration auf die Myoblastenvermehrung. (Material 1)	12
3 Beschreiben Sie die posttranslationale Modifizierung zu Myostatin. (Material 2)	7
4 Deuten Sie das in Abbildung 3.1 dargestellte Ergebnis der Restriktionsanalyse bezüglich der Genotypen und der auftretenden Banden von Patient und Mutter. (Material 3)	8
5 Erläutern und erklären Sie die in Abbildung 3.2 dargestellte Reifung der Myostatin-RNA ohne Mutation im Vergleich zur Myostatin-RNA mit Mutation auch unter Berücksichtigung der physiologischen Wirkung der jeweiligen Präpro-Proteine und der Angabe der vorliegenden Mutation. (Material 1, 2 und 3)	15
	50

Material 1

Muskelwachstum und Differenzierung

Jeder Skelettmuskel ist aus Muskelfasern aufgebaut. Muskelfasern entstehen aus Myoblasten.

An der Regulation der Zellvermehrung der Myoblasten sind der Transkriptionsfaktor Myogenin und die Proteine Retinoblastomprotein sowie Myostatin beteiligt. Myostatin ist ein extrazelluläres Signalprotein, das an Rezeptoren unausgereifter Muskelzellen bindet und dadurch Signalwege in Gang setzt. Das Protein p21 ist Bestandteil der nachfolgenden Signalkette. Die gereiften einkernigen Myoblasten verschmelzen miteinander und differenzieren sich zu mehrkernigen Zellen (Myotuben), die sich dann zu Muskelfasern entwickeln. Zeitgleich mit der Zellfusion steigt die Expressionsrate der Gene an und damit die Bildung der Proteine, die für die Muskelentwicklung und Muskelfunktion notwendig sind.

Abbildung 1.1: Modell zur Vermehrung und Differenzierung von Myoblasten

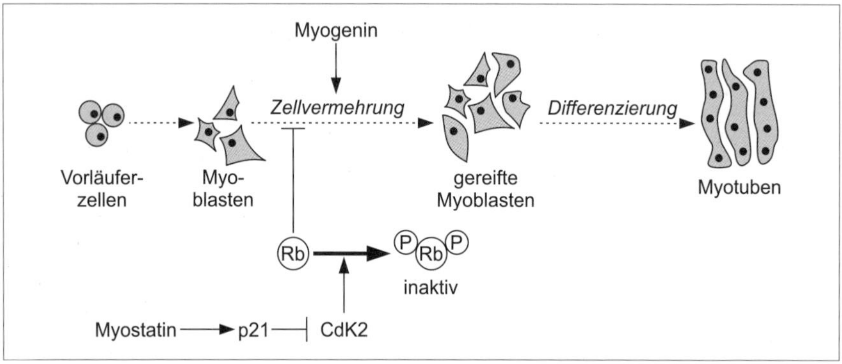

Mark Thomas, Brett Langley, Carole Berry, Mridula Sharma, Sonnie Kirk, John Bass and Ravi Kambadur: Myostatin, a Negative Regulator of Muscle Growth, Functions by Inhibiting Myoblast Proliferation, The Journal of Biological Chemistry September 6, 2000, http://www.jbc.org/content/275/51/40235.full

Erläuterung:

Gereifte Myoblasten haben die Phase der Zellvermehrung abgeschlossen.

Rb	Retinoblastomprotein
p21	Protein
CdK2	Kinase, Phosphat übertragendes Enzym
Ⓟ	anorganisches Phosphat
—┤	hemmt

Abbildung 1.2: Funktionsweise des Retinoblastomproteins Rb

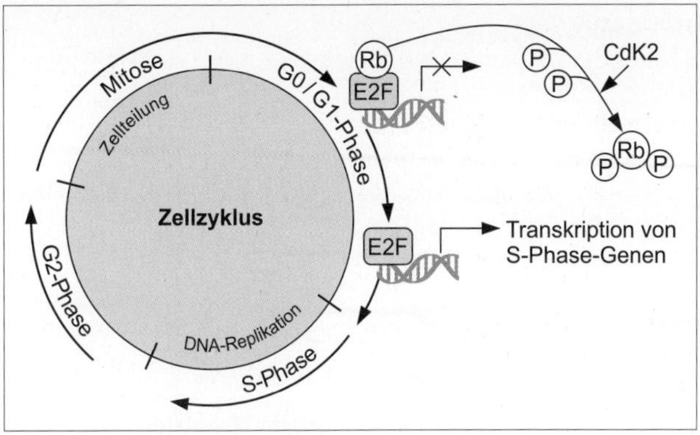

Erläuterung:
E2F: Transkriptionsfaktor

Die Expression der S-Phase-Gene bewirkt den Übergang der Zelle in die S-Phase.

Abbildung 1.3: Einfluss von Myostatin auf die Myoblastenvermehrung
In einem Experiment wurden Myoblasten bei unterschiedlichen Konzentrationen von Myostatin für 72 Stunden in Zellkulturen gezüchtet und dessen Wirkung auf die Myoblastenvermehrung gemessen.

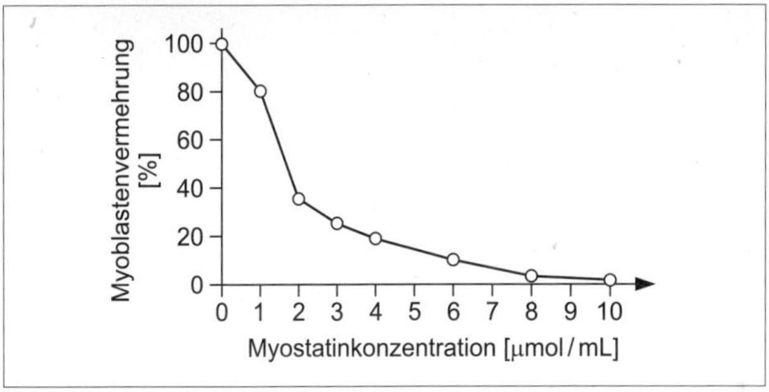

Material 1 basiert auf:
URL:http://www.jbc.org/content/275/51/40235.full (abgerufen am 29. 03. 2018).
URL:https://www.medmedia.at/spectrum-onkologie/der-cdk46-retinoblastom-signalweg-und-seine-therapeutische-bedeutung/ (abgerufen am 31. 05. 2018).
URL:https://www.google.com/search?q=Retinoblastom+Signalweg&client=firefox-b-d&source=lnms&tbm=isch&sa=X&ved=0ahUKEwjkgI-43cDjAhUPL1AKHRgWD2YQ_AUIESgB&biw=1920&bih=966#imgrc=QsU6hHzpy OVM: (abgerufen am 23. 10. 2018).

Material 2

Myostatin
Das Protein Myostatin entsteht aus einem 375 Aminosäuren umfassenden, inaktiven Vorläuferprotein.

Posttranslationale Modifizierung zu Myostatin

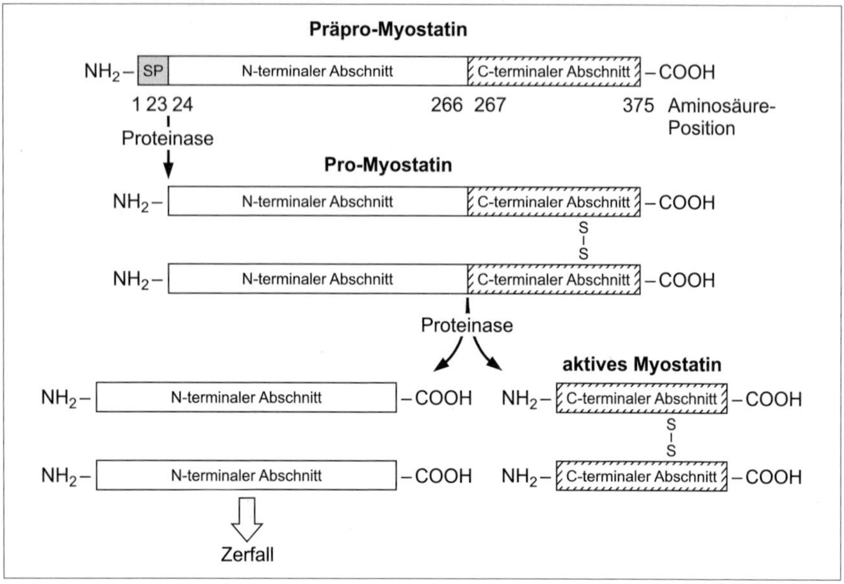

Erläuterung:
SP = Signalpeptid

Material 2 basiert auf:
Zhiqing Huang, Xiaoling Chen, Daiwen Chen: Myostatin: a novel insight into its role in metabolism, signal pathways, and expression regulation, Cellular signalling 2011 Biology, Medicine, https://www.semanticscholar.org/paper/Myostatin%3A-a-novel-insight-into-its-role-in-signal-Huang-Chen/3ada80cb6fe0e61428ba60bd975e4d3cbed6a3df

Material 3

Das Myostatin-Gen

Das Myostatin-Gen liegt auf Chromosom 2, es ist aus drei ungefähr gleich großen Exons, die durch zwei Introns separiert werden, aufgebaut.

Im Jahre 2004 publizierte die Arbeitsgruppe um M. Schülke an der Charité Berlin Untersuchungen eines Kindes, welches direkt nach der Geburt einen auffälligen Phänotyp besaß. Die Muskulatur war bereits sehr deutlich ausgebildet, ohne dass das Kind hormonelle Auffälligkeiten zeigte. Die 24-jährige Mutter des Kindes erschien muskulös, wenn auch nicht in dem Maße, wie es bei ihrem Sohn beobachtet wurde. Für eine genetische Analyse standen außer der Mutter keine weiteren Familienmitglieder zur Verfügung.

Mittels einer molekulargenetischen Sequenzierung konnten die Forscher in Intron 1 an der 5. Base nach dem letzten Nucleotid des Exons 1 eine Mutation nachweisen. Zur Untersuchung dieser Position wurde ein 166 bp (= Basenpaare) langer DNA-Abschnitt ausgewählt, welcher die entsprechende Position enthielt, und mittels PCR vervielfältigt. Diese DNA-Fragmente wurden dann mit dem Restriktionsenzym AccI behandelt und das Ergebnis durch eine Gelelektrophorese dargestellt. Schneidet AccI, so entstehen zwei Fragmente von 135 bp und 31 bp.

Eine weitere Untersuchung befasste sich mit dem Effekt dieser Mutation auf die Reifung der Myostatin-mRNA.

Abbildung 3.1: Ergebnis der Restriktionsanalyse

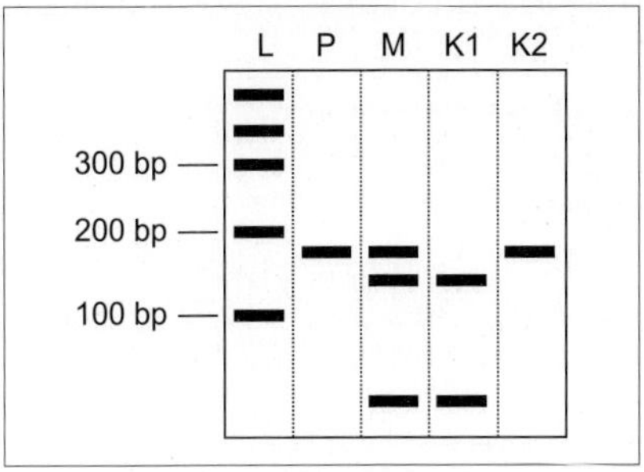

Erläuterung:

L	Längenstandard
P	Patient (= Kind)
M	Mutter
K1	Kontrolle ohne Mutation
K2	Kontrolle mit Mutation

Abbildung 3.2: Einfluss der Mutation auf die Reifung der Myostatin-mRNA

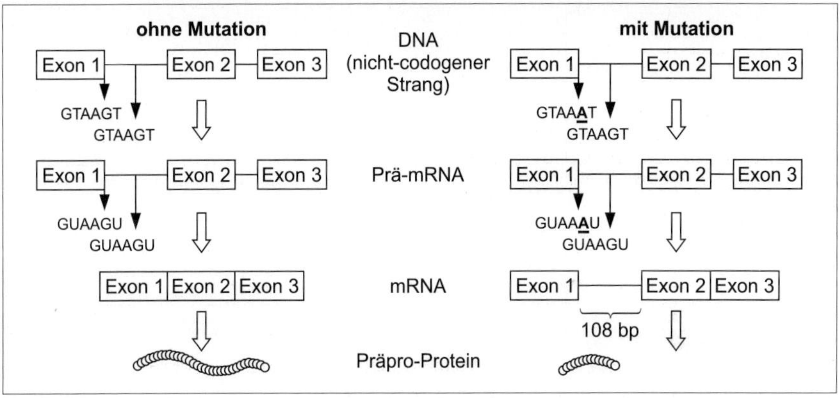

Erläuterung:

GUAAGU: Erkennungssequenz für das Spleißen

Material 3:
eigene Darstellung nach: Markus Schuelke et al.: Myostatin Mutation Associated with Gross Muscle Hypertrophy in a Child, New England Journal of Medicine (2004) https://www.nejm.org/doi/full/10.1056/NEJMoa040933

Lösungsvorschläge

In der Aufgabe thematisierte Unterrichtsinhalte sind:
- *Ablauf der Proteinbiosynthese bei Eukaryoten*
- *Flussdiagramme*
- *Aufbau und Entwicklung von Muskelzellen*
- *Phasen des Zellzyklus, Kontrollpunkte*
- *Sequenzierung der DNA, Identifikation von Mutationen*
- *Restriktionsenzyme, PCR*
- *Gel-Elektrophorese, Auswertung von Restriktionsanalysen*

1 *Kompetenzbereiche (siehe S. I f.): F1 und K2*
Hier sind fachliche Kenntnisse zur Proteinbiosynthese strukturiert und vernetzt darzustellen. Als Form der Dokumentation ist dabei das Flussdiagramm verbindlich vorgegeben. Das Schaubild soll einfach gestaltet sein. Einzelne Teile des Gesamtablaufs der Proteinbiosynthese sollen als Schritte in der richtigen Reihenfolge stichwortartig dargestellt und mit Pfeilen verbunden werden. Es ist hilfreich, sich zunächst darüber klar zu werden, in welchen Bereichen der Zelle bestimmte Prozesse ablaufen. Dann sollten Sie eine Stichwortsammlung der Fachbegriffe anfertigen, die Sie zum Thema im Gedächtnis haben. Bringen Sie diese in die richtige Reihenfolge und ergänzen Sie entsprechende Beschreibungen, damit die Gesamtdarstellung verständlich wird.

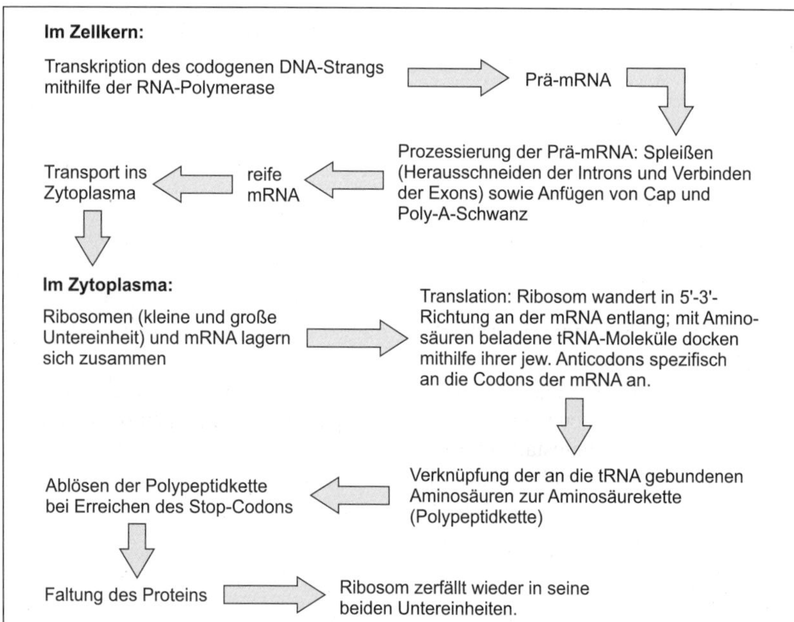

2 *Kompetenzbereiche (siehe S. I f.): F1, E2 und K1*
Bei dieser Teilaufgabe sollen Sie fachliche Darstellungen aus einem Text und mehreren Grafiken strukturieren und vernetzen. „Erläutern" bedeutet in diesem Zusammenhang, die Regulation der Myoblastenvermehrung so darzulegen, dass sie verständlich wird. Dazu ist es sinnvoll, zunächst die Entwicklung von mehrkernigen Myotuben als Vorstufen der Muskelfasern aus Vorläuferzellen zu beschreiben (vgl. Abb. 1.1).

Aus Vorläuferzellen entstehen Myoblasten, die vermehrungsfähig sind und sich zu gereiften Myoblasten entwickeln. Aus diesen entstehen durch Fusion und Differenzierung die mehrkernigen Myotuben. Die Regulation der Zellvermehrung und der Reifung der Myoblasten erfolgt durch Myogenin und Myostatin:

- Wie in Abbildung 1.1 dargestellt wird, fördert der Faktor Myogenin die Zellvermehrung (und Reifung) der Myoblasten.
- Der Faktor Myostatin dagegen hemmt im Experiment mit steigender Konzentration in einer Myoblastenkultur die Zellvermehrung immer stärker. Bereits bei einer Myostatinkonzentration von 2 µmol/ml sinkt die Myoblastenvermehrung auf unter 40 % (vgl. Abb. 1.3).
  Die Wirkungsweise ist sowohl Abb. 1.1 als auch Abb. 1.2 zu entnehmen:
  - Myostatin aktiviert das Protein p21, welches die Kinase CdK2 hemmt, wodurch die Phosphorylierung und dadurch die Inaktivierung des aktiven Retinoblastomproteins (Rb) verhindert wird oder nur in geringem Maße stattfindet (vgl. Abb. 1.1).
  - Das aktive, nicht phosphorylierte Retinoblastomprotein (Rb) bindet in der G0/G1-Phase des Zellzyklus an den Transkriptionsfaktor E2F, wodurch die Transkription der S-Phase-Gene verhindert wird (vgl. Abb. 1.2). Damit ist der Übergang der Myoblasten von der G1-Phase in die S-Phase des Zellzyklus gehemmt. Eine Vermehrung der Myoblasten wird unterbunden.

3 *Kompetenzbereiche (siehe S. I f.): F1, E2 und K2*
Hier sollen Sie bildlich dargestellte naturwissenschaftsbezogene Sachverhalte strukturiert und fachsprachlich richtig wiedergeben. Vergegenwärtigen Sie sich zunächst, was posttranslationale Modifizierung bedeutet.

Um das aktive Myostatin zu erhalten, wird im ersten Schritt das 23 Aminosäuren umfassende Signalprotein (SP) durch eine Proteinase (Enzym) vom Präpro-Myostatin abgespalten.
Im zweiten Schritt lagern sich zwei der entsprechend veränderten Moleküle zusammen und werden über eine Schwefelbrücke im C-terminalen Abschnitt verbunden, sodass Pro-Myostatin entsteht.
Im dritten Schritt spaltet eine weitere Proteinase das Pro-Myostatin in 2 N-terminale Abschnitte und ein aktives Myostatinmolekül auf. Die N-terminalen Abschnitte sind funktionslos und zerfallen.

4 *Kompetenzbereiche (siehe S. I f.): F1, E1 und B1*
Aus dem Unterricht kennen Sie das Prinzip der Restriktionsanalyse (Vermehrung der zu untersuchenden DNA-Abschnitte mittels PCR, Schneiden der DNA mittels Restriktionsenzymen, Auftrennung der unterschiedlich langen Fragmente mithilfe der Gel-Elektrophorese). Denken Sie daran, dass ein Restriktionsenzym immer nur an einer spezifischen Basenabfolge des Stranges zu schneiden vermag. Im Falle einer Mutation innerhalb dieser Basenabfolge ist dies nicht mehr möglich.

Das auszuwertende Gel zeigt neben dem zur Orientierung dienenden Längenstandard (DNA-Fragmente definierter Länge) vier weitere Spuren: die des Patienten (Sohn mit auffälliger Muskelentwicklung), die der Mutter des Patienten und die zweier Kontrollproben mit und ohne Mutation an der 5. Base in Intron 1.
Wenn keine Mutation vorliegt, spaltet das Restriktionsenzym AccI den untersuchten DNA-Abschnitt von 166 bp Länge in zwei Fragmente von 135 bp bzw. 31 bp Länge (vgl. Abb. 3.1, Spur K2).
Die Analyse der Patienten-DNA zeigt nur eine einzige Bande bei ca. 166 bp Länge. Daraus folgt, dass das untersuchte Fragment nicht von AccI geschnitten wurde. Dieses Ergebnis entspricht dem der Kontrolle mit Mutation (K2). Die Mutation muss beim Patienten folglich bei beiden Allelen des betreffenden Gens vorliegen. Die mütterliche DNA liefert im Gel dagegen 3 Banden: eine entsprechend dem ungeschnittenen 166 bp langen Fragment und zwei entsprechend den kleineren Fragmenten von 135 bp und 31 bp Länge. Die Banden entsprechen denen der beiden Kontrollen (K1 und K2). Während der Sohn (Patient) also homozygot ist, d. h. das mutierte Gen von Vater und Mutter geerbt hat, ist die Mutter demnach in Bezug auf die Mutation des Myostatin-Gens heterozygot.

5 *Kompetenzbereiche (siehe S. I f.): F2, K1 und K3*
„Erläutern“ und „erklären“ bedeutet hier, den Sachverhalt der abnormalen Muskelentwicklung beim Patienten auf genetische Grundprinzipien und kausale Zusammenhänge zurückzuführen und so darzulegen, dass er verständlich wird. Betrachten Sie zunächst die Abbildung 3.2 und klären Sie den Einfluss der Mutation auf die Reifung der Myostatin-mRNA. Achten Sie auf die Lage der Erkennungssequenzen für AccI. Klären Sie, warum das nach Transkription und Translation aus dem mutierten Gen hervorgehende Präpro-Protein eine geringere Länge aufweist, obwohl die reife mRNA hier um 108 bp länger ist.

Nach der Transkription des Myostatin-Gens ohne Mutation wird die reife mRNA in ein funktionsfähiges Präpro-Protein translatiert und anschließend posttranslational modifiziert zu aktivem Myostatin. Die Reifung der Prä-mRNA erfolgt durch Spleißen, d. h., die Introns werden entfernt und die Exons miteinander zur fertigen (reifen) mRNA verknüpft.
Im Fall des mutierten Myostatin-Gens liegt im Intron 1 an der 5. Base nach dem letzten Nucleotid des Exons 1 eine Punktmutation vor. Diese besteht in einem Austausch der Base Guanin durch die Base Adenin im nicht codogenen Strang. Da die Basenfolge in ihrer unmutierten Form jedoch eigentlich die Erkennungssequenz

des Restriktionsenzyms AccI darstellt, wird durch die Mutation die richtige Spleißstelle nicht erkannt. Stattdessen erfolgt das Spleißen an einer im Intron weiter hinten gelegenen Stelle mit der korrekten 5 bp langen Sequenz. Die Folge ist, dass die gebildete reife mRNA um 108 bp länger ist als im Fall des unmutierten Gens. Dass die Mutation trotzdem zu einem deutlich kürzeren Präpro-Protein führt als im Normalfall, ist mit der Existenz eines Stop-Codons in der Basenabfolge des 108 bp langen Intronrests erklärbar, das den vorzeitigen Abbruch der Translation verursacht.
Aus dem verkürzten Präpro-Protein kann kein aktives Myostatin entstehen, die Vermehrung der Myoblasten kann also nicht gehemmt werden. Infolgedessen kommt es bei den Patienten zu einem verstärkten Muskelwachstum.

Abiturprüfung 2020 Leistungskurs Biologie (Hessen)
B2: Neurobiologie und Verhaltensbiologie

Auch Fliegen können lernen		BE
1	Geben Sie die Definitionen für proximate und ultimate Ursachen von Verhaltensweisen an. Beschreiben Sie die beiden Lernformen klassische und operante Konditionierung jeweils an einem selbst gewählten Beispiel.	15
2	Deuten Sie die in Material 2 dargestellten Ergebnisse zur Balzaktivität von Drosophila-Männchen. (Material 1 und 2)	10
3	Analysieren Sie die in Material 3 dargestellten Versuchsergebnisse im Hinblick auf Unterschiede der beiden Fliegenstämme, auch im Zusammenhang mit Material 2. (Material 1, 2 und 3)	12
4	Entwickeln Sie eine Erklärung für den in Material 5 dargestellten Unterschied im Fortpflanzungserfolg von Männchen der Stämme M und P im Zusammenhang mit den in den Materialien 2, 3 und 4 dargestellten Versuchsergebnissen. (Material 1 bis 5)	13
		50

Material 1

Drosophila melanogaster

Drosophila melanogaster ist auch als Tau- oder Fruchtfliege bekannt. Die etwa 2,5 mm großen Insekten ernähren sich von Obst und verfaulendem organischem Material, in das die Weibchen auch die Eier ablegen. Die Larven schlüpfen nach etwa 22 Stunden. Nach ca. fünf Tagen verpuppen sie sich. Nach insgesamt etwa neun Tagen Entwicklungszeit schlüpfen die flugfähigen Insekten, die dann – abhängig von den äußeren Bedingungen – innerhalb von 12 bis 40 Stunden geschlechtsreif werden.

Der Paarung geschlechtsreifer Tiere geht ein komplexes Balzverhalten voraus, das über eine Stunde dauern kann. Sowohl vom Männchen als auch vom Weibchen werden dabei verschiedene Signale gesendet und empfangen. Das Männchen spielt beim Balzverhalten die aktivere Rolle. Es tastet mit den Fühlern den Hinterleib des Weibchens ab und nimmt dabei auch Duftstoffe wahr, die vom Weibchen produziert werden. Anschließend erzeugt das Männchen mit den Flügeln rhythmische Geräusche, wobei auch seine Duftstoffe zum Weibchen transportiert werden. Das Weibchen signalisiert durch sein Verhalten, ob es das Männchen abwehrt oder die Kopulation zulassen wird.

Kurz nach einer Befruchtung ändert sich die Zusammensetzung der vom Weibchen produzierten Duftstoffe. Die befruchteten Weibchen sind für mehrere Tage nicht empfängnisbereit und wehren Kopulationsversuche ab. Männchen können sich dagegen mehrfach kurz nacheinander mit Weibchen paaren. Der Ablauf des Balzverhaltens ist genetisch fixiert. Bei der Auslösung spielen aber auch Lernvorgänge eine Rolle. In einer *Drosophila*-Population müssen die Männchen schnell erkennen, welche der Weibchen gerade empfängnisbereit sind, da viele Männchen um die Weibchen konkurrieren.

***Drosophila melanogaster* bei der Kopulation**

© TheAlphaWolf/Wikipedia, CC BY 3.0

Für die in den folgenden Materialien dargestellten Experimente wurden die erwachsenen Tiere nach der Eiablage entfernt, sodass die Larven keinen Kontakt zu erwachsenen Tieren hatten. Die jungen Fliegen wurden wenige Stunden nach dem Schlüpfen aus der Puppenhülle nach Geschlechtern getrennt. Fünf Tage nach dem Schlüpfen aus der Puppenhülle wurden die Tiere für die Experimente verwendet.

Diese Tiere hatten vor dem Experiment noch nie Kontakt mit geschlechtsreifen Tieren des anderen Geschlechts. Sie werden als „naive Männchen" bzw. „virginelle Weibchen" bezeichnet. Außerdem wurden in den Experimenten „befruchtete Weibchen" verwendet. Dazu wurden virginelle Weibchen im Alter von vier Tagen mit geschlechtsreifen Männchen zusammengebracht und so sichergestellt, dass sie sich innerhalb von 24 Stunden vor dem Experiment gepaart hatten.

Material 1 basiert auf:
URL: https://de.wikipedia.org/wiki/Drosophila_melanogaster (abgerufen am 30. 12. 2018).
Michael Heeck: Untersuchung des Balzverhaltens bei der Taufliege Drosophila melanogaster, Dissertation Bochum 2015, URL: https://d-nb.info/1089006268/34, S. 13-17 (abgerufen am 29. 12. 2018).
Reuven Dukas: Learning in the context of sexual behaviour in insects, in: Animal Biology, Vol. 56, No. 2, pp. 125-141 (2006), URL: https://www.deepdyve.com/lp/brill/learning-in-the-context-of-sexual-behaviour-in-insects-2YLnqMnuZc?key=brill, S. 128-129 (abgerufen am 24. 04. 2016).
Reuven Dukas: Experience improves courtship in male fruit flies, in: Animal Behaviour 2005, 69, 1203–1209, URL: http://citeseerx.ist.psu.edu/viewdoc/download;jsessionid=13E1E1F979DED4DC 7225A78B7944B24E?doi=10.1.1.296.6850 &rep=rep1&type=pdf, S.1204 (abgerufen am 29. 12. 2018).

Material 2

Balzaktivität von *Drosophila*-Männchen

Die Wissenschaftler verwendeten für ihre Experimente sowohl naive Männchen als auch „erfahrene Männchen". Letztere wurden vor Beginn des Experiments jeweils einzeln für 60 Minuten in einem Gefäß zusammen mit zwei befruchteten, nicht empfängnisbereiten Weibchen gehalten. Die naiven Männchen verbrachten diese Zeit jeweils alleine in einem Gefäß.

Für das eigentliche Experiment wurde anschließend jedes Männchen einzeln in ein unbenutztes Gefäß gebracht. 10 Minuten später wurden zu jedem der Männchen entweder zwei virginelle oder zwei befruchtete Weibchen gesetzt. Die Männchen wurden beobachtet und der Anteil des Balzverhaltens an der Zeit bis zur Kopulation bzw. – falls keine Kopulation stattfand – bis zum Ende der Beobachtungszeit von 15 Minuten bestimmt.

Balzaktivität naiver und erfahrener Männchen gegenüber virginellen bzw. befruchteten Weibchen

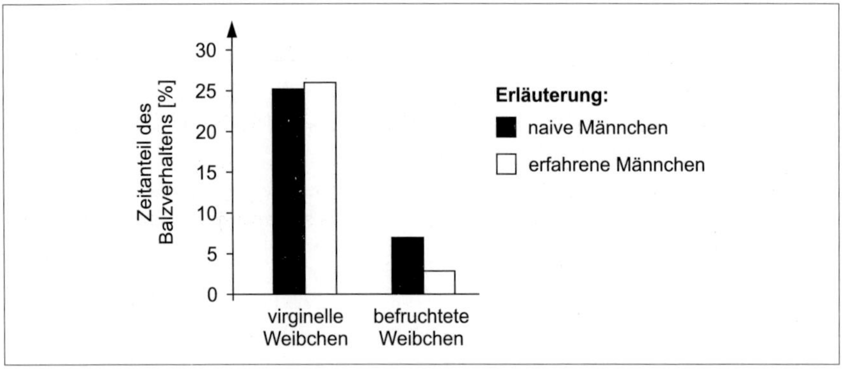

Material 2 basiert auf:
Reuven Dukas: Experience improves courtship in male fruit flies, in: Animal Behaviour 2005, 69, 1203–1209, URL: http://citeseerx.ist.psu.edu/viewdoc/download;jsessionid=13E1E1F979DED4DC 7225A78B7944B24E?doi=10.1.1.296.6850 &rep=rep1&type=pdf, S.1204, 1205 (abgerufen am 29. 12. 2018).

Material 3

Vergleich des Partnerwahlverhaltens verschiedener *Drosophila*-Stämme

Wissenschaftler wollten untersuchen, ob sich verschiedene *Drosophila*-Stämme nach mehreren Generationen getrennter Entwicklung in ihrem Partnerwahlverhalten unterscheiden. Ausgehend von einer wild lebenden Population von *Drosophila melanogaster* wurden zwei verschiedene Stämme gezüchtet. Dazu wurde die Ausgangspopulation zufällig in zwei Gruppen aufgeteilt, die mit M und P bezeichnet werden.

Beim Stamm M (monogam) wurden zur Erzeugung der nächsten Generation 100 zufällig ausgewählte naive Männchen jeweils einzeln mit einem zufällig ausgewählten virginellen Weibchen für zwei Tage zusammengebracht.

Beim Stamm P (polygam) wurden ebenfalls 100 Männchen zufällig ausgewählt. Im Unterschied zu Stamm M wurden hier jeweils fünf naive Männchen mit fünf virginellen Weibchen für zwei Tage in ein Gefäß gesetzt.

Die Männchen wurden bei beiden Stämmen anschließend entfernt, die Weibchen legten innerhalb von drei Tagen die Eier ab und wurden dann ebenfalls entfernt. Das beschriebene Verfahren der Verpaarung wurde bei beiden Stämmen über ca. 100 Generationen fortgesetzt.

Danach wurden mit Männchen aus beiden Stämmen Experimente zum Partnerwahlverhalten durchgeführt. Bevor die Forscher die im Folgenden beschriebenen Experimente durchführten, stellten sie in Kontrollexperimenten sicher, dass bei Männchen aus beiden Stämmen keine Unterschiede in der allgemeinen Bewegungsfähigkeit, dem Wahrnehmungs- und Reaktionsvermögen sowie dem Balz- und Paarungsverhalten zu beobachten waren.

Zur Untersuchung des Partnerwahlverhaltens naiver Männchen aus beiden Stämmen wurden Weibchen aus einem Kontrollstamm K verwendet, der mit den Stämmen M und P gleichermaßen verwandt ist. Es wurden jeweils etwa 20 parallele Versuche durchgeführt. Dabei befand sich jeweils ein naives Männchen zusammen mit einem virginellen und fünf befruchteten Weibchen in einem Gefäß. Jedes Männchen wurde bis zum Zeitpunkt der Kopulation beobachtet.

Abbildung 3.1. zeigt für jeden Zeitpunkt den Anteil der Männchen, die bis dahin mit dem virginellen Weibchen kopuliert hatten.

In Abbildung 3.2 ist der Anteil der balzenden Männchen dargestellt, die ihre Balzaktivität auf das eine virginelle Weibchen unter den sechs anwesenden weiblichen Fliegen gerichtet hatten.

Abbildung 3.1: Paarungserfolg

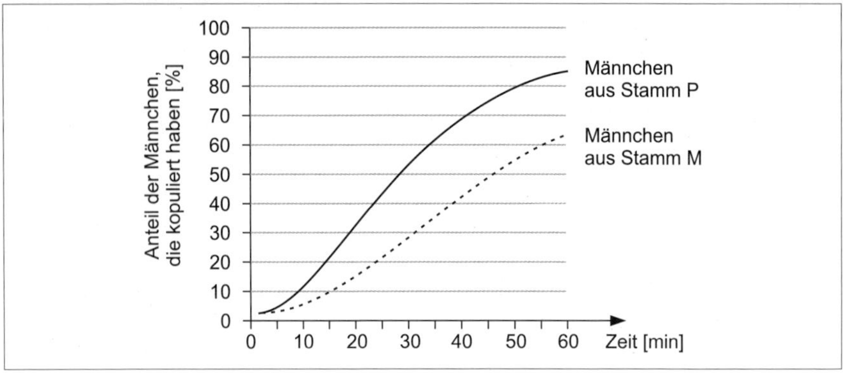

Abbildung 3.2: Beobachtung des Balzverhaltens

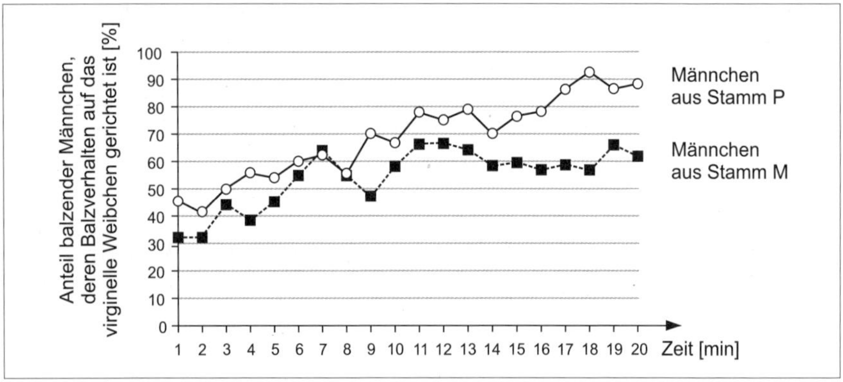

Material 3.1 basiert auf:
Brian Hollis, Tadeusz J. Kawecki: Male cognitive performance declines in the absence of sexual selection, in: Proc. R. Soc. B 281: 20132873 (2014), URL: https://royalsocietypublishing.org/doi/pdf/10.1098/rspb.2013.2873, S. 2-3, 5-6 (abgerufen am 28. 12. 2018).
Material 3.2 basiert auf:
Brian Hollis, Tadeusz J. Kawecki: Male cognitive performance declines in the absence of sexual selection, in: Proc. R. Soc. B 281: 20132873 (2014), URL: https://royalsocietypublishing.org/doi/pdf/10.1098/rspb.2013.2873, S. 2-3, 5-6

Material 4

Lernfähigkeit für Düfte

Weiterhin wollten die Biologen herausfinden, ob sich die Lernfähigkeit der Fliegen aus dem M- und dem P-Stamm (Material 3) unterscheidet. Dazu verwendeten sie zwei Duftstoffe, die den Fliegen bisher unbekannt waren und bei ihnen vor dem Experiment zu keiner Reaktion führten. Im Experiment testeten die Biologen, wie gut die Fliegen lernen können, die beiden Duftstoffe zu unterscheiden.

Dabei erreichten die Männchen aus dem P-Stamm ein signifikant besseres Ergebnis als die Männchen aus dem M-Stamm. Bei den Weibchen war kein signifikanter Unterschied zwischen beiden Stämmen festzustellen.

Material 4 basiert auf:
Brian Hollis, Tadeusz J. Kawecki: Male cognitive performance declines in the absence of sexual selection, in: Proc. R. Soc. B 281: 20132873 (2014), URL: https://royalsocietypublishing.org/doi/pdf/10.1098/rspb.2013.2873, S. 3-4, 6 (abgerufen am 28. 12. 2018).

Material 5

Evolution im Experiment

Die Biologen wollten schließlich untersuchen, ob zwischen den Stämmen M und P (Material 3) nach ca. 100 Generationen getrennter Entwicklung Unterschiede im Fortpflanzungserfolg entstanden waren. Dazu wurden jeweils fünf naive Männchen des M- bzw. P-Stamms mit je fünf virginellen Weibchen aus dem Stamm S und je fünf naiven Männchen aus dem Stamm S für zwei Tage zusammengebracht. Der Stamm S ist ein Kontrollstamm, bei dem alle Tiere homozygot für ein rezessives Allel für schwarze Körperfarbe sind. Die Nachkommen der Männchen der Stämme M und P sind daher am gestreiften Körper zu erkennen, während die Nachkommen der Männchen aus Stamm S einfarbig schwarz gefärbt sind. (Kontrollexperimente ergaben, dass der Paarungserfolg des S-Stamms im Vergleich zu den Stämmen M und P generell vermindert ist.)

Versuchsergebnisse:

Versuchsansatz:	Durchschnittliches Ergebnis:
5 ♂ (Stamm M) + 5 ♂ (Stamm S) + 5 ♀ (Stamm S)	60 % der Nachkommen hatten gestreifte Körper.
5 ♂ (Stamm P) + 5 ♂ (Stamm S) + 5 ♀ (Stamm S)	89 % der Nachkommen hatten gestreifte Körper.

Erläuterung:

♂ Männchen
♀ Weibchen

Material 5 basiert auf:
Brian Hollis, Tadeusz J. Kawecki: Male cognitive performance declines in the absence of sexual selection, in: Proc. R. Soc. B 281: 20132873 (2014), URL: https://royalsocietypublishing.org/doi/pdf/10.1098/rspb.2013.2873, S. 1-2, 5-6 (abgerufen am 28. 12 .2018). URL: http://flybase.org/reports/FBgn0000527#redbook_container (abgerufen am 07. 04. 2019)

Lösungsvorschläge

In der Aufgabe thematisierte Unterrichtsinhalte sind:
- *Lernformen (klassische und operante Konditionierung)*
- *Proximate und ultimate Ursachen von Verhalten*
- *Angeborene und erlernte Verhaltensweisen*
- *Konzeption und Auswertung naturwissenschaftlicher Experimente*
- *Dominant-rezessive Vererbung*
- *Biologische Fitness*
- *Genpool und Selektion*

1 *Kompetenzbereich (siehe S. I f.): F1*
Die Teilaufgabe ist rein reproduktiv angelegt und unabhängig vom angebotenen Material auf der Grundlage Ihrer Kenntnisse aus dem Unterricht zu bearbeiten. Formulieren Sie zunächst die Definitionen in der geforderten Reihenfolge. Es ist hilfreich, sich die Ursachen von Verhaltensweisen an Beispielen zu vergegenwärtigen und sich folgende Fragen zu stellen:
A. Welche inneren körperlichen Bedingungen und äußeren Faktoren sind Voraussetzung für die Ausführung eines Verhaltens?
B. Zu welchem „Zweck" hat sich dieses Verhalten entwickelt?
Zur Beschreibung der klassischen und der operanten Konditionierung bedienen Sie sich der im Unterricht oder in Ihrem Lehrbuch behandelten Beispiele. Beginnen Sie sinnvollerweise mit der klassischen Konditionierung. Erinnern Sie sich an Personen und Experimente, die mit der Erforschung dieser Lernform zu tun hatten, und notieren Sie sich relevante Schlagworte. Das gleiche Muster wenden Sie anschließend zum Thema operante Konditionierung an.

Unterrichtsbezogene Definition der Begriffe proximate und ultimate Ursachen:

Als **proximate Ursachen** von Verhaltensweisen werden die unmittelbaren Wirkursachen des Verhaltens bezeichnet. Sie erklären, wie unmittelbare innere und äußere Reize ein Verhalten auslösen. Zu den proximaten Ursachen zählen beispielsweise:
- allgemeine physiologische Ursachen (z. B. Reiz-Reaktions-Mechanismen im Nervensystem)
- endokrine Ursachen (Hormonlage im Organismus)
- ontogenetische Ursachen (Reifung, Erfahrung)
- äußere Einflüsse (z. B. hohe Populationsdichten)

Ultimate Ursachen von Verhaltensweisen sind Faktoren, die eine Erklärung für den evolutionsbiologischen „Zweck" des Verhaltens liefern. Hier geht es um die biologische Funktion von Verhaltensweisen, d. h. inwieweit sie als Angepasstheiten an Umweltfaktoren zu verstehen sind, einen Selektionsvorteil bedeuten und damit den Lebenszeitfortpflanzungserfolg (biologische Fitness) erhöhen.

Beschreibung der klassischen und operanten Konditionierung anhand je eines selbst gewählten Beispiels:
Die Theorie der **klassischen Konditionierung** geht auf Experimente des russischen Physiologen und Mediziners Pawlow an Hunden zurück. Bei diesen Studien stellte Pawlow fest, dass die Speichelsekretion eines Hundes nicht erst mit dem Fressvorgang beginnt, sondern bereits beim Anblick der Nahrung. Der Anblick bzw. der Geruch der Nahrung ist der unbedingte Reiz, der die Speichelsekretion auslöst. Auch ein ursprünglich in diesem Zusammenhang neutraler Reiz, wie z. B. ein Klingelton, kann die Sekretion von Speichel bei einem Hund auslösen, wenn er regelmäßig der Fütterung vorausging. Nach einer ausreichend oft wiederholten zeitlichen Kopplung des neutralen Reizes (Klingelton) mit dem unbedingten Reiz (Anblick bzw. Geruch von Futter) löst der neutrale Reiz allein das Verhalten aus. Er ist zum bedingten Reiz geworden, der die bedingte Reaktion hervorruft.

Bei der **operanten Konditionierung** kommt es durch Belohnung oder Bestrafung zum Erlernen einer neuen Verhaltensweise. Ein Beispiel für operante Konditionierung sind die Experimente von Skinner, der Ratten als Versuchstiere in einer sogenannten Skinner-Box trainierte. Ein zunächst zufälliges Verhalten des Versuchstiers beim Erkunden der Box, das Drücken eines Hebels im Käfig, wurde prompt mit einer Extraportion Futter belohnt. Das zufällige Verhalten wird schließlich mit dem nahezu zeitgleichen positiven Ereignis in Verbindung gebracht und infolgedessen häufiger ausgeführt, um das positive Ereignis wieder auszulösen. Umgekehrt können neue Verhaltensweisen auch mit negativen Erfahrungen in Verbindung gebracht werden und führen dann zur Vermeidung des Verhaltens. Ein Beispiel hierfür ist die zufällige Berührung eines elektrisch gesicherten Weidezauns durch Weidetiere.

2 *Kompetenzbereiche (siehe S. I f.): E1 und K1*
Bei dieser Teilaufgabe müssen Sie in der Lage sein, die zugrunde liegende Planung und Durchführung des Experiments zu durchschauen, d. h. die zugrunde liegende Fragestellung zu erkennen (angeborenes Verhalten? erlerntes Verhalten?). Dazu müssen Sie zuerst die Informationen im Text von Material 1 erschließen (experimentelle Vorbedingungen). Klären Sie für sich, welche Vorerfahrungen die im eigentlichen Experiment eingesetzten Tiere hatten, sodass Sie Schlüsse aus den unterschiedlichen Intensitäten des Balzverhaltens ziehen können. Eventuell ist es hilfreich, zunächst die recht komplizierte Anlage der experimentellen Untersuchung in einer Skizze oder einem Fließdiagramm auf einem separaten Blatt für sich darzustellen.
Deuten heißt hier, die experimentellen Ergebnisse auf Erklärungsmöglichkeiten zu untersuchen und auf die zugrunde liegende Fragestellung zu beziehen.

Vorbereitung:

jew. 1 ♂ für 60 min in Gefäße mit jew. 2 befruchteten, nicht empfängnisbereiten ♀♀ ⇒ erfahrene ♂♂

jew. 1 ♂ für 60 min einzeln in Gefäße ⇒ naive ♂♂

Versuchsanordnung:

1 erfahrenes ♂ + 2 befruchtete ♀♀	1 naives ♂ + 2 befruchtete ♀♀	1 erfahrenes ♂ + 2 virginelle ♀♀	1 naives ♂ + 2 virginelle ♀♀

Virginelle Weibchen sind noch befruchtungsfähig und senden einen anderen Duft aus als befruchtete Weibchen. Sie signalisieren den Männchen, dass eine erfolgreiche Balz zur Fortpflanzung und somit zur Weitergabe der eigenen Gene führt. Die Balzaktivität, d. h. der Zeitanteil des Balzverhaltens, naiver Männchen gegenüber virginellen Weibchen ist folgerichtig etwa 3,6-mal so hoch wie gegenüber befruchteten Weibchen. Aus der Tatsache, dass die Männchen unerfahren waren, folgt, dass die Fähigkeit zur Unterscheidung zwischen virginellen und befruchteten Weibchen genetisch angelegt ist.

Bei den erfahrenen Männchen liegt der Zeitanteil des Balzverhaltens gegenüber virginellen Weibchen ähnlich hoch. Ihre Balzaktivität gegenüber befruchteten Weibchen ist jedoch weniger als halb so zeitintensiv wie bei naiven Männchen. Man kann dies als Folge eines Lernvorgangs interpretieren: Erfahrene Männchen können die Duftsignale der befruchteten Weibchen besser mit deren zurückweisendem Verhalten in Verbindung bringen als die naiven Männchen. Sie haben im Vorversuch also schon durch Erfahrung gelernt.

Dass die erfahrenen Männchen gegenüber den virginellen Weibchen etwa genauso viel Balzaktivität zeigen wie die naiven Männchen ist ein Beleg dafür, dass die unterschiedlichen Ergebnisse bei der Balzaktivität gegenüber den befruchteten Weibchen nicht auf einer Ermüdung der erfahrenen Männchen beruht.

3 *Kompetenzbereiche (siehe S. I f.): E1, K1 und K2*
Bei dieser Teilaufgabe müssen Sie die Konzeption des Experiments und dessen lange Vorbereitungsphase durchblicken, um die durchgeführten Untersuchungen auswerten und deren Ergebnisse interpretieren zu können. Beschäftigen Sie sich als Erstes intensiv mit der Darstellung der Vorbereitung des Experiments zum Vergleich des Partnerwahlverhaltens, dessen Ergebnisse in Abb. 3.1 und Abb. 3.2 dargestellt sind. Fragen Sie sich, was die beiden Drosophila-Stämme P und M nach dem beschriebenen Verfahren der Verpaarung nach 100 Generationen vermutlich unterscheidet. Beachten Sie die in Material 3 beschriebenen Kontrollexperimente und deren Bedeutung. Eine weitere geforderte Kompetenz ist das Erschließen von Informationen aus naturwissenschaftlichen Zusammenhängen und deren sachge-

rechte Dokumentation. „Analysieren“ bedeutet hier, nicht nur die konkrete Materialgrundlage in Material 3 zu untersuchen und Beziehungen zwischen den Elementen zu erfassen, sondern auch im Rückblick die aus den Materialien 1 und 2 gewonnenen Erkenntnisse für eine zusammenhängende Darstellung mit heranzuziehen. Beginnen Sie mit der Charakterisierung der Ausgangslage für das Experiment „Partnerwahlverhalten“, d. h. die Situation der verwendeten Fliegenstämme M und P. Beschreiben Sie für sich zunächst die in Abb. 3.1 dargestellten Ergebnisse und ziehen Sie daraus Ihre Schussfolgerungen vor dem Hintergrund der Erkenntnisse aus Material 2. Analysieren Sie dann die Ergebnisse der Beobachtungen zum Balzverhalten in Abb. 3.2. Vergleichen Sie die beiden Kurven nach Gesamtverlauf und Steigung in der zweiten Phase der Versuchszeit. Behalten Sie immer den Versuchsaufbau im Blick: Ein naives Männchen (vgl. Material 2) wird mit einem virginellen Weibchen und 5 befruchteten Weibchen zusammengebracht und für 60 bzw. 20 Min. beobachtet.

Die Männchen des Stammes P hatten über 100 Generationen hinweg die Möglichkeit, in Konkurrenz mit anderen mehrere virginelle Weibchen zu erkennen und anzubalzen bzw. mit Ihnen zu kopulieren. Sie erfuhren auch die Abweisung und den veränderten Duft von Weibchen, die schon befruchtet sind.
Die Männchen des Stammes M haben diesbezüglich eine eingeschränkte Erfahrungswelt, da sie jeweils mit nur einem virginellen Weibchen allein waren.
Im Experiment „Paarungserfolg“ (Abb. 3.1) wird deutlich, dass sich die Männchen des Stammes P schneller und erfolgreicher mit dem virginellen unter den 6 Weibchen verpaaren. Nach der Hälfte der Versuchszeit haben sich bereits ca. 55 % des P-Stammes, aber nur ca. 30 % des M-Stammes mit dem virginellen Weibchen gepaart. Daraus kann geschlussfolgert werden, dass die Männchen des P-Stammes das virginelle Weibchen besser und schneller von den befruchteten unterscheiden können.
Diese Schlussfolgerung wird noch untermauert durch das Ergebnis aus dem Experiment „Balzverhalten“ (Abb. 3.2): Der Anteil der Männchen, die gezielt das virginelle Weibchen anbalzen, ist von Beginn des Beobachtungszeitraums an beim P-Stamm höher als beim M-Stamm. Das bedeutet, dass die bessere Erkennung der virginellen Weibchen bei den Männchen des Stammes P genetisch festgelegt ist, denn die im Experiment eingesetzten Individuen hatten ja keine Lernphase.
Nach etwa der Hälfte der Versuchszeit wird zudem der Anteil der Männchen aus dem Stamm M, die das virginelle Weibchen anbalzen, nicht mehr größer, während er beim Stamm P noch weiter bis auf ca. 90 % ansteigt (Abb. 3.2). Wie aus dem Material 2 hervorgeht und in Teilaufgabe 2 bereits dargelegt wurde, spielt beim Erkennen der virginellen Weibchen auch Lernen durch Erfahrung eine Rolle. Die Ergebnisse aus 3.2 zeigen, dass die Männchen aus dem Stamm P im Laufe der Versuchszeit offensichtlich auch besser lernen, virginelle Weibchen von befruchteten Weibchen zu unterscheiden als die Männchen vom Stamm M.

4 *Kompetenzbereiche (siehe S. I f.): F2 und E1*
Lesen Sie zunächst Material 4 und nehmen Sie das Ergebnis einer Untersuchung zur Lernfähigkeit der beiden Drosophilastämme M und P bezüglich der Unterscheidung von Düften für die weitere Bearbeitung zur Kenntnis.
Formulieren Sie für sich die Fragestellung zum Versuchsansatz in Material 5. Fassen Sie den Versuchsansatz in eigene Worte. Beachten Sie die genetische Ausgangssituation der Individuen aus dem Stamm S bzgl. der Körperfarbe. Welche genetische Situation liegt bei den Individuen der Stämme M und P vor?
Eine Erklärung des höheren Fortpflanzungserfolgs der Männchen aus den Stämmen M und P gegenüber denen aus dem Stamm S ist aus Material 5 abzuleiten.
Der Unterschied im Fortpflanzungserfolg zwischen den Männchen der Stämme M und P ergibt sich aus den bisher formulierten Erkenntnissen (vgl. Material 1–4).
Eine mögliche evolutionsbiologische Erklärung für die Unterschiede im Fortpflanzungserfolg kann dann abgeleitet werden.

Dem Versuchsansatz in Material 5 liegt folgende Fragestellung zugrunde:
Unterscheiden sich die Fortpflanzungserfolge der Männchen aus den Stämmen M und P bei direkter Konkurrenz von Männchen aus dem Stamm S in Gegenwart von virginellen Weibchen des Stammes S? Wenn ja, warum?

Im Versuch konkurrieren jeweils 5 Männchen des S-Stammes entweder mit 5 Männchen des P- oder des M-Stammes um 5 S-Weibchen. Der Fortpflanzungserfolg der Männchen aus den Stämmen M und P ist dabei jeweils höher als der der Männchen des Stammes S, erkennbar an der jeweils höheren Anzahl von Nachkommen mit gestreiftem Körper. Der durchschnittliche Fortpflanzungserfolg der Männchen des Stammes P ist mit 89 % deutlich höher als der des Stammes M mit nur 60 %.
Legt man die in den Materialien 2–4 dargestellten experimentellen Ergebnisse zugrunde, wird deutlich, dass der höhere Fortpflanzungserfolg der Männchen aus dem Stamm P gegenüber denen aus dem Stamm M mit hoher Wahrscheinlichkeit auf einem erfolgreicheren Balzverhalten beruht, das darauf zurückzuführen ist, dass sie, genetisch bedingt, virginelle Weibchen sofort besser erkennen können (vgl. Material 3). Wie aus Material 4 hervorgeht, haben die Männchen des Stammes P darüber hinaus eine erhöhte Lernfähigkeit bzgl. der Unterscheidung von Düften aufzuweisen, was sie dazu befähigt, schneller zu lernen, virginelle und befruchtete Weibchen anhand ihres Geruchs voneinander zu unterscheiden (vgl. Material 2 und 3). Sie erkennen folglich besser als ihre Konkurrenten, welche Weibchen noch nicht befruchtet sind, balzen vermehrt diese an und kommen so schneller und häufiger zu einer erfolgreichen Kopulation (vgl. Material 3). Infolgedessen können die Männchen des Stammes P also ihre Gene erfolgreicher weitergeben als die des Stammes M.
Eine Erklärung für den erhöhten Fortpflanzungserfolg der Männchen aus dem Stamm P liegt in der Züchtung der Fliegen über 100 Generationen in einer Situation, in der mehrere Männchen um die vorhandenen Weibchen konkurrieren mussten. Dies hatte zur Folge, dass sich hier jeweils die Männchen bevorzugt paaren und ihre Gene an die Folgegeneration weitergeben konnten, bei denen die oben

beschriebenen Merkmale am stärksten ausgeprägt waren. Ihre biologische Fitness war also jeweils höher als die ihrer weniger gut angepassten Artgenossen. Vorausgesetzt, dass die Eigenschaften genetisch fixiert sind, fand eine Selektion aus dem vorhandenen Genpool statt, und mit jeder Generation wurde der Anteil der Individuen größer, bei denen diese Eigenschaften stark ausgeprägt sind.

Abiturprüfung 2021 Leistungskurs Biologie (Hessen)
Vorschlag A: Ökologie & Stoffwechselphysiologie, Genetik & Gentechnik

Fett als Reservestoff in Pflanzensamen

Der Europäische Meersenf wächst an sandigen Meeresküsten auf salzhaltigem Boden. Seine Samen enthalten Fett als Reservestoff, das während der Keimung über einen speziellen Stoffwechselweg abgebaut wird. Dieser Stoffwechsel wird sowohl auf der Ebene der Genexpression als auch auf der Ebene der Enzymaktivität reguliert.

Aufgaben

Ökologische und stoffwechselphysiologische Aspekte BE

1 Geben Sie die Gesamtsummengleichung der Zellatmung sowie Ausgangsstoffe, Energieäquivalente und Produkte der Teilabschnitte an. 10

2 Stellen Sie die Besonderheiten der abiotischen Faktoren des Biotops Spülsaum für die dort vorkommenden Pflanzen dar. Analysieren Sie die Ergebnisse der Experimente aus Material 2 in Zusammenhang mit Material 1, auch in Bezug zu den Bedingungen an möglichen natürlichen Standorten des Meersenfs. (Material 1 und 2) 13

3 Prüfen Sie die Eignung des Meersenfs als Nutzpflanze auf versalzenen Böden. (Material 3) 10

4 Beschreiben Sie den Glyoxylatzyklus und stellen Sie die Unterschiede zum Citratzyklus dar. (Material 4) 14

5 Deuten Sie die experimentellen Ergebnisse in Material 5. (Material 4 und 5) 16

6 Erklären Sie die Bedeutung der in Material 6 beschriebenen Regulation der Aktivitäten der Enzyme IDH und IL während der Keimung. (Material 4, 5 und 6) 8

Genetische Aspekte

7 Beschreiben Sie den Ablauf der Translation. 9

8 Geben Sie für den dargestellten Ausschnitt der mRNA der Isocitrat-Lyase die Sequenz des codogenen und des nicht-codogenen Strangs der entsprechenden DNA und die Aminosäuresequenz des Proteins an. (Material 7) 6

9 Zeigen Sie anhand des in Abbildung 7.3 dargestellten Versuchsergebnisses, dass bei keimenden Sonnenblumensamen die Expression des IL-Gens reguliert wird. (Material 4 und 7) 6

10 Entwickeln Sie eine Modellvorstellung zur Regulation der Expression des IL-Gens, die zur Erklärung des in Material 8 dargestellten Versuchsergebnisses geeignet ist. (Material 4 und 8) 8

100

Material 1

Der Europäische Meersenf

Jürgen Howaldt/Wikipedia, CC BY-SA 2.0 DE

Der Europäische Meersenf *(Cakile maritima)* ist ein häufiger Vertreter der Pflanzengesellschaften des sogenannten Spülsaums an sandigen Meeresküsten Europas, Nordafrikas sowie der Türkei. Durch die winterlichen Sturmfluten wird im Bereich des Spülsaums viel organisches Material pflanzlicher und tierischer Herkunft abgelagert. Der Spülsaum wird häufig durch Meerwasser (Salzgehalt Nordsee und Atlantik: 3,5 %; Salzgehalt Mittelmeer: 3,8 %; Salzgehalt Ostsee 0,3–1,8 %) überflutet, ebenso gelangt regelmäßig salzhaltiges Spritzwasser in diesen Bereich.

Sand ist ein sehr bewegliches Substrat und kann Wasser aufgrund der hohen Durchlässigkeit schlecht speichern, heizt sich aber bei Sonneneinstrahlung enorm auf. Der an der Küste oft starke Wind erhöht nicht nur die Transpiration und Gefahr der Austrocknung, sondern stellt auch eine mechanische Belastung dar. Meersenfpflanzen wachsen ca. 30 cm hoch und bilden häufig Polster. Werden die Pflanzen von Sand überdeckt, wachsen sie schneller. Durch ihre tiefen Pfahlwurzeln befestigen sie die Sanddünen.

Cakile maritima ist eine einjährige Pflanze, jedes Jahr wachsen aus den Samen der letzten Generation neue Pflanzen heran. Die Pflanzen werden durch nektarsaugende Schmetterlinge oder pollenfressende Schwebfliegen bestäubt. Der Meersenf ist eine Futterpflanze für Raupen verschiedener Schmetterlingsarten.

Material 1 basiert auf:
https://www.biologie-seite.de/Biologie/Europ%C3%A4ischer_Meersenf
https://www.bund.net/themen/tiere-pflanzen/pflanzen/meersenf/
https://de.wikipedia.org/wiki/Europ%C3%A4ischer_Meersenf
https://www.pflanzen-deutschland.de/Cakile_maritima.html
Jürgen Nieder und Thomas Landolt (Hg.): Europäischer Meersenf – ein Leben mit Salz, Sand und Trockenheit, in: Unterricht Biologie, Heft 366, Friedrich Verlag, Juli 2011, S. 8–10.

Material 2

Keimungsexperimente mit Samenkörnern des Meersenfs

Tunesische Forscher untersuchten die Bedingungen, unter denen Samenkörner des Meersenfs keimen.

Für das Experiment legten sie Samenkörner in verschlossene Petrischalen, die mit feuchtem Filterpapier mit jeweils unterschiedlichem Salzgehalt ausgelegt waren, und ließen die Samenkörner 9 Tage lang bei 20 °C und Dunkelheit keimen. Während dieser 9 Tage wurde für einen jeweils gleichbleibenden Salzgehalt in den Petrischalen gesorgt (Abbildung 2.1).

Samenkörner, die nach den 9 Tagen in Salzlösung nicht gekeimt waren, wurden für weitere 9 Tage in destilliertes Wasser gelegt. Am 9. Tag wurde ausgezählt, wie viele der Samenkörner gekeimt waren (Abbildung 2.2).

Abbildung 2.1: Keimungsexperiment

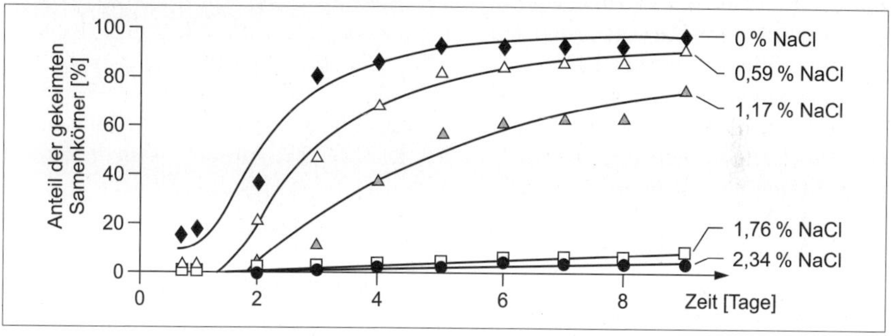

Abbildung 2.2: Keimfähigkeit in destilliertem Wasser von zuvor in NaCl-Lösung nicht gekeimten Samenkörnern

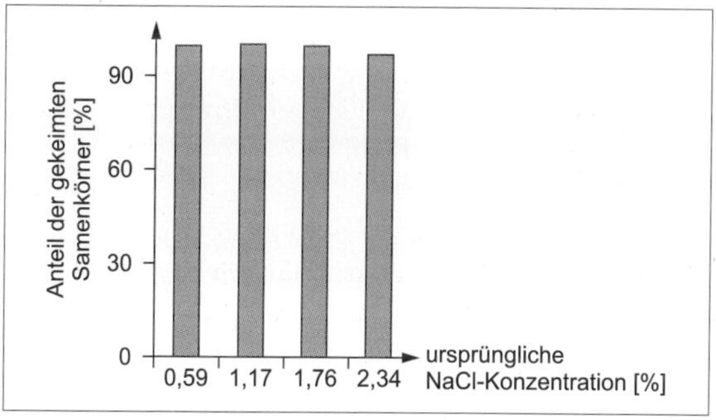

Erläuterung:
Die NaCl-Konzentrationen entsprechen denen des Keimungsexperiments (Abbildung 2.1).

Material 2 basiert auf:
Abb. 2.1: Ahmed Debez, Karim Ben Hamed, Claude Grignon & Chedly Abdelly: Salinity effects on germination, growth, and seed production of thehalophyte Cakile maritima, Plant and Soil 262: 180 © 2004 Kluwer Academic Publishers, http://www.researchgate.net/publication/226774156_Salinity_Effects_on_Germination_Growth_and_Seed_Production_of_the_Halophyte_Cakile_maritima
Abb. 2.2: Jürgen Nieder und Thomas Landolt (Hg.): Europäischer Meersenf – ein Leben mit Salz, Sand und Trockenheit, in: Unterricht Biologie, Heft 366, Friedrich Verlag, Juli 2011, S. 8–10.

Material 3

Meersenf als Nutzpflanze

Die Versalzung von landwirtschaftlich genutzten Böden stellt weltweit ein zunehmendes Problem dar. Bei der künstlichen Bewässerung der Felder in heißen und trockenen Regionen verdunstet das Wasser auf den Feldern, die darin gelösten Salze reichern sich in den oberen Bodenschichten an. Als „versalzen" wird ein Boden ab einer Konzentration an NaCl von ca. 0,25 % bezeichnet. Die meisten Nutzpflanzen, wie z. B. Getreide, können auf versalzenen Böden nur schlecht oder gar nicht wachsen. Etwa 20 % der landwirtschaftlich genutzten Fläche auf der Erde sind von Versalzung betroffen. Deshalb wird erforscht, ob sich salztolerante Pflanzen, wie z. B. der Europäische Meersenf *(Cakile maritima)*, als Nutzpflanzen eignen.

Die Samen des Meersenfs enthalten ein fettreiches Öl. Ein wesentlicher Anteil der im Öl enthaltenen Fettsäuren ist Erucasäure, die als Grundstoff für verschiedene Produkte der chemischen Industrie begehrt ist.

Tunesische Forscher untersuchten den Ertrag des Meersenfs in Abhängigkeit von der Salzkonzentration. Sie ließen Samenkörner des Meersenfs auf Sand keimen, der mit destilliertem Wasser feucht gehalten wurde. Nach der Keimung wurden die Pflanzen entweder mit Wasser (Kontrolle) oder mit unterschiedlich konzentrierten Salzlösungen (0,29 %–2,93 % NaCl) gegossen. Ca. 12 Wochen nach der Aussaat waren die Samen der Pflanzen reif und wurden geerntet.

Abbildung 3.1: Zahl der Samen pro Pflanze

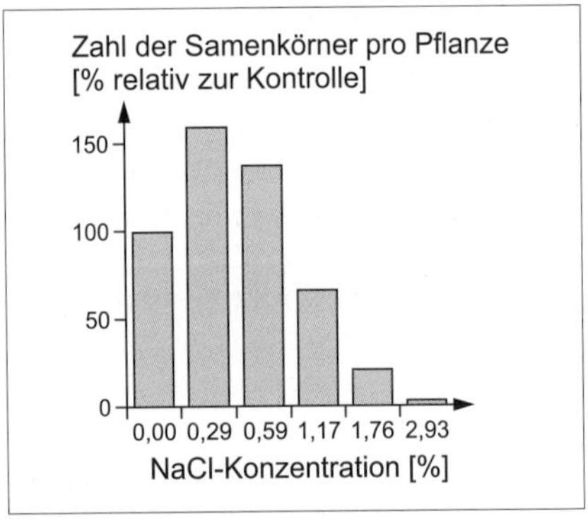

Abbildung 3.2: Masse des einzelnen Samens

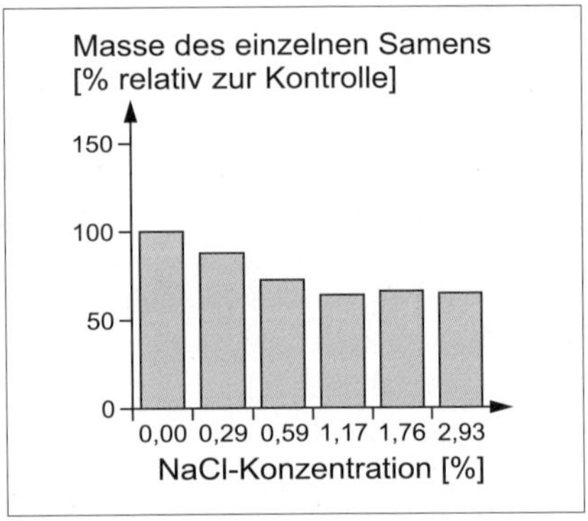

Abbildung 3.3: Ölgehalt der Samen

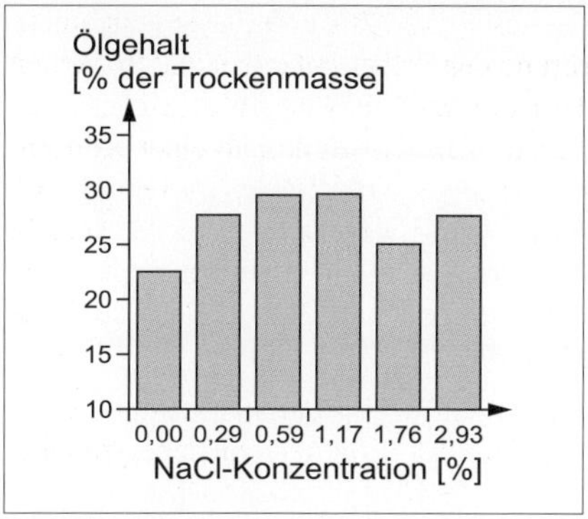

Abbildung 3.4: Erucasäure-Gehalt des Öls

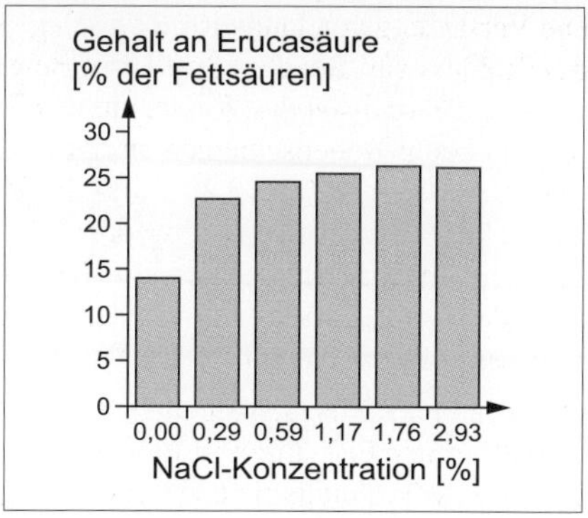

Material 3 basiert auf:
Abb. 3.1 und 3.2: Ahmed Debez, Karim Ben Hamed, Claude Grignon & Chedly Abdelly: Salinity effects on germination, growth, and seed production of thehalophyte Cakile maritima, Plant and Soil 262: 186 © 2004 Kluwer Academic Publishers,
http://www.researchgate.net/publication/226774156_Salinity_Effects_on_Germination_Growth_and_Seed_Production_of_the_Halophyte_Cakile_maritima
Abb. 3.3 und 3.4: http://www.researchgate.net/publication/256939531_Ecophysiological_and_genomic_analysis_of_salt_tolerance_of_Cakile_maritima, S. 64, 68, 69
Text: https://www.bund.net/themen/tiere-pflanzen/pflanzen/meersenf/

Material 4

Stoffwechselvorgänge während der Keimung

Das in den Samenkörnern des Meersenfs und anderer Pflanzen (vgl. Kiefernsame Material 5) enthaltene Fett dient als Reservestoff für die Keimung. Aus dem Fett kann Energie freigesetzt oder es können Glucose und andere Kohlenhydrate hergestellt werden. Das Fett wird zunächst zu Acetyl-CoA abgebaut. Acetyl-CoA fließt dann in den sogenannten Glyoxylatzyklus (siehe Abbildung) ein. In Pflanzen gibt es spezielle Organellen, die Glyoxisomen, die meist nur kurzzeitig, z. B. in der Keimungsphase im Nährgewebe, aktiv sind und dann wieder abgebaut werden. In diesen Organellen läuft der Glyoxylatzyklus ab.

Ausgehend vom Glyoxylatzyklus besteht eine Verbindung zur Gluconeogenese, der unter ATP-Verbrauch stattfindenden Neubildung von Glucose aus organischen Nicht-Kohlenhydratvorstufen. Glucose ist der Ausgangsstoff für die Bildung neuer Pflanzensubstanz im heranwachsenden Keimling. Zucker können vom Nährgewebe in den Keimling transportiert werden, Fette hingegen nicht.

Schema des Glyoxylatzyklus und des Citratzyklus

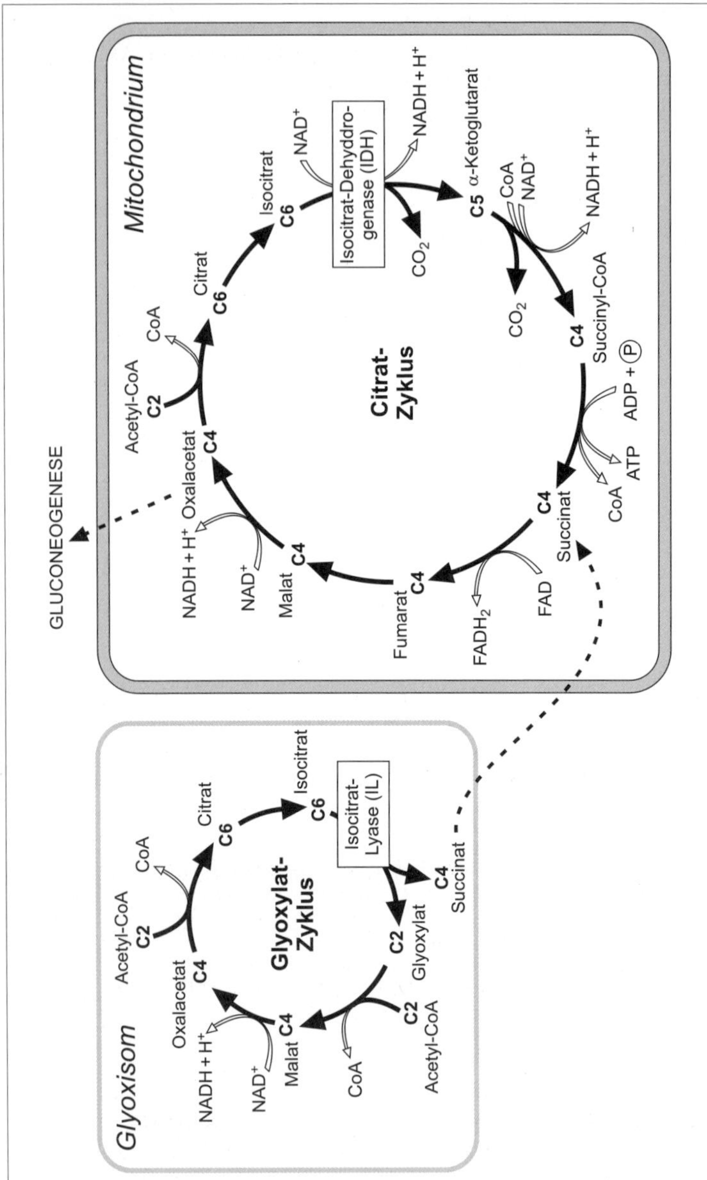

Erläuterung:
- Die Zahlen geben die Anzahl der Kohlenstoffatome in den jeweiligen Molekülen an.
- Acetyl-CoA-Moleküle stammen entweder aus dem Abbau von Zucker oder aus dem Fettabbau.

Material 4 basiert auf:
Schema Glyoxylatzyklus und Citratzyklus: Yikrazuul/Wikipedia, CC BY-SA 3.0
Text: www.spektrum.de/lexikon/biologie/glyoxylatzyklus/28717

Material 5

Regulationsvorgänge während der Keimung

Der Citratzyklus und der Glyoxylatzyklus sind miteinander verbunden. Abhängig davon, welche Produkte benötigt werden, kann im Samenkorn je nach Stoffwechsellage zwischen Citrat- und Glyoxylatzyklus umgeschaltet werden.

Auch die Samen der Gelbkiefer *(Pinus ponderosa)* enthalten hauptsächlich Fette und in geringen Mengen auch Kohlenhydrate (Zucker bzw. Stärke) als Reservestoffe. Im Nährgewebe von jeweils 10 Samenkörnern wurden während der Keimung die Massen der Reservestoffe sowie die Menge der Isocitrat-Lyase (IL) gemessen.

Stoffwechsel im Nährgewebe von keimenden Samenkörnern der Gelbkiefer

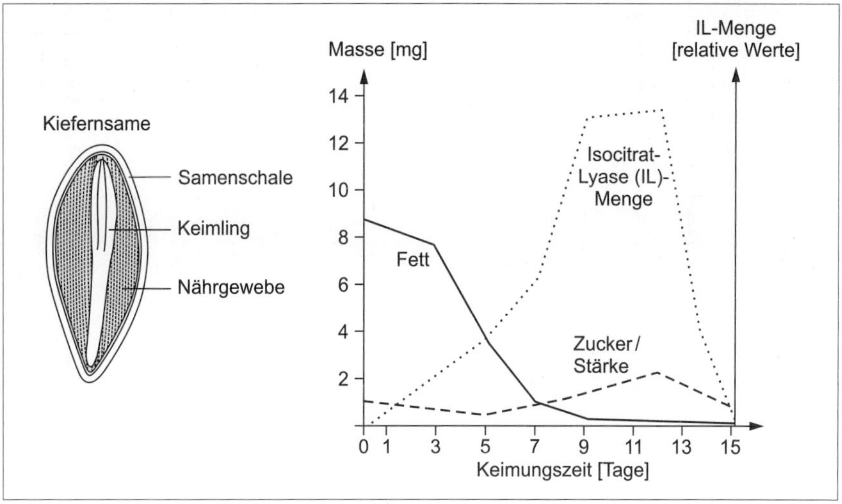

Material 5 basiert auf:
Abb. links (Kiefernsame): Asa Gray The Elements of Botany for Beginners and for Schools (New York, Cincinnati, Chicago: American Book Co., 1887) © 2021 Florida Center for Instructional Technology. Shoppingcart FCIT is maintained by theFlorida Center for Instructional Technology, College of Education, University of South Florida.
Abb. rechts (Graph): Te May Ching: Glyoxysomes in Megagametophyte of Germinating Ponderosa Pine Seeds, Plant Physiol. Vol. 46, 1970 , S. 477, © 2020 American Society of Plant Biologists, http://www.plantphysiol.org/content/plantphysiol/46/3/475.full.pdf

Material 6

Regulation der Aktivität der Schlüsselenzyme während der Keimung

Die Regulation der Aktivität der Enzyme Isocitrat-Dehydrogenase (IDH) und Isocitrat-Lyase (IL) ermöglicht eine schnelle Umschaltung zwischen Citrat- und Glyoxylatzyklus. Die Aktivität der Enzyme hängt von ATP ab: ATP-Mangel wirkt sich förderlich auf die IDH aus und hemmt gleichzeitig die IL. Ist ausreichend ATP vorhanden, wird die IDH inaktiviert und die IL stimuliert.

Material 6 basiert auf:
https://de.wikipedia.org/wiki/Isocitrat-Dehydrogenase
David Nelson, Michael Cox: Lehninger Biochemie, 3. Aufl. 1. korr. Nachdruck, Berlin 2005, S. 632, 636, 637.
https://www.pnas.org/content/pnas/86/22/8635.full.pdf, S. 8 635

Material 7

Regulation der Expression des Isocitrat-Lyase-Gens

Auch die Samen der Sonnenblume *(Helianthus annuus)* enthalten Öl als Reservestoff. Forscher konnten zeigen, dass während der Keimung von Sonnenblumensamen nicht nur die Enzymaktivität der Isocitrat-Lyase (IL) reguliert wird, sondern auch eine Regulation der Expression des IL-Gens erfolgt.
Dazu bestimmten sie den Anteil der IL-mRNA an der gesamten RNA im Nährgewebe der keimenden Samen.

Abbildung 7.1: Ausschnitt aus der IL-mRNA

5' … UUG GCU UAU GUG … 3'

Abbildung 7.2: Codesonne der mRNA

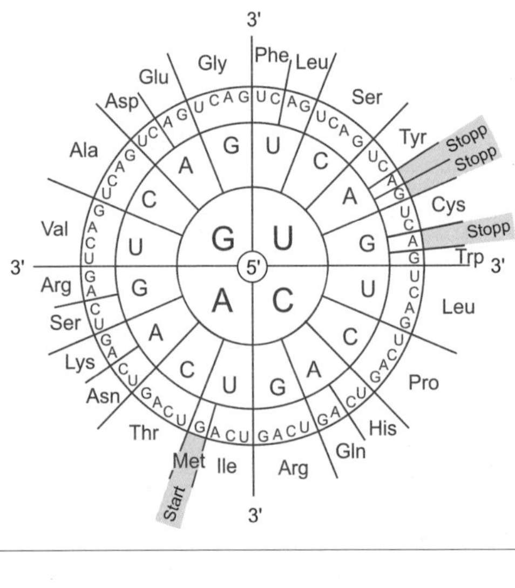

Abkürzungen der Aminosäuren

Ala	Alanin
Arg	Arginin
Asn	Asparagin
Asp	Asparaginsäure
Cys	Cystein
Gln	Glutamin
Glu	Glutaminsäure
Gly	Glycin
His	Histidin
Ile	Isoleucin
Leu	Leucin
Lys	Lysin
Met	Methionin
Phe	Phenylalanin
Pro	Prolin
Ser	Serin
Thr	Threonin
Trp	Tryptophan
Tyr	Tyrosin
Val	Valin

Abbildung 7.3: Anteil der IL-mRNA an der gesamten RNA

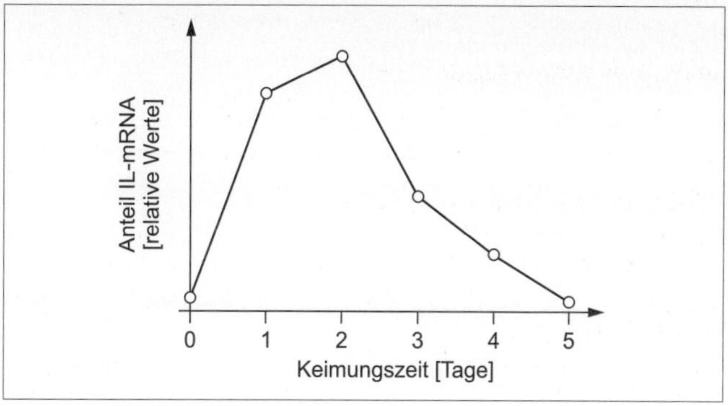

Material 7 basiert auf:
Abb. 7.3: Randy D. Allen, Richard N. Trelease, and Terry L. Thomas: Regulation of Isocitrate Lyase Gene Expression in Sunflower, Plant Physiol. (1988) 86, 530, © 2020 American Society of Plant Biologists, http://www.plantphysiol.org/content/plantphysiol/86/2/527.full.pdf

Material 8

Regulation der Expression des Isocitrat-Lyase-Gens durch Acetat

Der Glyoxylat-Zyklus ermöglicht es Algen, auch Acetat als Kohlenstoffquelle zur Gluconeogenese zu nutzen. Sie können Acetat in die Zellen aufnehmen, wo sie es zunächst in Acetyl-CoA umwandeln. In einem Experiment mit der Grünalge *Chlorella fusca* ließ man die Algen im Licht wachsen. Zu einem bestimmten Zeitpunkt gab man zur Algenkultur Acetat hinzu und bestimmte anschließend die Menge der Isocitrat-Lyase (IL).

Menge der Isocitrat-Lyase (IL) nach Zugabe von Acetat

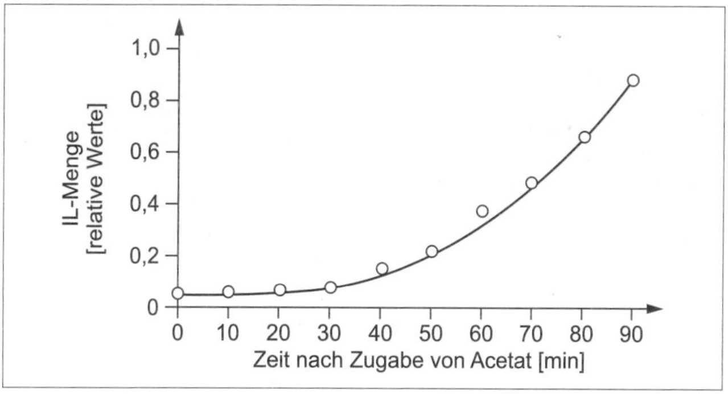

Material 8 basiert auf:
Abb.: Christopher F. Thurston: Control of Isocitrate Lyase Synthesis in Chlorellafusca var. Vacuolata, Biochem. J. (1977) 164, p. 150, https://www.ncbi.nlm.nih.gov/pmc/articles/PMC1164768/pdf/biochemj00510-0163.pdf

Lösungsvorschläge

In der Aufgabe thematisierte Unterrichtsinhalte sind:

Ökologische und stoffwechselphysiologische Zusammenhänge:

- *Wirkung abiotischer Faktoren auf Pflanzen der Küstenökosysteme; hier: Spülsaum am Meeresufer*
- *Stoffwechselprozesse; hier: Zellatmung – stoffbezogene und energetische Betrachtung*
- *Beschreiben und Vergleichen von Stoffwechselprozessen*
- *Interpretation experimenteller Daten zum Stoffwechsel*
- *Auswertung quantitativer naturwissenschaftlicher Experimente*

Genetik und Gentechnik:

- *Proteinbiosynthese – Transkription, Translation*
- *Genetischer Code – arbeiten mit der Code-Sonne*
- *Formen der Genregulation kennen und anwenden*

1 *Kompetenzbereich (siehe S. I f.): F1*
Bei dieser Aufgabe sind Kenntnisse aus dem Unterricht konzeptbezogen darzustellen. Angeben bedeutet, die Sachverhalte, Begriffe und Daten ohne Erläuterungen aus dem Gedächtnis wiederzugeben. Der oxidative Abbau der Glucose im Zellplasma und den Mitochondrien pflanzlicher Zellen ist Ihnen aus dem Unterricht bekannt. Zunächst ist der Gesamtumsatz in eine Summengleichung zu fassen, die jedoch noch keinen Aufschluss über die im Prozess beteiligten Stoffe sowie Reduktions- und Energieäquivalente gibt. Denken Sie an die 4 Teilabschnitte des Abbaus eines Glucosemoleküls mithilfe von Sauerstoff (input) zu Wasser (output).

Angabe der Gesamtsummengleichung der Zellatmung sowie der Ausgangsstoffe, der Energieäquivalente und der Produkte:
Die Summengleichung der Zellatmung lautet:

$$\mathbf{C_6H_{12}O_6 + 6\,O_2 + 6\,H_2O \longrightarrow 6\,CO_2 + 12\,H_2O}$$

Die 4 Teilprozesse der Zellatmung sind:

- **Glykolyse:** Aus der Glucose (C6-Körper) entstehen durch Phosphorylierung und Spaltung mithilfe von NAD^+ und ADP + Pi 2 Pyruvatmoleküle (C3-Körper) sowie NADH + H^+ und ATP.
- **Oxidative Decarboxylierung:** Im Rahmen der oxidativen Decarboxylierung entstehen aus 2 Pyruvatmolekülen, 2 Molekülen CoA und 2 NAD^+ mithilfe von Enzymen 2 CO_2, 2 NADH + H^+ und 2 Acetyl-CoA.
- **Citrat-Zyklus:** Aus 2 Acetyl-CoA entstehen mithilfe von 4 H_2O, 6 NAD^+, 2 ADP + Pi und 2 FAD im Citrat-Zyklus 4 CO_2, 4 CoA, 6 NADH + H^+, 2 $FADH_2$ und 2 ATP.
- **Endoxidation:** Aus NADH + H^+, $FADH_2$, ATP + Pi und O_2 entstehen im Zuge der Endoxidation H_2O, NAD^+, FAD und ATP.

2 *Kompetenzbereiche (siehe S. I f.): E1, K1 und K3*
Klären Sie zunächst für sich: Welches sind für Pflanzen allgemein bedeutsame abiotische Faktoren? Notieren Sie, welche Besonderheiten aus der Fülle der abiotischen Faktoren der Spülsaum des Meeres als Biotop für die dort lebenden Pflanzen bereithält. Stellen Sie Bezüge zwischen den Faktoren und deren Wirkung auf Pflanzen her.
Analysieren bedeutet, die Materialgrundlagen (Text in Material 2, Abb. 2.1 und Abb. 2.2) zu untersuchen. Beziehungen zwischen den Elementen sind zu erfassen und zusammenhängend darzustellen. Verdeutlichen Sie sich die Fragestellung, die mit diesen Experimenten beantwortet werden soll. Welche Parameter werden konstant gehalten, welche werden variiert? Was unterscheidet die beiden experimentellen Ansätze?

Darstellung der Besonderheiten der abiotischen Faktoren des Biotops Spülsaum für die dort vorkommenden Pflanzen:
Der wohl wichtigste abiotische Faktor an der Meeresküste ist der Wind. Er bewirkt, dass …
- bei den Pflanzen die Transpiration und damit der Wasserbedarf erhöht ist.
- Sand ständig in Bewegung ist und von A nach B verfrachtet wird. Dies stellt zusätzlich zur direkten Windeinwirkung auf die Pflanzen eine mechanische Belastung für die Organismen dar. Es besteht die Gefahr der Entwurzelung oder der Verschüttung.
- organisches Material vom Land in das Biotop Spülsaum eingetragen wird und sorgt so für Nährstoffanreicherung.
- es zu Überflutungen des Spülsaums mit Meerwasser kommt, wodurch sich bei späterer Verdunstung Salz im Boden anreichert.

Weitere abiotische Faktoren:
- Der Eintrag von Niederschlägen fördert eine Entsalzung des Bodens, d. h., Pflanzen müssen mit wechselnden Salzkonzentrationen zurechtkommen.
- Der verfügbare Wassergehalt des Bodens schwankt stark, je nach Häufigkeit der Überflutungen und der Niederschlagsmengen, da der Sandboden nur eine geringe Fähigkeit zur Wasserspeicherung hat.
- Die Bodentemperaturen schwanken ebenfalls stark: Bei Überflutung ist die Temperatur niedrig, bei Sonnenschein und Niedrigwasser heizt sich der Sandboden schnell auf.

Analyse der Keimungsexperimente im Zusammenhang mit Material 1, auch in Bezug zu den Bedingungen an möglichen natürlichen Standorten des Meersenfs:
In beiden Experimenten konstant gehaltene Faktoren sind: Dunkelheit, Temperatur von 20 °C, ausreichend Feuchtigkeit. Variiert wird jeweils der Faktor Salzgehalt in Konzentrationen unterhalb der in den Weltmeeren gemessenen Konzentrationen von 3,5–3,8 %.

Zu Abb. 2.1: Die mit über 95 % höchste Keimrate der ausgesäten Samen des Meersenfs ist in destilliertem Wasser zu beobachten. Ein zunehmender Salzgehalt des Wassers in diesem Keimexperiment verzögert zum einen den Beginn der Keimung und zum anderen verringert er den Anteil gekeimter Samen nach einem Beobachtungszeitraum von 9 Tagen. Während die Anzahl gekeimter Samen bei 1,17 % NaCl noch bei ca. 70 % liegt, bewirkt eine NaCl-Konzentration von 1,76 % oder höher eine weitgehende Keimhemmung; die Keimrate liegt bei unter 10 %. Das lässt die Schlussfolgerung zu, dass eine erfolgreiche Keimung der Samen im natürlichen Lebensraum nur an der Ostsee ohne Weiteres möglich ist, deren Salzgehalt je nach Region bei 0,3–1,8 % liegt. An den Stränden des Mittelmeeres, der Nordsee und des Atlantiks, an denen der einjährige Meersenf ebenfalls natürlich vorkommt, können die Samenkörner somit nur keimen, wenn das Wasser im Untergrund zumindest temporär ausreichend verdünnt wird, z. B. durch ergiebige Regenfälle oder das Einspülen von Süßwasser durch einmündende Fließgewässer.

Zu Abb. 2.2: Samen, die zunächst bei Salzkonzentrationen von 0,59–2,34 % nach 9 Tagen nicht gekeimt waren, konnten durch Einbringen in destilliertes Wasser noch zu über 90 % zur Keimung angeregt werden. Die Samen können also in salzhaltigem Wasser überdauern ohne abzusterben. Der Eintrag von Regen oder Süßwasser aus Fließgewässern bewirkt dann im Freiland die Keimung des Meersenfs auch an den Küsten der salzhaltigeren Meere.

3 *Kompetenzbereiche (siehe S. I f.): E1, K1 und B1*
Der Operator „prüfen“ bedeutet hier, beschriebene Sachverhalte (Text) und experimentelle Ergebnisse zusammenzuführen und die zugrunde liegende Fragestellung sachgerecht zu beurteilen: Kann der Meersenf erfolgreich auf versalzenen Böden angebaut werden? Nutzen Sie die Abb. 3.1 und 3.2 zur Abschätzung der Samen-Biomasse-Produktion in Abhängigkeit von den jeweiligen Salzkonzentrationen. Im zweiten Schritt beurteilen Sie die Eignung des Meersenfs als Nutzpflanze auf versalzenen Böden im Hinblick auf den Gehalt der Körner an Öl und speziell dem Erucasäure-Gehalt des Öls (Abb. 3.3 und 3.4). Führen Sie beide Erkenntnisse zu einer Gesamtbeurteilung zusammen.

Prüfung der Eignung des Meersenfs als Nutzpflanze auf versalzenen Böden:
Die Auswertung der Daten aus den Abbildungen 3.1 und 3.2 bildet die Grundlage für die Abschätzung des Gesamtertrags, d. h. der Biomasse der Körner pro Pflanze bei den jeweiligen im Experiment vorgegebenen Salzkonzentrationen im Boden. Die höchsten Erträge sind, wenn man sowohl die Samenanzahl pro Pflanze als auch die Samenmasse berücksichtigt, bei einer Salzkonzentration von 0,29 % zu erwarten. Bei einer Salzkonzentration von 0,59 % ist der Ertrag immer noch in etwa so hoch wie der auf Substrat ohne NaCl.
Ackerböden gelten ab einer Konzentration an NaCl von 0,25 % als versalzen (vgl. Material 3) und sind für die Anzucht der meisten Getreidearten nicht mehr brauchbar. Aus den Experimenten in den Abb. 3.1 und 3.2 ist zu schließen, dass Meersenf als Nutzpflanze zum Anbau auf nicht zu stark versalzenen Böden geeignet ist.

Neben dem Ertrag ist der Gehalt der Samen an Öl insgesamt und speziell der Gehalt an der in der chemischen Industrie begehrten Erucasäure von Bedeutung. Den höchsten Ölgehalt der Samen erreicht man laut Abb. 3.3 auf Substraten mit 0,29–1,17 % NaCl, den höchsten Gehalt an Erucasäure laut Abb. 3.4 auf Substraten mit einem NaCl-Gehalt von 1,76–2,93 %. Da aber der Gesamtertrag bei den höheren Salzkonzentrationen stark reduziert ist (siehe oben), gilt hier ebenfalls: Der Meersenf ist eine geeignete Nutzpflanze auf schwach versalzenen Böden bis ca. 0,5 % NaCl.

4 *Kompetenzbereiche (siehe S. I f.): F1 und K1*
Beginnen Sie mit der Beschreibung des Ihnen aus dem Unterricht vermutlich nicht bekannten Glyoxylat-Zyklus von oben im Uhrzeigersinn, das erleichtert den Vergleich mit dem aus dem Unterricht bekannten Citrat-Zyklus. Bedenken Sie:

- *Aus dem Abbau der im Samenkorn gespeicherten Fette steht Acetyl-CoA für beide dargestellten Prozesse ausreichend zur Verfügung.*
- *Zur Bildung von Pflanzensubstanz (Zellwachstum u. Zellvermehrung im Keimling) bedarf es löslicher transportfähiger Energieträger, wie Glucose und Saccharose.*

Beschreibung des Glyoxylat-Zyklus:

Um das in Samenkörnern enthaltene Fett zum einen zur Energiefreisetzung und zum anderen zur Synthese von löslichen transportfähigen Kohlenhydraten (Gluconeogenese) zu nutzen, wird es zunächst zu Acetyl-CoA abgebaut. Acetyl-CoA fließt sowohl in den Glyoxylat-Zyklus, der in den Glyoxisomen (speziell bei der Keimung aktiven Organellen) abläuft, als auch in den Citrat-Zyklus, der Energieäquivalente (ATP, GTP) sowie Reduktionsäquivalente freisetzt. Diese werden im Rahmen der Endoxidation zur Bildung weiterer ATP-Moleküle genutzt.

Der Start des Glyoxylat-Zyklus erfolgt mit der Bindung von Acetyl-CoA an den C4-Körper Oxalacetat unter Freisetzung von CoA, wodurch Citrat gebildet wird. In der Folge wird Citrat zu Isocitrat umgewandelt. Die Isocitrat-Lyase spaltet diese in Glyoxylat und Succinat. Succinat wird in den Citrat-Zyklus eingeschleust, der in den Mitochondrien abläuft. Ein weiteres Molekül Acetyl-CoA bindet an Glyoxylat, wobei CoA abgespalten und Malat (C4) gebildet wird, welches anschließend unter Bildung von $NADH + H^+$ aus NAD^+ zu Oxalacetat umgewandelt wird.

Darstellung der Unterschiede zum Citrat-Zyklus:

Beachten Sie, dass hier keine Beschreibung des Citrat-Zyklus verlangt ist, sondern eine an sinnvollen Kategorien orientierte Darstellung der Unterschiede zwischen den beiden Zyklen.

- Der Glyoxylat-Zyklus umfasst 5 Reaktionsschritte (chemische Reaktionen/ Molekülumwandlungen) und damit deutlich weniger als der Citrat-Zyklus mit 8 Teilschritten.

- Im Glyoxylat-Zyklus werden 2 Moleküle Acetyl-CoA eingeschleust, in den Citrat-Zyklus nur 1 Molekül.
- Im Citrat-Zyklus kommt es zur Bildung von Energieäquivalenten (ATP, GTP), im Glyoxylat-Zyklus nicht.
- Im Glyoxylat-Zyklus wird pro Umlauf ein NADH + H^+ als Reduktionsäquivalent gebildet. Im Citrat-Zyklus dagegen entstehen pro Umlauf 3 NADH + H^+ und 1 $FADH_2$.
- Im Citrat-Zyklus wird in zwei Reaktionsschritten je 1 Molekül CO_2 freigesetzt, während im Glyoxylat-Zyklus der C6-Körper (Isocitrat) in einen C2-Körper (Glyoxylat) und einen C4-Körper (Succinat) gespalten wird, ohne dass es zur Freisetzung von CO_2 kommt.
- Der C4-Körper Fumarat und der C5-Körper α-Ketoglutarat kommen nur im Citrat-Zyklus vor.

5 *Kompetenzbereiche (siehe S. I f.): F2, E1 und K3*
Der Operator „deuten“ erfordert hier, die Sachverhalte, die in den Materialien 4 und 5 beschrieben werden und die experimentellen Ergebnisse aus Material 5 auf Erklärungsmöglichkeiten hin zu untersuchen. Dazu ist es wichtig, den Gesamtprozess der Keimung im Blick zu haben. Überlegen Sie: Welche Situation finden wir zu Beginn der Keimung, im Verlauf der Keimung und am Ende der Keimung vor? Dabei ist es wichtig, die im Nährgewebe ablaufenden Prozesse von denen im wachsenden Keimling zu unterscheiden, um die Zusammenhänge zu verstehen.

Deutung der experimentellen Ergebnisse im Nährgewebe:
Die Samenkörner enthalten zu Beginn der Keimung größere Mengen an Fett und eine geringere Menge Kohlenhydrate (Zucker und Stärke) als Reservestoffe im Nährgewebe. Die Masse beider Reservestoffe nimmt in den ersten drei Tagen der Keimung langsam ab, da sie zu Acetyl-CoA abgebaut werden (vgl. Material 4). Das gebildete Acetyl-CoA wird in den Citrat-Zyklus eingeschleust, damit Energieäquivalente für das Wachstum des Keimlings bereitgestellt werden können. Der gleichzeitige Anstieg der Isocitrat-Lyase-Menge (IL-Menge) deutet darauf hin, dass es im Verlauf der Keimung zu einer zunehmenden Aktivierung der Glyoxisomen kommt und somit der Glyoxylat-Zyklus vermehrt abläuft.
Ab dem dritten Tag der Keimung nimmt die Masse an Fett im Nährgewebe stark ab, was bedeutet, dass viel Acetyl-CoA zur Verfügung steht. Die gleichzeitig stark ansteigende Menge an Isocitrat-Lyase zeigt, dass im Glyoxylat-Zyklus große Mengen an Succinat und Glyoxylat gebildet werden. Sowohl im Citrat- als auch im Glyoxylat-Zyklus entsteht nun viel Oxalacetat, welches u. a. für die Gluconeogenese zur Verfügung steht. Die Menge an Kohlenhydraten im Nährgewebe nimmt in den Tagen 3–5 jedoch nicht zu, sondern ab, was mit der Ableitung dieser Nährstoffe in den Keimling zu erklären ist. Die Kohlenhydratmenge steigt erst ab dem 5. Tag an, wenn die IL-Menge dem Höhepunkt zustrebt und die Gluconeogenese maximal beschleunigt wird.

Ab dem 12. Tag nimmt die IL-Menge stark ab. Dies ist dadurch zu erklären, dass die Fettreserven im Nährgewebe des Keimlings aufgebraucht sind und folglich die Glyoxisomen und deren Enzyme abgebaut werden. Da kaum noch Gluconeogenese abläuft und der gebildete Zucker als löslicher Energieträger in den Keimling transportiert wird, sinkt folglich ab dem 12. Tag auch der Gehalt an Kohlenhydraten. Im Keimling wird der Zucker zwecks Energiegewinnung für Zellwachstum und -vermehrung veratmet. Der Keimprozess ist abgeschlossen, sobald der junge Keimling sich über die Fotosynthese mit Nährstoffen versorgen kann.

6 *Kompetenzbereiche (siehe S. I f.): F2, E2 und K2*
„Erklären" bedeutet hier, die in den Materialien 4, 5 und 6 dargestellten Sachverhalte unter Verwendung der Fachsprache auf Grundprinzipien (hier: die Notwendigkeit und Bedeutung der Regulation der Aktivität von IDH und IL als Enzyme in zwei „konkurrierenden" parallelen Stoffwechselkreisläufen) zurückzuführen und darzulegen. Bedenken Sie: Im Mittelpunkt der Betrachtungen stehen a) die Versorgung aller Stoffwechselprozesse mit Energieäquivalenten (ATP) und b) die Versorgung des wachsenden Keimlings mit löslichen Kohlenhydraten aus der Gluconeogenese.

Erklärung der Bedeutung der Regulation der Aktivitäten der Enzyme IDH und IL während der Keimung:

Glyoxylat-Zyklus und Citrat-Zyklus verwenden die gleichen Zwischenprodukte im keimenden Samen, sind also enzymgesteuerte konkurrierende Prozesse mit unterschiedlichen Folgeprodukten:

- Die Produkte aus dem Citrat-Zyklus sind ATP bzw. GTP sowie die Reduktionsäquivalente NADH + H^+ und $FADH_2$, mithilfe derer bei der Endoxidation weiteres ATP gebildet wird.
- Die Produkte des Glyoxylat-Zyklus sind ebenfalls eine geringere Menge an NADH + H^+ sowie Succinat aus der Spaltung des Isocitrats, welches vermehrt die Bildung von Oxalacetat und damit die Gluconeogenese befördert.

Während der Keimung bedarf es also einer Regelung der Aktivitäten der Enzyme IL und IDH:
Bei größerem Bedarf an ATP in den Zellen muss bevorzugt der Citrat-Zyklus ablaufen, um den Energiebedarf für alle Stoffwechselaktivitäten zu decken. Ein Mangel an ATP stimuliert folglich die Aktivität der IDH und hemmt die IL, was die verstärkte Decarboxylierung des Isocitrats im Citrat-Zyklus zur Folge hat.
Ist infolgedessen wieder genügend ATP vorhanden, wird die IDH inaktiviert und die IL stimuliert. Dies führt zur Bevorzugung der Isocitrat-Spaltung im Glyoxylat-Zyklus, wodurch die für die Versorgung des Keimlings dringend notwendige Gluconeogenese verstärkt ablaufen kann.
Kommt es durch den Verbrauch und die verringerte Produktion an ATP jedoch erneut zu einem Mangel an Energieäquivalenten, wird wiederum die Aktivität der IDH gefördert und die der IL gehemmt.

7 *Kompetenzbereiche (siehe S. I f.): F1 und K2*
„Beschreiben" bedeutet hier, den Sachverhalt der Translation als Teil der Genexpression in eigenen Worten strukturiert und fachsprachlich so wiederzugeben, wie er im Unterricht erarbeitet wurde. Eine grafische Darstellung einzelner Elemente und Prozesse ist nicht gefordert, aber unter Umständen hilfreich für die Vorbereitung Ihres Textes. Um die Erinnerung zu befördern, können Sie sich zunächst alle am Prozess beteiligten Elemente notieren und dann in Beziehung setzen.

Unterrichtsbezogene Beschreibung der Translation:
Die reife mRNA wandert nach der Transkription durch die Kernporen aus dem Zellkern ins Cytoplasma, wo sich der zweite Teilprozess der Proteinbiosynthese, die Translation, anschließt.
Freie Aminosäuren werden mithilfe von Synthetasen an spezifische tRNA-Moleküle gebunden, die sie zu einem Ribosom transportieren. Zu Beginn der Translation lagern sich die erste beladene tRNA (Initiator-tRNA), die mRNA und die kleine Ribosomen-Untereinheit zu einem Translations-Initiations-Komplex zusammen. Die erste tRNA trägt immer die Aminosäure Methionin entsprechend dem Anticodon UAC der tRNA, das komplementär zum Startcodon AUG der mRNA ist. Nach der Zusammenlagerung liegt die Initiator-tRNA an der P-Stelle des Ribosoms. An die A-Stelle des Ribosoms bindet nun die zweite zum Codon der mRNA passende beladene tRNA an. Die beiden von den tRNA-Molekülen getragenen Aminosäuren werden durch Transferasen miteinander verknüpft. Das Ribosom rückt anschließend an der mRNA um ein Triplett weiter. Die erste tRNA gelangt dadurch zur E-Stelle des Ribosoms und wird infolgedessen von dort aus abgespalten. Die zweite tRNA befindet sich nun an der Bindestelle P und Bindestelle A kann mit der nächsten mit einer Aminosäure beladenen tRNA besetzt werden usw. Auf diese Weise wird nach und nach eine Aminosäurekette (Polypeptidkette) synthetisiert. Gelangt jedoch ein Stopcodon der mRNA in die Bindestelle A, so kann dort keine passende tRNA binden und die fertige Aminosäurekette löst sich vom Ribosom. Der Translationskomplex zerfällt. Gemäß seiner Primärstruktur bildet sich die Sekundär- und die Tertiärstruktur des synthetisierten Proteins aus.

8 *Kompetenzbereich (siehe S. I f.): F2*
Der Operator „angeben" zeigt Ihnen, dass bei dieser Aufgabe Sachverhalte ohne Erläuterungen und Begründungen dargestellt werden sollen.
Denken Sie daran: Die Code-Sonne wird von innen nach außen gelesen.
Für die Ermittlung des der mRNA zugrunde liegenden DNA-Strangs müssen Sie die Basenpaarungen und die Ableserichtung berücksichtigen. Der nicht codogene Strang des DNA-Abschnitts entspricht der Basen-Abfolge in der mRNA. Die Base Thymin ist in der mRNA aber natürlich durch Uracil ersetzt.

Angabe der Sequenz des codogenen und des nicht codogenen DNA-Strangs:

codogener Strang:	3' … AAC CGA ATA CAC … 5'
nicht codogener Strang:	5' … TTG GCT TAT GTG … 3'

Angabe der Aminosäuresequenz des Proteins:
Aminosäuresequenz: ... Leu – Ala – Tyr – Val ...

9 *Kompetenzbereiche (siehe S. I f.):F2 und E1*
„Zeigen" bedeutet in diesem Zusammenhang, den Kurvenverlauf des Anteils der IL-mRNA an der Gesamtmenge der mRNA im Verlauf der Keimung von Sonnenblumenkernen über 5 Tage zu beschreiben und den Zusammenhang mit der Regulation der Genexpression darzustellen. Dazu ist es sinnvoll, auch die Ergebnisse aus Material 5 heranzuziehen,

Zeigen der Regulation der Expression des IL-Gens:
Zu Keimungsbeginn ist der Anteil der IL-mRNA an der gesamten RNA gering, d. h., das IL-Gen wird nur minimal transkribiert. Im Laufe der ersten beiden Tage der Keimung wird das Gen jedoch aktiviert und in hohem Maße transkribiert, was an dem stark ansteigenden Anteil der IL-mRNA zu erkennen ist. Das Maximum wird am zweiten Tag erreicht. Danach geht der Anteil der IL-mRNA bis zum 5. Tag der Keimung wieder auf den Ausgangswert zurück, was auf eine Deaktivierung des Gens schließen lässt.
Diese Ergebnisse korrelieren zeitversetzt mit dem Anstieg und dem Absinken der IL-Menge im Nährgewebe der Samen im Verlauf der Keimung (vgl. Material 5).

10 *Kompetenzbereiche (siehe S. I f.): F2, E2 und K2*
Der Operator „entwickeln" fordert hier dazu auf, die Sachverhalte in Material 8 zielgerichtet in einen Zusammenhang zu bringen und eine Hypothese zur Regulation der Expression des IL-Gens auszuarbeiten. Je nach Vorerfahrungen und Beispielen aus dem Unterricht sind mehrere Varianten möglich, von denen eine geeignete auszuwählen ist. Stören Sie sich nicht daran, dass es sich jetzt um ein Experiment mit Algen handelt. Halten Sie sich nur an die dargestellten Fakten.

Entwicklung einer Modellvorstellung zur Regulation des IL-Gens, die zur Erklärung des in Material 8 dargestellten Versuchsergebnisses geeignet ist:

Voraussetzungen:
- *Der Glyoxylat-Zyklus ermöglicht es den Algen, auch Acetat als Kohlenstoffquelle zur Gluconeogenese zu nutzen.*
- *Die relative Menge an IL in einer fotosynthetisch aktiven Alge nimmt nach Zugabe von Acetat in die Kulturlösung innerhalb von 90 Minuten um ein Vielfaches zu. Daraus folgt, dass Acetat die Expression des IL-Gens aktiviert und damit über den Glyoxylat-Zyklus eine Steigerung der Produktion organischer Vorstufen (z. B. Oxalacetat) zur Gluconeogenese hervorruft.*

Am Promotor, der Bindungsstelle für die RNA-Polymerase auf der DNA, können sich Proteine anlagern, die Transkriptionsfaktoren genannt werden. Acetat (bzw. Acetyl-CoA) könnte an einen solchen Transkriptionsfaktor binden und ihn infolgedessen aktivieren, was wiederum dessen Bindung an eine regulatorische Region der DNA vor dem IL-Gen ermöglicht. Dadurch wird schließlich die Bindung der

RNA-Polymerase erleichtert, was dazu führt, dass es zur verstärkten Translation des IL-Gens kommt und die gebildete mRNA translatiert wird.

Oder:
In Abwesenheit von Acetat wird die Expression des IL-Gens durch einen Transkriptionsfaktor unterdrückt, der an einen Silencer gebunden ist. Wird Acetat zugegeben, bindet es an den betreffenden Transkriptionsfaktor, wodurch dieser inaktiviert wird, was die Expression des IL-Gens fördert.

Oder:
Durch die Methylierung von Basen werden bestimmte DNA-Abschnitte inaktiviert. Acetat hemmt ein Enzym, das fördernd auf die DNA-Methylierung wirkt. Dadurch wird die Chromatinstruktur im Bereich des IL-Gens aufgelockert, was zur Folge hat, dass die RNA-Polymerase binden kann. Eine vermehrte Transkription und Translation wären die Folge.

Abiturprüfung 2021 Leistungskurs Biologie (Hessen)
Vorschlag B: Genetik & Gentechnik, Neurobiologie & Verhaltensbiologie

Fragiles-X-Syndrom

Das Fragile-X-Syndrom, welches eine der häufigsten Ursachen für eine genetisch bedingte Intelligenzminderung ist, wurde 1943 erstmalig von den Ärzten J. P. Martin und J. Bell beschrieben. Als Hauptsymptom gilt eine kognitive Beeinträchtigung, die sehr variabel ist und von einer minimalen Ausprägung bis hin zu einem niedrigen Intelligenzquotienten (IQ) mit ausgeprägter Entwicklungsverzögerung reicht.

Aufgaben

Genetische Ursachen des Fragilen-X-Syndroms — BE

1 Beschreiben Sie die wesentlichen Vorgänge der Transkription und der Reifung der mRNA bei Eukaryoten sowie den Einfluss der DNA-Methylierung auf die Proteinbiosynthese. — 10

2 Bestimmen Sie alle möglichen Genotypen der Familienmitglieder 1, 2, 5, 6, 11, 17 und 18 im Stammbaum in Material 2 unter Verwendung der in Abbildung 2.1 angegebenen Allelsymbole. Analysieren Sie anhand des Stammbaums die Entwicklung des Gendefekts über mehrere Generationen hinweg unter Einbezug von Abbildung 2.2 und entwickeln Sie eine Hypothese zur Ursache der Verlängerung der Repeats. (Material 1 und 2) — 13

3 Beschreiben Sie das Prinzip der Gelelektrophorese. Ordnen Sie die Bandenmuster des molekulargenetischen Nachweises in Abbildung 2.3 exemplarisch jeweils einer Person des Stammbaums (Abbildung 2.1) begründet zu. (Material 2) — 13

4 Geben Sie die Aminosäuresequenzen des FMR1-Protein-Ausschnitts einer gesunden Person und des Patienten mit Fragilem-X-Syndrom an. (Material 3) — 4

5 Erläutern Sie für beide Formen des Fragilen-X-Syndroms die Auswirkungen der jeweiligen Mutation auf Bildung und Struktur des FMR1-Proteins (FMRP) und leiten Sie daraus einen konkreten Zusammenhang zu der Entstehung des Krankheitsbilds her. (Material 1, 2 und 3) — 11

Neurophysiologische Ursachen des Fragilen-X-Syndroms

6 Beschreiben Sie zum einen die Erregungsübertragung an einer erregenden, Acetylcholin führenden Synapse und zum anderen die Vorgänge an der postsynaptischen Membran, die zur Entstehung eines IPSP führen. 11

7 Erläutern Sie die Funktionsweise der in Material 4 dargestellten Glutamat führenden Synapse sowie die Folgen der beiden Mutationsformen im *FMR1*-Gen für die Funktion dieser Synapse. Deuten Sie die bei Fragilem-X-Syndrom auftretenden Symptome unter neurophysiologischen Gesichtspunkten. (Material 3, 4 und 5) 17

8 Leiten Sie eine mögliche Wirkungsweise für ein im synaptischen Spalt wirkendes Medikament her, welches die Symptome der Betroffenen mildern könnte. (Material 4) 4

9 Fassen Sie die Untersuchungsergebnisse der Studien zur neuronalen Morphologie (Abbildung 7.3 und 7.4) zusammen und analysieren Sie das Untersuchungsergebnis in Abbildung 7.5. Deuten Sie die Ergebnisse hinsichtlich der Gedächtnisleistung. (Material 6 und 7) 17

100

Material 1

Chromosomen bei Fragilem-X-Syndrom (Fall 1)

Chromosomenuntersuchungen zeigen bei Patienten mit Fragilem-X-Syndrom ein X-Chromosom, das am Ende des längeren Arms eine fragil (brüchig) erscheinende Region aufweist. Die betroffene Region beinhaltet das Gen *FMR1*, das für das FMR1-Protein (FMRP) codiert (siehe Abbildung). Die Funktionsfähigkeit dieses Proteins spielt eine wichtige Rolle bei der Ausprägung des Fragilen-X-Syndroms.

Fragiles X-Chromosom und Aufbau des *FMR1*-Gens

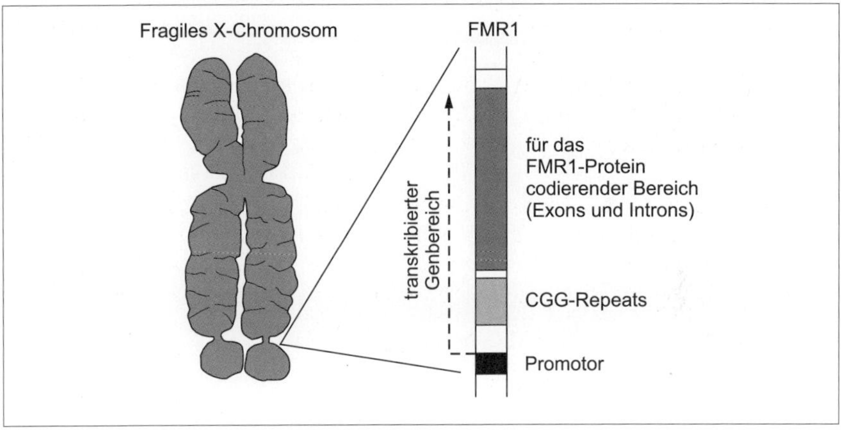

Material 1 basiert auf:
https://www.biologie-seite.de/Biologie/Fragiles-X-Syndrom
https://media.springernature.com/original/springer-static/image/art%3A10.1007%Fs11825-009-0156-9/MediaObjects/11825_2009_156_Fig1_HTML.gif
https://link.springer.com/article/10.1007/s11825-009-0156-9
P. Steinbach Institut für Humangenetik, Universität Ulm Fragiles-X-Syndrom, 2009, pdf S. 253 (publiziert in medgen 2009; DOI 10.1007/s11825-009-0156-9).
https://www.spektrum.de/fm/912/thumbnails/quer_FXTAS_RZ_Koh.jpg.4341180.jpg

Material 2

Vererbung des Fragilen-X-Syndroms (Fall 1)

Der Erbgang des Fragilen-X-Syndroms zeigt einige Besonderheiten, da es sowohl gesunde männliche als auch gesunde weibliche Überträger/-innen gibt (siehe Abbildung 2.1).

In nahezu allen Fällen wird die Krankheit durch eine Vervielfältigung von CGG-Repeats (CGG-Wiederholungen) im *FMR1*-Gen hervorgerufen. Auf dem X-Chromosom nicht betroffener Personen befindet sich ein Abschnitt im *FMR1*-Gen, in dem sich das Basentriplett CGG 5- bis 58-mal wiederholt, in den meisten Fällen 29- oder 30-mal (siehe Abbildung in Material 1). Die Überträger/-innen besitzen entweder ein verändertes, prämutiertes Gen (59–200 CGG-Repeats) oder eine Vollmutation (über 200

CGG-Repeats). Die Vollmutation führt zum Ausbruch der Erkrankung, d. h. zur Ausprägung des Merkmals. In fast allen vollmutierten Allelen sind sämtliche Cytosine des CGG-Repeat-Bereichs sowie angrenzende DNA-Abschnitte bis in den Promotorbereich methyliert.

Abbildung 2.1: Familienstammbaum mit Fragilem-X-Syndrom

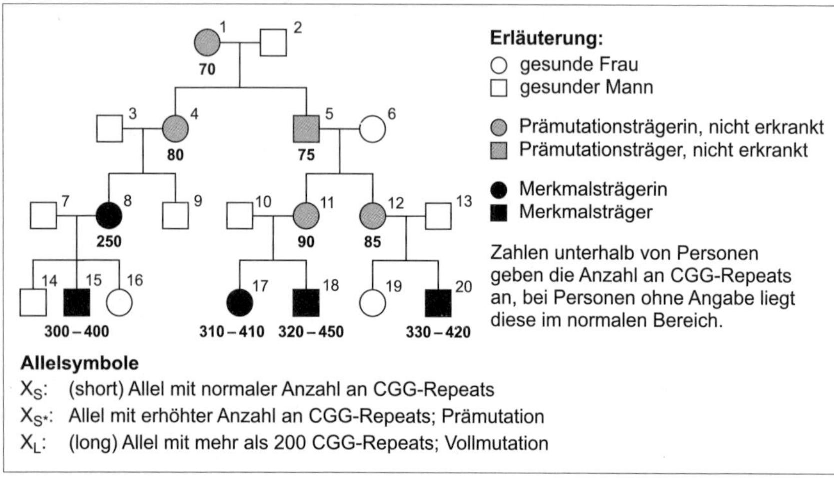

Abbildung 2.2: Risiko [%] der Verlängerung eines prämutierten CGG-Repeats in den Vollmutationsbereich

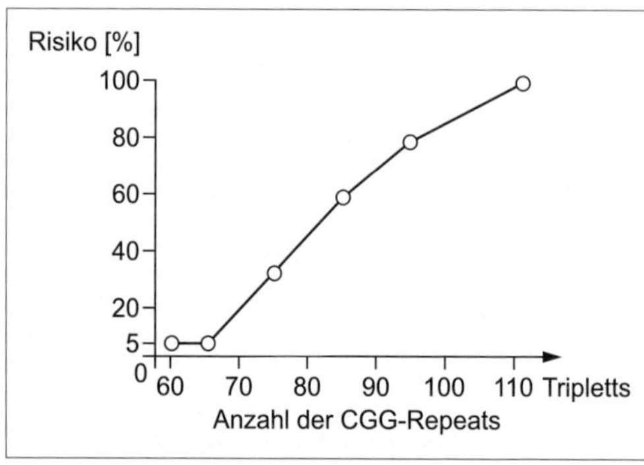

Abbildung 2.3: Molekulargenetischer Nachweis von Mutationen bei Fragilem-X-Syndrom

Für den molekulargenetischen Nachweis eines normalen, prämutierten oder vollmutierten Allels wird die aus Blut gewonnene DNA mithilfe eines Restriktionsenzyms geschnitten. Mittels PCR wird das Restriktionsfragment, auf dem die CGG-Repeats des *FMR1*-Gens liegen, gezielt vervielfältigt und durch Gelelektrophorese analysiert.

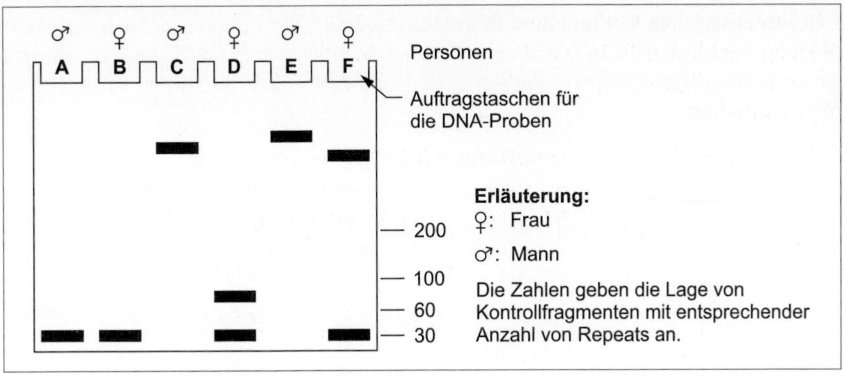

Material 2 basiert auf:
P. Steinbach Institut für Humangenetik, Universität Ulm Fragiles-X-Syndrom, 2009, pdf S. 255 (publiziert in medgen 2009; DOI 10.1007/s11825-009-0156-9).
Dieter Feldmann (Hrsg.): Linder Biologie Lehrermaterialien Teil 3, Genetik, Immunbiologie, Entwicklungsbiologie, Evolution, Schroedel Verlag, Braunschweig 2007, Druck A1, S. 326.

Material 3

Fragiles-X-Syndrom ohne fragiles X-Chromosom (Fall 2)

Bei einigen wenigen von mehreren tausend untersuchten Patienten/-innen, die die typischen Symptome des Fragilen-X-Syndroms, wie Intelligenzminderung und Entwicklungsverzögerung, zeigen, lässt sich keine Vermehrung der CGG-Repeats nachweisen. Wohl aber zeigten diese Personen Veränderungen im FMR1-Protein (FMRP, Abb. 3.3). Diese Entdeckung lieferte neue Ansatzpunkte hinsichtlich der Aufklärung der zellulären Funktionen des FMR1-Proteins. Das FMRP bindet an mRNA und reguliert auf diese Weise insbesondere in Nervenzellen die Translation von Proteinen, die eine wichtige Rolle für die natürliche Funktion der Nervenzellen spielen. FMRP verfügt über drei stabil gefaltete Bereiche (KH1, KH2 und RGG), die an mRNA binden können. Zudem verfügt FMRP über ein sogenanntes nukleäres Lokalisationssignal (NLS) und ein nukleäres Exportsignal (NES) für den Transport in den und aus dem Zellkern.

Abbildung 3.1: Ausschnitt aus dem nicht-codogenen Strang des FMR1-Gens einer gesunden Person und eines Patienten mit Fragilem-X-Syndrom

Bei einem Patienten mit Fragilem- X-Syndrom, dessen Eltern eine normale Anzahl der CGG-Repeats aufwiesen, entdeckten Wissenschaftler durch molekulargenetische Untersuchung folgende Veränderung der Nukleotidsequenz innerhalb des *FMR1*-Gens:

Aminosäureposition		302	303	304	305	306	
Gesunde Person:	5'…	AAG	CTG	ATT	CAG	GAG	…3'
Patient:	5'…	AAG	CTG	AAT	CAG	GAG	…3'

Abbildung 3.2: Die Code-Sonne der mRNA

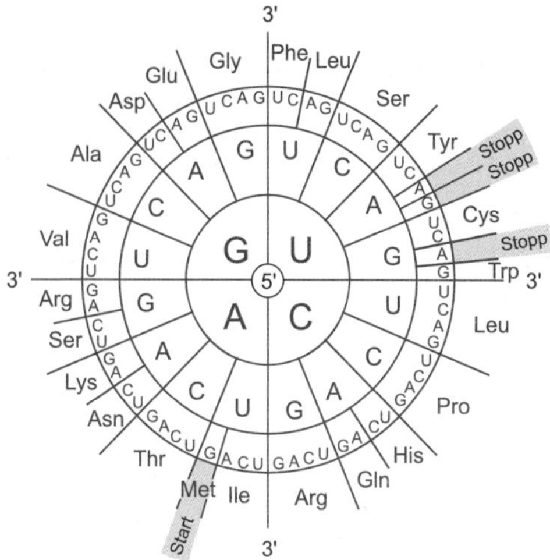

Abkürzungen der Aminosäuren

Ala	Alanin
Arg	Arginin
Asn	Asparagin
Asp	Asparaginsäure
Cys	Cystein
Gln	Glutamin
Glu	Glutaminsäure
Gly	Glycin
His	Histidin
Ile	Isoleucin
Leu	Leucin
Lys	Lysin
Met	Methionin
Phe	Phenylalanin
Pro	Prolin
Ser	Serin
Thr	Threonin
Trp	Tryptophan
Tyr	Tyrosin
Val	Valin

Abbildung 3.3: Schematische Darstellung von FMRP

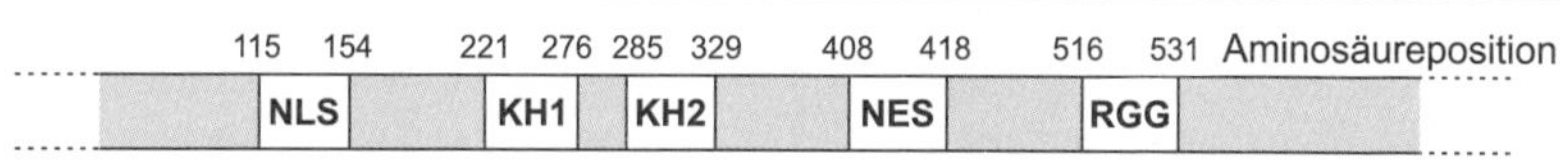

Material 3 basiert auf:
Abb. 3.3: Nickolas Mirko Petrenz: Das Fragile-X-Syndrom: Vergleichende Analyse der zellulären Proteininteraktionsmuster der physiologischen und einer pathogenen Form des Proteins FMRP (Dissertation Medizin), Hamburg 2010, S. 8 –11

Material 4

Symptome des Fragilen-X-Syndroms auf neuronaler Ebene

Während unserer Entwicklung verbinden sich Milliarden von Nervenzellen zu funktionalen Netzwerken, die es dem menschlichen Gehirn erlauben, verschiedene Aufgaben zu bewältigen. Jede Nervenzelle bildet dabei Synapsen aus, die heranreifen, bis sie ihre volle Funktionsfähigkeit erreichen.

Beim Fragilen-X-Syndrom zeigen sich vor allem Defizite auf kognitiver Ebene. Betroffene Kinder neigen neben einer Intelligenzminderung zu Aufmerksamkeitsdefiziten, hyperaktivem Verhalten sowie einer vermehrten Gedächtnisauslöschung.

Ende der 1990er-Jahre entdeckten Forscher, dass besondere Glutamatrezeptoren, die mGluR5-Rezeptoren, in solchen Gehirnbereichen zu finden sind, die bei der Regulation von Emotionen, Motivation und Gedächtnisbildung eine Rolle spielen. Diese Glutamat führenden Synapsen wirken hier zusammen mit AMPA-Rezeptoren, die Liganden-gesteuerte Ionenkanäle bilden und eine schnelle exzitatorische Erregungsübertragung ermöglichen.

Im Tierexperiment mit Modellorganismen, den sogenannten FMR1-Knockout-Mäusen, bei denen das *FMR1*-Gen entfernt wurde, konnte eine erhöhte Wirkung von Glutamat an Nervenzellen in einer für das Lernen und Erinnern sehr wichtigen Hirnregion, dem Hippocampus, festgestellt werden. Die Zusammenhänge zeigt die folgende Abbildung.

Abbildung 4.1: Schema der Funktion des FMRP an einer Glutamat führenden Synapse

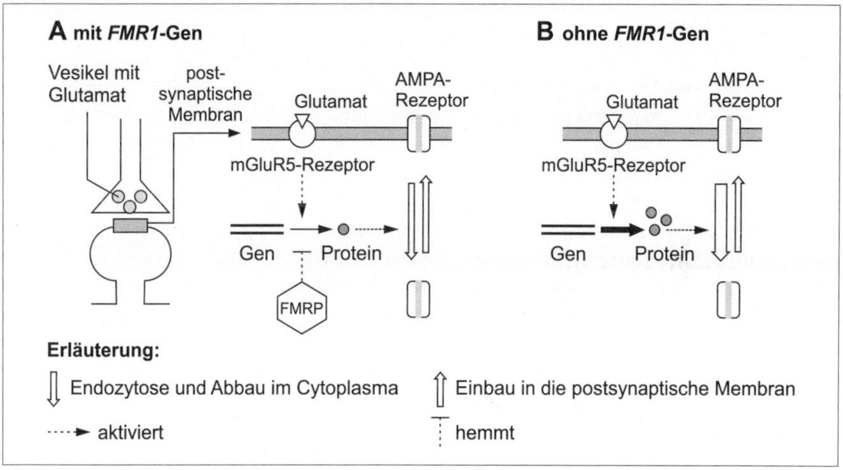

Material 4 basiert auf:
https://www.semanticscholar.ogr/paper/ExpErimEntal-approachEs-towards.thErapEutic-for-x-levenga/9dc0256abf4cc4530b4e765e743f70ceea2c6e35/figure/4
Doris Steinbach und Peter Steinbach: Fragiles-X-Syndrom: Störung der synaptischen Plastizität mit Hoffnung auf Heilung. Medgen 18, 2006, S. 182–186

Material 5

Neuronale Plastizität – funktionelle Plastizität

Neuronale Plastizität ist die Fähigkeit des Gehirns, sich in Abhängigkeit seiner Nutzung zu verändern und damit seine Struktur und Organisation veränderten biologischen Anforderungen anzupassen. Dabei bedeutet funktionelle Plastizität, dass sich die Stärke der synaptischen Übertragung aktivitätsabhängig ändert. Die zunehmende Stimulation afferenter Fasern führt zu lang anhaltenden Veränderungen der synaptischen Übertragung im Sinne einer Langzeitpotenzierung („long-term potentiation", LTP). Für die Auslösung dieser Verstärkung spielen an vielen Synapsen die Bildung und Aktivität der AMPA-Rezeptoren eine Rolle. Eine verringerte Stimulation hingegen führt zu einer Langzeitdepression („long-term depression", LTD), bei der die Übertragungseffizienz vermindert wird. Bei allen diesen Prozessen ist an der Postsynapse insbesondere der Botenstoff Glutamat von entscheidender Bedeutung. Langzeitpotenzierung und Langzeitdepression spielen somit eine wesentliche Rolle bei Lernen und Gedächtnisbildung im Hippocampus.

Material 5 basiert auf:
PD Dr. B. Mazurek, H. Olze, H. Haupt, B.F. Klapp, M. Adli, J. Gross, A.J. Szczepek: Molekularbiologische Aspekte der Neuroplastizität - Ansätze für die Therapie bei Tinnitus und Hörstörungen, HNO 10/2010, Springer Medizin, https://www.springermedizin.de/molekularbiologische-aspekte-der-neuroplastizitaet/8033330
https://www.gehirnlernen.de/gehirn/plastizit%C3%A4t/

Material 6

Neuronale Plastizität – strukturelle Plastizität
Auf struktureller Ebene bewirkt Langzeitpotenzierung den Umbau und Aufbau neuer Synapsen. Dabei können sich bereits vorhandene Synapsen aktivitätsabhängig teilen, um eine neue Synapse zu bilden, oder die Bildung ganz neuer synaptischer Kontakte anregen. Umgekehrt führt der gegensteuernde Mechanismus, die Langzeitdepression, dazu, dass nicht oder weniger genutzte Synapsen abgebaut werden und so die Übertragungseffizienz vermindert wird. Ganze Dendriten- oder Axonäste können auf diese Weise neu ausgestreckt oder zurückgezogen werden.

Material 6 basiert auf:
Dr. Andrea T.U. Schäfers: Plastizität, gehirnlernen.de,
https://www.gehirnlernen.de/gehirn/plastizit%C3%A4t/

Material 7

Neuronale Morphologie
Bei Personen mit Fragilem-X-Syndrom besitzen die Dendriten der Nervenzellen – speziell deren faden- oder pilzartigen Fortsätze, die Dornen – eine charakteristische Struktur.

Die Struktur der Dornen besitzt eine große Variabilität. Nur an reifen Dornen werden synaptische Kontakte ausgebildet, dies gilt unter anderem auch für die Glutamat führenden Synapsen.

Um die Auswirkungen eines Mangels an FMRP auf die dendritische Struktur zu untersuchen, führten Forscher eine Reihe von Studien durch, bei denen Gehirnzellen sowohl von verstorbenen Patienten mit Fragilem X-Syndrom als auch von FMR1-Knockout-Mäusen verwendet wurden. Bei beiden Untersuchungen wurde jeweils auch eine Kontrollgruppe betrachtet.

Dornen bei Personen mit Fragilem-X-Syndrom und Kontrollpersonen

Abbildung 7.1: Mikroskopisches Bild eines Dendriten mit Dornen

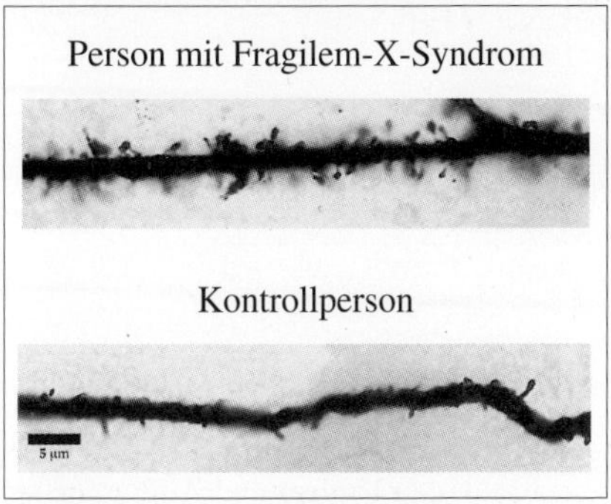

Abbildung 7.2: Verschiedene Strukturen von Dornen (Schema)

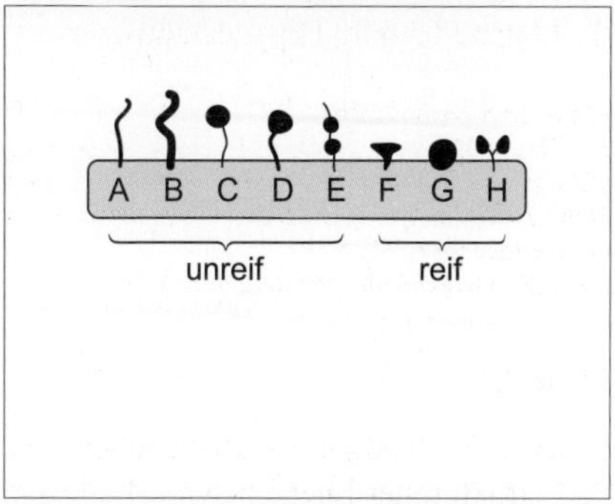

Abbildung 7.3: Anteil verschiedener Dornenstrukturen im Gehirn

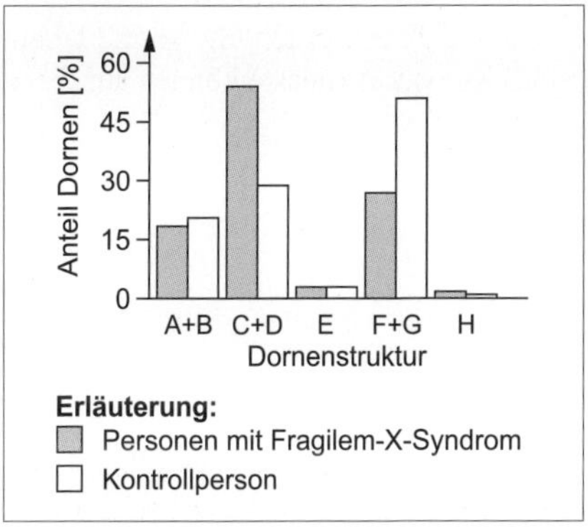

Abbildung 7.4: Anteil verschiedener Dornenlängen im Gehirn

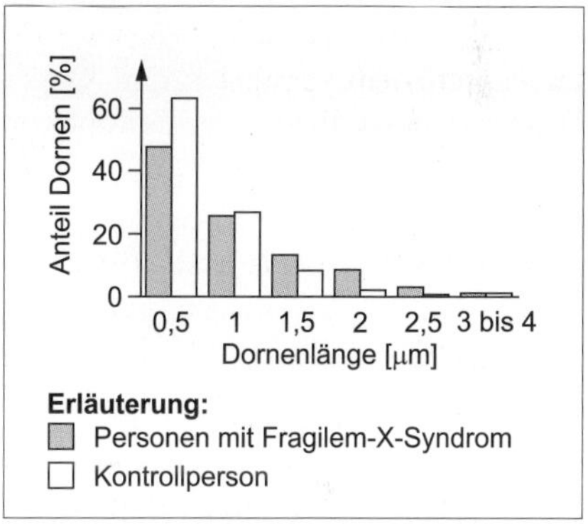

Abbildung 7.5: Anteil verschiedener Dornlängen im Gehirn von Mäusen unterschiedlichen Alters

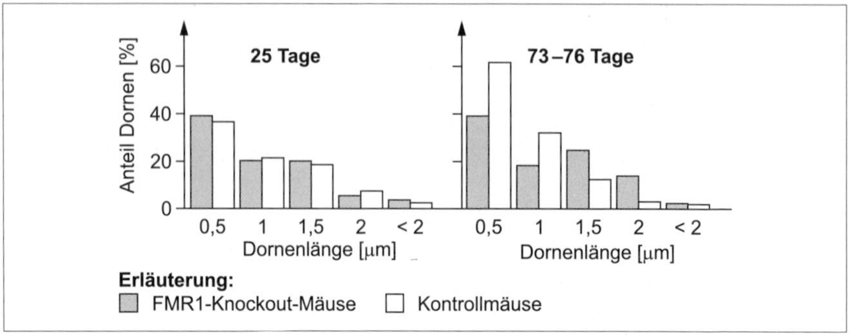

Material 7 basiert auf:
Abb. 7.1: Scott A. Irwin, Roberto Galvez, William T. Greenough: Examples of typical spine morphologies on Golgi-impregnated dendrites from (A) a human afflicted by fragile-X syndrome and (B) an unaffected control. Dendrites are at extremes of density differences and not intended to depict the norm, Cerebral Cortex, Volume 10, Issue 10, October 2000, Pages 1038–1044
Abb. 7.2–7.4: William T. Greenough, Anna Y. Klintsova, Scott A. Irwin, Roberto Galvez, Kathy E. Bates: Synaptic regulation of protein synthesis and the fragile X protein, PNAS June 19, 2001 98 (13) 7101-7106; Figure 4, https://www.pnas.org/content/98/13/7101
https://www.researchgate.net/publication/7859863_Sequence_of_abnormal_dendritic_spine_development_in_primary_somatosensory_cortex_of_a_mouse_model_of_the_fragile_X_mental_retardation_syndrome
https://www.academia.edu/8223101/Abdominal_dentritic_spine_characteristics_in_the_temporal:and_visual_cortics_of_patients_with_fragole-X-syndrome_A_quantiative_examination?auto_download
https://academic.oup.com/biohorizons/article/doi/10.1093/biohorizons/hzt001/301323

Lösungsvorschläge

In der Aufgabe thematisierte Unterrichtsinhalte sind:

Genetik und Gentechnik:
- *Transkription bei Eukaryoten, RNA-Processing, Inaktivierung von DNA durch Methylierung*
- *Stammbaumanalyse im Hinblick auf Vererbungsmodi, Zuordnung der Genotypen*
- *Prinzip der Gelelektrophorese, Anwendung und Zuordnung von Genfragmenten Zuordnung der Bandenmuster zu Genotypen*
- *Genetischer Code und Arbeit mit der Codesonne*
- *Mutationen und deren Einfluss auf die Funktion von Proteinen*

Neuro- und Sinnesphysiologie:
- *Erregungsübertragung an Acetylcholin führenden Synapsen*
- *Entstehung von EPSPs und IPSPs an der Postsynapse*
- *Glutamat führende Synapsen*
- *Verarbeitung von Erregung im ZNS*
- *Neuronale Morphologie an Dendriten der Neurone im ZNS*

1 *Kompetenzbereiche (siehe S. I f.): F1 und K2*
In dieser Aufgabe sollen zunächst die Vorgänge bei der Transkription und der Reifung der DNA beschrieben werden. Geben Sie dazu eine unterrichtsbezogene exakte Beschreibung der Transkription im Zellkern der Eukaryoten. Dabei kann es hilfreich sein, zuerst die damit verbundenen Fachtermini zusammenzutragen und diese dann in eine sinnvolle Reihenfolge zu bringen. Fragen Sie sich: „Wer verursacht was in diesem biochemischen Ablauf der Transkription und welche Komponenten müssen vorhanden sein?"
Im zweiten Schritt geben Sie den Einfluss der DNA-Methylierung auf den Zustand des Chromatins und damit auf den Ablauf der Proteinbiosynthese an.

Unterrichtsbezogene Beschreibung der wesentlichen Vorgänge von Transkription und mRNA-Reifung sowie des Einflusses der Methylierung auf die Proteinbiosynthese:

Transkription: Die Synthese eines mRNA-Transkriptes verläuft in drei Phasen: Initiation, Elongation und Termination.
- Der DNA-Doppelstrang wird von der RNA-Polymerase am Initiationsort, der Promotorregion, geöffnet, d. h., die Wasserstoffbrückenbindungen der komplementären Stränge werden gelöst.
- An den codogenen Strang lagern sich im Zellkern vorhandene Nukleotide komplementär an und werden von der RNA-Polymerase in 5'→3'-Richtung verknüpft.

– Die Basenfolge, die das Ende der Transkription signalisiert, ist bei Eukaryoten das Polyadenylierungssignal, welches als AAUAAA-Sequenz in der mRNA auftaucht. 10 bis 35 Nucleotide „stromabwärts" dieses Signals schneiden mit dem wachsenden Transkript assoziierte Proteine dieses von der Polymerase ab. Das führt zur Freisetzung der noch nicht prozessierten prä-mRNA.

Reifung der mRNA: Die prä-mRNA enthält Introns (nicht codierende Sequenzen) und Exons (codierende Sequenzen). Ein wichtiger Schritt der RNA-Prozessierung ist das Spleißen, bei dem die Introns aus dem Primärtranskript herausgeschnitten und die Exons verknüpft werden.
An das 5'-Ende der prä-mRNA wird eine Cap-Struktur angelagert. Das 3'-Ende wird ebenfalls modifiziert, indem ein Enzym 50–200 Adenin-Nukleotide, den sogenannten Poly-A-Schwanz, anfügt. Diese beiden Strukturen sind zunächst Reifungssignale, die anzeigen, dass die mRNA zum Transport ins Cytoplasma bereit ist. In der Folge schützen sie die mRNA vor einem vorzeitigen Abbau durch Ribonukleasen.

Einfluss der Methylierung auf die Proteinbiosynthese: Die Methylierung der DNA kennzeichnen bei den Eukaryoten nicht transkribierte Bereiche der DNA. Durch die Anlagerung von Methylgruppen werden die betroffenen DNA-Bereiche für die RNA-Polymerase unzugänglich, wodurch die Transkription und folglich auch die gesamte weitere Proteinbiosynthese verhindert wird.

Eine Acetylierung von Histonen bewirkt dagegen eine Auflockerung des Chromatins, sodass die für die Transkription benötigten Proteine leichteren Zugang zu den zu transkribierenden DNA-Bereichen haben. Daraus folgt eine Aktivierung der betreffenden Gene.

2 *Kompetenzbereiche (siehe S. I f.):F2, K2 und K3*
Die Aufgabenstellung enthält insgesamt drei Operatoren. Achten Sie bei solch umfangreichen Aufgaben besonders darauf, nichts zu übersehen.

- *Zunächst sind Sie aufgefordert, die Ihnen aus dem Unterricht bekannten Regeln und Gesetzmäßigkeiten anzuwenden, um die Genotypen der in der Aufgabenstellung genannten Personen zu bestimmen. Die Allelsymbole sind Ihnen aus dem Unterricht vermutlich nicht in dieser Form geläufig, können aber mithilfe von Material 2 erschlossen werden.*
- *Anschließend sollen Sie die Materialgrundlage untersuchen und einzelne auffällige Elemente identifizieren, die Beziehung zwischen diesen erfassen und dokumentieren. Was fällt Ihnen am Stammbaum auf? Treffen Sie eine Aussage zum Vererbungsmodus und belegen Sie diese anhand des Materials. Wie korrelieren die Ergebnisse aus der Analyse des Stammbaums mit der Risikobetrachtung in Abb. 2.2?*
- *Zuletzt sind Sie aufgefordert, eine Hypothese zur Ursache der Verlängerung der CGG-Repeats von Generation zu Generation zu entwickeln. Denken Sie an Fehler, die bevorzugt bei der Reduktionsteilung auftreten können.*

Bestimmung der Genotypen:
Person 1: $X_{S*}\,X_S$ oder $X_{S*}\,X_{S*}$
Person 2: $X_S\,Y$
Person 5: $X_{S*}\,Y$
Person 6: $X_S\,X_S$
Person 11: $X_{S*}\,X_S$
Person 17: $X_L\,X_S$
Person 18: $X_L\,Y$

Analyse der Entwicklung des Gendefekts im Stammbaum über mehrere Generationen hinweg:
Zunächst fällt auf, dass im Gegensatz zu X-chromosomal-rezessiv vererbten Gendefekten (wie z. B. der Bluterkrankheit) im Stammbaum Männer und Frauen annähernd gleich häufig Merkmals- bzw. Prämutationsträger sind. Der Zustand der Kinder aus der Verbindung der Personen 7 und 8 legt nahe, diesen Erbgang als X-chromosomal-dominant zu definieren, da aus der Verbindung einer Merkmalsträgerin und eines gesunden Mannes sowohl ein gesunder Sohn und eine gesunde Tochter als auch ein merkmalstragender Sohn hervorgehen. Weiter ist festzustellen, dass sich die Ausprägung des Fragilen-X-Syndroms von Generation zu Generation verstärkt, d. h., die CGG-Repeats im FMR1-Gen nehmen zu: Während die Prämutationsträgerin in der 1. Generation nur 70 CGG-Repeats aufweist, treten in der 3. und 4. Generation bereits Vollmutationen mit 250 bis 450 Wiederholungen auf.
Die in der Stammbaum-Abbildung erkennbare Zunahme der CGG-Repeats korreliert mit den in der Abbildung 2.2 dargestellten Daten dahingehend, dass die Wahrscheinlichkeit, dass sich ein prämutierter CGG-Repeat in den Vollmutationsbereich verlängert, von der Länge des elterlichen Allels abhängt: Bei den Kindern der Person 1 mit 70 CGG-Repeats liegt das Risiko für die Ausprägung einer Vollmutation beispielsweise nur bei ca. 20 %, wohingegen es bei den Nachkommen der Personen 11 und 12, mit 90 bzw. 85 Wiederholungen, bereits über 60 % beträgt. Während der Stammbaum für Person 1 keine Kinder mit Vollmutation aufweist, zeigt er für die Personen 11 und 12 jeweils Kinder mit Vollmutationen.

Entwicklung einer Hypothese zur Ursache der Verlängerung des Repeats:
Die molekulare Ursache für die Triplett-Expansion liegt möglicherweise in der „Instabilität“ schon prämutierter Gene. Im Verlauf der Keimzellenbildung können daher gehäuft Replikationsfehler wie etwa das Verrutschen der neu synthetisierten DNA-Stränge an den Replikationsgabeln auftreten.

Weitere mögliche Ursachen wären Fehler im Verlauf der Meiose wie beispielsweise ungleiche Crossing-over-Ereignisse.

3 *Kompetenzbereiche (siehe S. I f.):F1, F2, E1 und K3*
Das Prinzip der Gelelektrophorese haben Sie im Unterricht kennengelernt. Verwenden Sie das dort gewonnene Wissen als Grundlage der Beschreibung. Stellen Sie sich geeignete Fragen, wie z. B.: Welche Eigenschaften haben Produkte, die mit einer Gelelektrophorese getrennt werden können? Nach welchen Kriterien werden die Moleküle getrennt? Wer oder was bewirkt die Trennung der Moleküle? Für die Zuordnung jeweils einer Person aus dem Stammbaum zu den Banden in der Gelelektrophorese verwenden Sie am besten Abbildung 2.3 und tragen dort direkt mögliche Zuordnungen ein. Beachten Sie, dass die Zahl der untersuchten Proben kleiner ist als die Zahl der Personen im Stammbaum; Mehrfach-Zuordnungen sind möglich! Denken Sie unbedingt daran, die Zuordnungen zu begründen.

Unterrichtsbezogene Beschreibung des Prinzips der Gelelektrophorese:
Mit der Methode der Gelelektrophorese können elektrisch geladene Moleküle bzw. Molekülfragmente in einem Gel, an das eine elektrische Gleichspannung angelegt wird, nach ihrer Größe bzw. Länge getrennt werden. Die Probe mit den zu trennenden Bestandteilen, z. B. negativ geladene unterschiedlich große Proteine oder DNA-Fragmente, wird in kleine Taschen im Gel auf der Kathodenseite (Minuspol) eingefüllt. Nach Anlegen einer Gleichspannung beginnen die geladenen Moleküle im Gel in Richtung Anode (Pluspol) zu wandern. Die Gelmatrix verhält sich wie ein sehr feines Sieb, das z. B. kleinere DNA-Fragmente schneller durchqueren können als größere. Die entstehenden Banden, die nach einer vorgegebenen Laufzeit im Gel eine Ansammlung gleich großer Fragmente darstellen, werden durch Anfärben sichtbar gemacht. Die jeweilige Länge der getrennten DNA-Fragmente lässt sich durch Vergleich mit einem DNA-Längenstandard, der im Gel meist direkt mitläuft, bestimmen.

Begründete, exemplarische Zuordnung der Bandenmuster:

Bandenmuster A:	Es handelt sich um die Probe eines gesunden Mannes, da nur eine Bande mit S-Fragmenten (normal lange Fragmente) mit ca. 30 CGG-Repeats vorliegt. Die infrage kommenden Personen sind 2, 3, 7, 9, 13 und 14. *(Nur eine Person muss zugeordnet werden.)*
Bandenmuster B:	Die Probe stammt von einer (homozygot) gesunden Frau, da nur eine Bande mit S-Fragmenten vorliegt. Hier kommen die Personen 6, 16 und 19 infrage. *(Nur eine Person muss zugeordnet werden.)*
Bandenmuster C & E:	Hierbei handelt es sich um die Proben zweier verschiedener erkrankter Männer mit Vollmutationen. Es liegt jeweils eine Bande mit L-Fragmenten (vollmutiert) vor, wobei E mehr Repeats aufweist als C. Die infrage kommenden Personen sind 15 und 20, 20 und 18 oder 15 und 18. *(Nur jeweils eine Person muss zugeordnet werden.)*

Bandenmuster D:	Die Probe ist von einer Prämutations-Trägerin. Sie ist heterozygot, da eine Bande mit S- und eine mit S*-Fragmenten zu erkennen ist (normale und prämutierte Länge). Die Personen 1, 4, 11 und 12 kommen hier infrage. *(Nur eine Person muss zugeordnet werden.)*
Bandenmuster F:	Diese Probe stammt von einer erkrankten Frau. Sie ist heterozygot, da eine Bande mit S- (normale Länge) und eine mit L-Fragmenten (vollmutiert) vorliegt. Hier kommen die Personen 8 und 17 infrage. *(Nur eine Person muss zugeordnet werden.)*

4 *Kompetenzbereiche (siehe S. I f.): F2, K1 und K3*
Um die Aminosäuresequenzen des FMR1-Proteinausschnitts einer gesunden Person und eines Patienten mit Fragilem-X-Syndrom angeben zu können, müssen Sie aus dem Unterricht bekannte Definitionen, Regeln und Gesetzmäßigkeiten im Zusammenhang mit dem genetischen Code und der Genexpression anwenden. Denken Sie daran, dass die Codesonne von innen nach außen die Tripletts der mRNA angibt. Was unterscheidet den nicht codogenen Strang der DNA von dem entsprechenden Fragment der mRNA?

Angabe der Aminosäuresequenzen des FMR1-Protein-Ausschnitts einer gesunden Person und eines Patienten mit Fragilem-X-Syndrom:

Gesunde Person:	Lys – Leu – Ile – Gln – Glu
Patient:	Lys – Leu – Asn – Gln – Glu

5 *Kompetenzbereiche (siehe S. I f.):F1, F2, K1, K3*
Aus den gegebenen Daten sind zwei Modelle für die Entwicklung des Fragilen-X-Syndroms herzuleiten. Lesen Sie noch einmal die Texte in Material 2 und 3 (Fall 1 und Fall 2). Erinnern Sie sich an die Wirkung der Methylierung von DNA auf die Genexpression und an die Folgen von Missense-Mutationen für sensible Bereiche der Sekundär- und Tertiärstruktur von Proteinen.

Erläuterung der Auswirkungen der jeweiligen Mutation auf Bildung und Struktur des FMR1-Proteins (FMRP) für beide Formen des Fragilen-X-Syndroms:

Im **Fall 1** (vgl. Material 2) entwickelt sich das Krankheitsbild des Fragilen-X-Syndroms, wenn bei den Betroffenen mehr als 200 Wiederholungen des CGG-Nukleotids vorliegen. Ab 200 Repeats sind die Cytosine weitgehend methyliert, wobei sich die Methylierung über den gesamten CGG-Repeat-Bereich, über angrenzende DNA-Abschnitte und bis in den Promotorbereich hinein erstreckt. Die Methylierung hat zur Folge, dass das FMR1-Gen nicht transkribiert wird.

Im **Fall 2** (vgl. Material 3) liegt eine Punktmutation (Missense-Mutation) in dem Triplett vor, das die Aminosäure an Position 304 im FMR1-Protein (FMRP) codiert. Dadurch wird nicht wie bei gesunden Personen die Aminosäure Leucin eingebaut, sondern Asparagin. Diese Missense-Mutation an einer entscheidenden Position innerhalb des Proteins führt dazu, dass sich dessen Sekundär- und Tertiärstruktur verändert.

Herleitung eines Zusammenhangs zwischen den beschriebenen Mutationen und der Entstehung des Krankheitsbilds:
Während im Fall 1 kein FMRP hergestellt wird, da die Transkription behindert ist, kommt es im Fall 2 zur Synthese eines Proteins, das aufgrund seiner veränderten Struktur im mRNA-bindenden Bereich KH2 jedoch funktionslos ist.
Sowohl das Fehlen des FMRP als auch die beeinträchtigte /nicht mehr vorhandene Bindungsfähigkeit des veränderten Proteins an mRNA führen dazu, dass die Regulation der Bildung von Proteinen in Nervenzellen gestört ist. Infolge der Fehlregulation ist die Funktion der betroffenen Nervenzellen beeinträchtigt, was die beschriebenen Krankheitssymptome wie Intelligenzminderung und Entwicklungsverzögerung nach sich zieht.

6 *Kompetenzbereiche (siehe S. I f.): F1 und K2*
Bei dieser Aufgabe sollen Sie Ihre Kenntnisse aus dem Unterricht zur synaptischen Übertragung konzeptbezogen und fachsprachlich richtig darstellen. Je nach Vorerfahrungen kann es hilfreich sein, zunächst eine Skizze einer erregenden Verknüpfung zweier Nervenzellen oder einer neuromuskulären Synapse zu erstellen, um sie dann in Text umzusetzen.

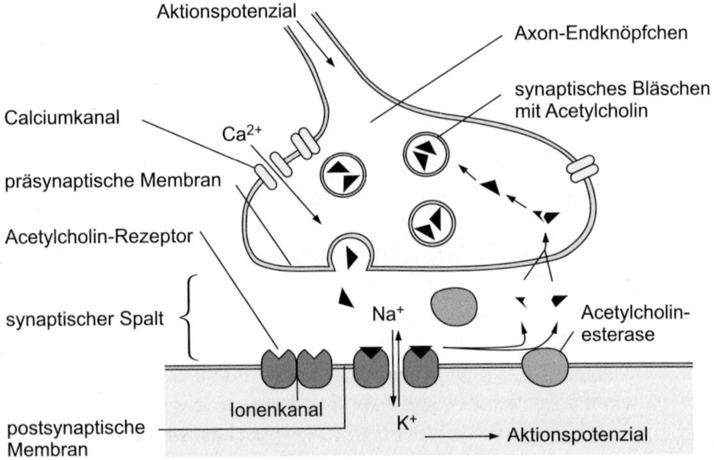

Denken Sie bei der Darstellung der Vorgänge, die zu einem IPSP führen, an die Ionenverteilung innen/außen an der postsynaptischen Membran und an die verschiedenen Typen von transmittergesteuerten Ionenkanälen.

Unterrichtsbezogene Beschreibung der Erregungsübertragung an einer erregenden Acetylcholin führenden Synapse:
Trifft ein fortgeleitetes Aktionspotenzial am Axonendknöpfchen der präsynaptischen Zelle ein, so werden durch die Potenzialänderung zunächst Calcium-Ionen-Kanäle in der Membran geöffnet und Calcium-Ionen strömen ins Innere des Axonendknöpfchens (Präsynapse). Durch den Anstieg der intrazellulären Calcium-Ionen-Konzentration verschmelzen einige der zahlreichen transmittergefüllten Vesikel mit der präsynaptischen Membran und schütten den in ihnen enthaltenen Transmitter Acetylcholin (ACh) in den synaptischen Spalt aus.

Jeweils etwa 5 000 Moleküle Acetylcholin sind in jedem Vesikel dieses am besten untersuchten Synapsentyps enthalten.

Die Calcium-Ionen werden mithilfe von Ionenpumpen wieder aus der Präsynapse befördert.
Die Transmittermoleküle diffundieren innerhalb von ca. 0,1 ms durch den synaptischen Spalt zur postsynaptischen Membran. Dort besetzen sie nach dem Schlüssel-Schloss-Prinzip Acetylcholinrezeptoren in der Membran, wodurch sich Natrium-Ionenkanäle öffnen. Die im Außenmedium in hoher Konzentration vorliegenden Natrium-Ionen strömen in die postsynaptische Zelle und depolarisieren die postsynaptische Membran. Das entstehende erregende postsynaptische Potenzial (EPSP) ist proportional zur ausgeschütteten Transmittermenge. Bei überschwelliger Depolarisation der postsynaptischen Zelle werden Aktionspotenziale gebildet, die fortgeleitet werden.
Das Acetylcholin löst sich wieder von den Rezeptoren und wird von dem im synaptischen Spalt aktiven Enzym Acetylcholinesterase zu Cholin und Acetat abgebaut. Die Spaltprodukte diffundieren zurück zur postsynaptischen Membran, werden dort in das Axonendknöpfchen aufgenommen und zu Acetylcholin resynthetisiert.

Unterrichtsbezogene Beschreibung der Vorgänge an der postsynaptischen Membran, die zur Entstehung eines IPSP führen:
Inhibitorische postsynaptische Potenziale (IPSPs) entstehen an hemmenden Synapsen. Diese unterscheiden sich von erregenden (excitatorischen) Synapsen im Aufbau und der Funktion der postsynaptischen Membran. Die Besetzung der Membranrezeptoren mit Transmittermolekülen öffnet hier transmittergesteuerte K^+- oder Cl^-- Kanäle. Dadurch strömen entsprechend ihrem Konzentrationsgefälle K^+-Ionen aus der Postsynapse heraus bzw. Cl^--Ionen in die Postsynapse hinein. Dies führt zu einer Hyperpolarisation der postsynaptischen Membran.

7 *Kompetenzbereiche (siehe S. I f.): F2, K2 und K3*
Die Aufgabenstellung fordert von Ihnen, Sachverhalte, die Sie vermutlich nicht aus dem Unterricht kennen, aus einer Abbildung (4.1) zu entnehmen und fachsprachlich richtig und verständlich darzustellen.
Vergleichen Sie zunächst die Abbildungen A und B und notieren Sie die Unterschiede unter Berücksichtigung der Erläuterung der verwendeten Pfeile. Die Dicke der Pfeile sagt hier etwas über die Intensität des dargestellten Vorgangs aus. Nach der Beschreibung der Abläufe in der Postsynapse mit und ohne FMRP sind Sie aufgefordert, aus den erläuterten Sachverhalten Erklärungsmöglichkeiten für das Krankheitsbild des Fragilen-X-Syndroms zu finden.

Erläuterung der Funktionsweise der in Material 4 dargestellten Glutamat führenden Synapse und der Folgen der beiden Mutationsformen im FMR1-Gen für die Funktion dieser Synapse:
Beim Vergleich der beiden Schemata zur Funktion einer Glutamat führenden Synapse fällt auf, dass die in beiden Darstellungen identischen mGluR5-Rezeptoren, wenn sie mit Glutamat besetzt sind, die Expression eines Gens aktivieren. Die Genprodukte (Proteine) spielen eine wichtige Rolle für den vermehrten Einbau von excitatorisch wirksamen AMPA-Rezeptoren in die postsynaptische Membran bzw. deren Eliminierung aus der Membran durch Endocytose und Abbau im Cytoplasma. Die Intensität von Einbau und Abbau hängt von der Menge der gebildeten Proteine ab. Sind viele Proteine vorhanden, überwiegt der Abbau. Das FMR1-Protein (FMRP) wirkt hemmend auf die Proteinsynthese und hat somit eine wichtige Funktion bei der Regulation der AMPA-Rezeptoren-Dichte in der Membran des postsynaptischen Neurons.
Im Fall des Fragilen-X-Syndroms fehlt FMRP oder seine Funktion ist eingeschränkt bzw. geht verloren. Daraus folgt, dass die Biosynthese der den Abbau der AMPA-Rezeptoren fördernden Proteine nicht gehemmt wird. Das Gleichgewicht zwischen Einbau und Abbau der AMPA-Rezeptoren ist dahingehend gestört, dass eine verringerte Dichte an AMPA-Rezeptoren in der Membran vorliegt. Die Folge davon ist, dass es bei Erregung nicht mehr zu normal starken EPSPs kommen kann und sich die Effektivität der excitatorischen Erregungsübertragung reduziert.

Deutung der bei Fragilem-X-Syndrom auftretenden Symptome unter neurophysiologischen Gesichtspunkten:
Ist in den Neuronen der Hirnregionen, die für Emotionen, Motivation und Gedächtnisleistung wichtig sind, kein funktionsfähiges FMRP vorhanden, verstärkt sich die Wirkung der mGluR5-Rezeptoren. Dadurch ergeben sich große Verluste an AMPA-Rezeptoren, was eine Verringerung der excitatorischen Erregungsleitung in den betroffenen Bereichen nach sich zieht. Die Erregungsarmut in diesen Hirnregionen führt zu einer Langzeitdepression und könnte die kognitiven Defizite der Patienten erklären.

8 *Kompetenzbereiche (siehe S. I f.): F2, E2 und B1*
Aus dem Unterricht kennen Sie einige Substanzen, die einen störenden Einfluss auf die synaptische Transmission haben. Dazu gehören zahlreiche giftige Stoffe aus Pflanzen (z. B. Atropin, Nicotin, Curare, Meskalin), aus Pilzen (z. B. Muscarin) oder aus Mikroorganismen (z. B. Tetanustoxin und Botulinustoxin). Diese greifen auf unterschiedliche Weise in die Transmission der Erregung von Neuron zu Neuron oder von Neuron zu Muskelfaser ein.
Überlegen Sie, welchen Wirkmechanismus ein Medikament aufweisen sollte, um die Wirkung des Glutamats an der postsynaptischen Membran zu reduzieren oder zu hemmen. Beachten Sie, dass die Aufgabenstellung den Wirkort des Medikaments vorgibt.

Herleitung einer möglichen Wirkungsweise für ein im synaptischen Spalt wirkendes Medikament, welches die Symptome der Betroffenen mildern könnte:
Die Symptome der vom Fragilen-X-Syndrom Betroffenen beruhen auf einer verstärkten Wirkung des Transmitters Glutamat oder genauer auf der fehlenden Regulierung der Wirkung des Transmitters auf Neuronen in ZNS. Folglich sollte das Medikament die Glutamatwirkung reduzieren.

Als Medikament könnte eine Substanz zum Einsatz kommen, die Glutamat reversibel bindet und so im synaptischen Spalt abfängt. Mit der entsprechenden Dosierung könnte man die Wirkung des Glutamats steuern.

Oder:
Als Medikament könnte ein Wirkstoff eingesetzt werden, der als Antagonist (Mimetikum) des Glutamats die mGluR5-Rezeptoren besetzt und dadurch die vom Glutamat induzierte Signalübertragung unterbricht bzw. reduziert. Infolgedessen könnte die Proteinsynthese reduziert werden. Um wirksam zu sein, müsste der Antagonist eine ähnliche chemische Struktur aufweisen wie Glutamat.

9 *Kompetenzbereiche (siehe S. I f.): F1 und B1*
Zusammenfassen bedeutet hier, das Wesentliche der in den Abbildungen 7.3, 7.4 und 7.5 dargestellten Untersuchungsergebnisse in strukturierter komprimierter Form unter Verwendung der Fachsprache herauszustellen. Die Betrachtung der Abbildungen 7.1 und 7.2, in denen das mikroskopische Bild von Dendriten mit Dornen von Neuronen im ZNS und in Ergänzung deren schematische Darstellung gezeigt wird, gibt Ihnen eine Vorstellung vom Untersuchungsgegenstand, der den Ergebnissen in den Abb. 7.3 und 7.4 zugrunde liegt.
Klären Sie für sich zunächst, was reife von unreifen Dornen unterscheidet, bevor Sie die prozentualen Anteile von Dornenstrukturen und Dornenlängen bei Personen mit Fragilem-X-Syndrom im Vergleich zu gesunden Personen erfassen. Dies ist wichtig für die Analyse der in Abb. 7.5 dargestellten Ergebnisse aus der Untersuchung von Mäusegehirnen. Schließlich prüfen Sie alle untersuchten Sachverhalte auf Erklärungsmöglichkeiten im Hinblick auf die Gedächtnisleistung von Patienten im Vergleich zu Gesunden. Nutzen Sie dazu auch die Materialien 5 und 6.

Zusammenfassung der Untersuchungsergebnisse von Abbildung 7.3 und 7.4:
Die der Untersuchung zugrunde liegende Fragestellung ist: Unterscheidet sich die Morphologie der neuronalen Dornen von Personen mit Fragilem-X-Syndrom charakteristisch von der gesunder Personen?
Dies kann durch Vergleich der mikroskopischen Bilder (7.1) bestätigt werden. Die Auswirkungen eines Mangels an funktionsfähigem FMRP führen zu veränderten prozentualen Anteilen der Dornenstrukturen (vgl. 7.2 und 7.3) und folglich auch der Dornenlängen (vgl. 7.4). Nach den Daten in Abb. 7.3 sind die Dornen der Personen mit Fragilem-X-Syndrom eher fadenförmig und damit unreif (Abb. 7.2 A–E), die der gesunden Kontrollpersonen eher pilzförmig und damit reif (Abb. 7.2 F–H). Der höhere prozentuale Anteil an unreifen Dornen bei den Betroffenen wird auch durch die Daten in Abb. 7.4 bestätigt: Personen mit Fragilem-X-Syndrom weisen deutlich mehr Dornen mit einer Länge von $\geq 1{,}5\ \mu m$ und deutlich weniger Dornen mit einer Länge von $0{,}5\ \mu m$ auf als die Gesunden.

Analyse des Untersuchungsergebnisses von Abbildung 7.5:
In den ersten 25 Lebenstagen verläuft die Dornenentwicklung an den Dendriten der Neuronen im Gehirn von FMR1-Knockout-Mäusen und einer Kontrollgruppe nahezu identisch. Das Fehlen von FMRP bei den Knockout-Mäusen scheint in dieser frühen Entwicklungsphase noch keine große Rolle zu spielen.
Die Neuronen älterer FMR1-Knockout-Mäuse (73–76 Tage) weisen jedoch deutlich mehr längere (unreife) und weniger kurze (reife) Dornen auf als die der gleichaltrigen Mäuse der Kontrollgruppe. Der Anteil der kurzen (reifen) Dornen liegt bei den FMR1-Knockout-Mäusen nur bei 40 %, während der Anteil in der Kontrollgruppe 65 % beträgt. Das bedeutet, dass die Reifung der Dornen der Versuchstiere erst nach den ersten 25 Lebenstagen erkennbar einsetzt und durch die fehlende Wirkung des FMRP bei den Knockout-Mäusen eingeschränkt ist.

Deutung der Ergebnisse hinsichtlich der Gedächtnisleistung:
Nur an reifen Dornen der Dendriten werden synaptische Kontakte ausgebildet. Da dies auch für die in dieser Aufgabe betrachteten Glutamat führenden Synapsen gilt, ist zu vermuten, dass diese synaptischen Kontakte bei Individuen mit Fragilem-X-Syndrom nur in geringerem Maße ausgeprägt werden. Dies hat eine strukturelle Langzeitdepression zur Folge, bei der die Übertragungseffizienz in den Neuronenverbänden vermindert ist, was die entsprechend geringere Gedächtnisleistung der Betroffenen bedingt.

Abiturprüfung 2021 Leistungskurs Biologie (Hessen)
Vorschlag C: Neurobiologie & Verhaltensbiologie, Genetik & Gentechnik

Achromatopsie – die Welt in Grau sehen

Achromatopsie ist eine vererbte Netzhauterkrankung, bei der die Zapfen komplett funktionsunfähig sind. Die betroffenen Menschen sind farbenblind. Am Forschungszentrum Tübingen gelang es erstmalig, an Versuchstieren mit Achromatopsie die Netzhauterkrankung umfassend zu therapieren. Nach vielversprechenden Ergebnissen der Gentherapie im Tierversuch haben die ersten klinischen Studien am Menschen begonnen.

Aufgaben

Aufbau und Funktion der Netzhaut und Symptomatik der Achromatopsie	BE
1 Benennen Sie die durch Nummern in Abbildung 1.1 gekennzeichneten Bestandteile der Netzhaut. Fassen Sie die wesentlichen Merkmale der Verteilung der Fotorezeptoren auf der Netzhaut zusammen. (Material 1)	8
2 Beschreiben und erläutern Sie den Vorgang der Signaltransduktion in einem Stäbchen der Netzhaut von der Absorption des Lichtes bis einschließlich der Erregung der Bipolarzellen. (Material 2)	12
3 Beschreiben und erläutern Sie Struktur und Funktion des NG-Kanals der Zapfen bei normalsichtigen Menschen unter Einbeziehung der Abbildung in Material 5. (Material 2, 3, 4 und 5)	7
4 Erklären Sie am Beispiel des CNG-Kanals den Zusammenhang zwischen der Mutation und der Signalverarbeitung einschließlich der Farbwahrnehmung und der Wahrnehmung von Grautönen bei der in Material 4 beschriebenen Form der Achromatopsie unter Einbeziehung der Abbildung 4.2. (Material 2, 3, 4 und 5)	13
5 Erklären Sie dic bei Achromatopsie zusätzlich auftretenden Symptome der verminderten Sehschärfe und des Nystagmus. (Material 1 und 4)	6
Genetische Grundlagen und Gentherapie der Achromatopsie	
6 Analysieren Sie den Stammbaum zur Achromatopsie auf mögliche Vererbungsmodi. Ordnen Sie die möglichen Genotypen der Personen 4, 5 und 24 zu und geben Sie die Erläuterungen der von Ihnen verwendeten Symbole an. (Material 6)	8
7 Beschreiben Sie ein Prinzip der Vermehrung eines DNA-Virus.	6

8 Beschreiben und erläutern Sie das Verfahren einer Genersatztherapie von der Herstellung des viralen Vektors bis zur Anwendung am Patienten mit Achromatopsie vom CNGA3-Typ. (Material 7, 8 und 9) 25

9 Entwickeln Sie auf Grundlage von Material 5 eine Hypothese, die erklärt, dass bei einer Genersatztherapie zur Behandlung der Achromatopsie keine Gefahr des Zelltods besteht. (Material 5 und 9) 8

10 Begründen Sie die Aussage: Das Auge ist ein besonders geeignetes Organ für die Erforschung und Kontrolle von Genersatztherapien. (Material 10) 7

100

Material 1

Bau der Netzhaut

Abbildung 1.1: Aufbau der Netzhaut

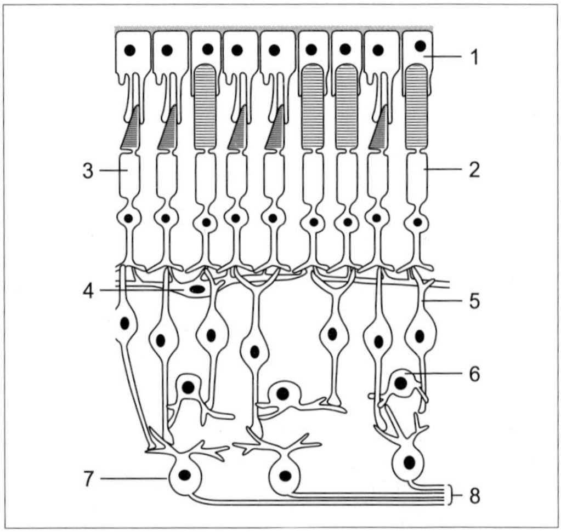

Die Netzhaut des Menschen enthält ca. 6 Millionen Zapfen und 120 Millionen sehr lichtempfindliche Stäbchen. Die zentrale Sehgrube bzw. der sogenannte gelbe Fleck ist der Bereich der Netzhaut, durch den beim Fixieren eines Gegenstandes die Sehachse verläuft. Dies entspricht einem Sehwinkel von 0°. Temporal wird als Bezeichnung für „an der Schläfe gelegen“ verwendet, nasal bedeutet in Richtung der Nase gelegen. Im Regelfall ist eine scharfe Abbildung nur in dem Bereich der zentralen Sehgrube gewährleistet. Hier erfolgt die Verschaltung der Sehzellen mit den Nervenzellen im Gegensatz zu allen anderen Bereichen der Netzhaut 1 : 1.

Abbildung 1.2: Aufbau des Auges (schematisch) mit Sehwinkeleinteilung

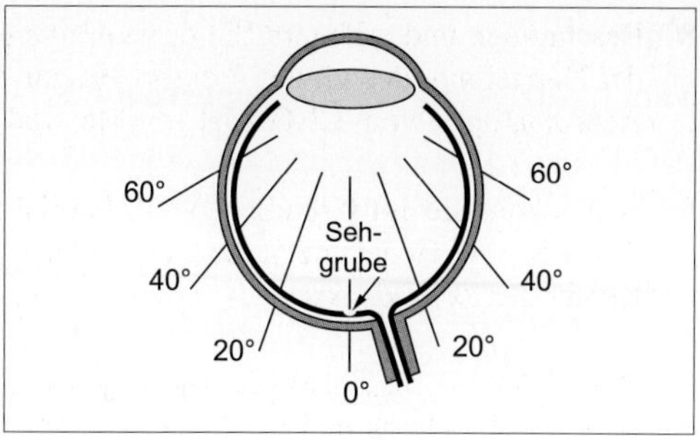

Abbildung 1.3: Verteilung der Fotorezeptoren

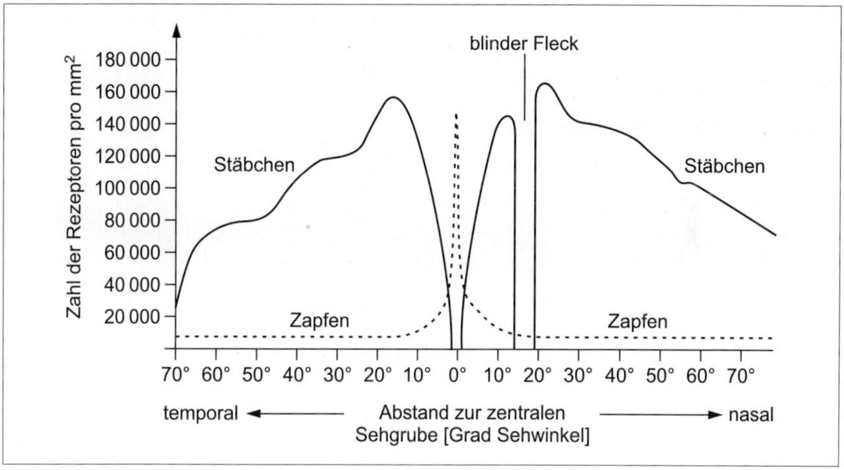

Material 1 basiert auf:
Abb. 1.2: Gerhard Funk: Netzhaut, Rezeptorzellen (Stäbchen und Zapfen), Digital Media for Artists vom 26.09.2006, http://www.dma.ufg.ac.at/app/link/Grundlagen%3AAllgemeine/module/16457?step=2
http:tuprints.ulb.tu-darmstadt.de/390/1/Diss-Altwein.pdf
http://www.dma.ufg.ac.at/app/link/Grundlagen%3AAllgemeine/module/16457?step=2
Regine Klinke: Nachts sind alle Katzen grau: Unterricht Biologie, Heft 288/289, Friedrich Verlag, Okt./Nov. 2003, S. 21.
Werner A. Müller et al.: Tier- und Humanphysiologie, 5. Auflage, Berlin, 2015. S. 579–583.

Material 2

Vom Lichtreiz zum Rezeptorpotenzial

Abbildung 2.1: Signaltransduktion in Stäbchen bei Dunkelheit und unter Lichteinfluss (Ausschnitt aus der Stäbchenmembran des Außensegments, Schema)

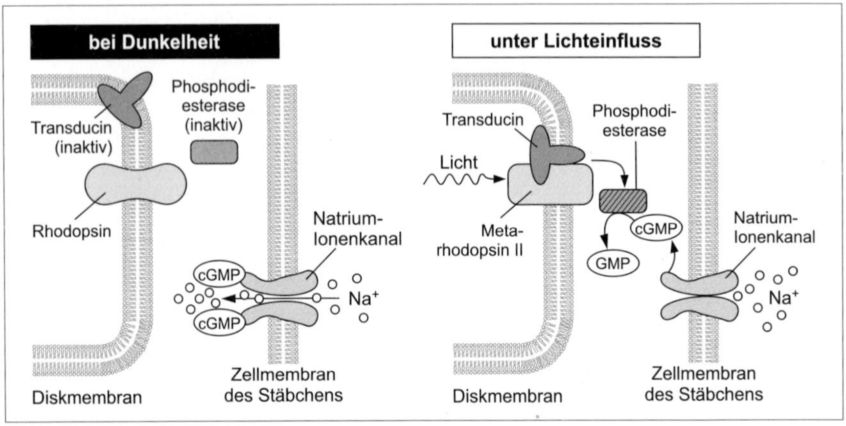

Abbildung 2.2 Erregungsweiterleitung an Bipolarzellen

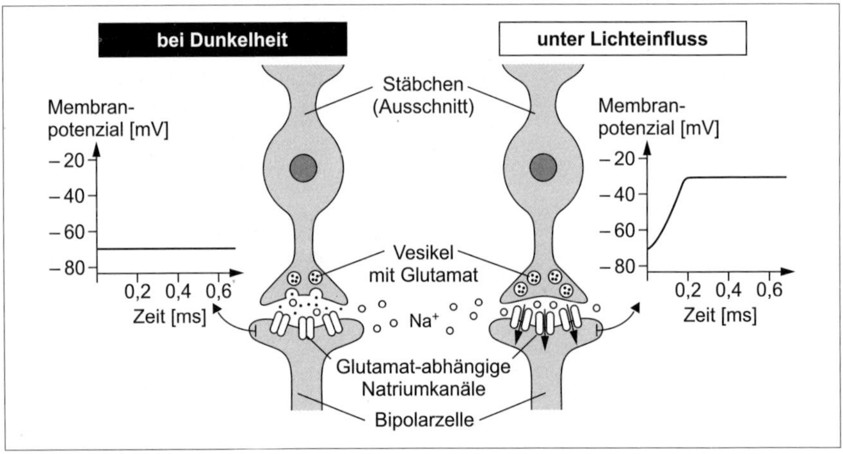

Material 2 basiert auf:
Joachim Becker et al.: Biosphäre, Sekundarstufe II Neurobiologie, Berlin, 2017, S. 75.
Joachim Becker et al.: Biosphäre, Sekundarstufe II Neurobiologie Klausurenheft, Berlin, 2016, S. 39.
Andrea Erdmann et al.: Grune Reihe Neurobiologie, Braunschweig, 2005, S. 45.
Neil A. Campell, Jane B. Reece: Biologie, 8. Auflage, München, 2011, S. 1 481.
Michael Walory, Elsbeth Westendorf-Bröring: Biologie heute SII, Lehrermaterialien Teil 1, Braunschweig, 2012, S. 187.
Dr. Mathias Ebel et al.: Grüne Reihe Neurobiologie, Braunschweig, 2015, S. 74–76.

Material 3

Farbensehen

Das Farbensehen beim Menschen basiert auf den Zapfen. Aufgrund ihrer Ausstattung mit unterschiedlich lichtempfindlichen Pigmenten werden drei Zapfentypen mit jeweils unterschiedlichen Absorptionsmaxima unterschieden. Die lichtempfindlichen Pigmente setzen sich jeweils aus einem Protein (Opsin) und 11-cis-Retinal zusammen. Die Opsine der drei Zapfentypen unterscheiden sich in ihrer Aminosäuresequenz und sorgen für die spezifischen Unterschiede in den Absorptionseigenschaften der Pigmente. Zapfen enthalten deutlich weniger Opsin im Vergleich zu Stäbchen und benötigen deshalb deutlich mehr Energie, um zu reagieren. Die physiologischen Vorgänge beim Sehen sind in den Zapfen prinzipiell mit der Erregungskaskade in Stäbchen vergleichbar. Die einzelnen an der Erregungskaskade beteiligten Proteine ähneln einander sehr in ihrem Aufbau und ihrer Funktion, sind jedoch jeweils spezifisch für Stäbchen bzw. Zapfen.

Material 3 basiert auf:
Andrea Erdmann et al.: Grune Reihe Neurobiologie, Braunschweig, 2005, S. 45.
Dr. Mathias Ebel et al.: Grüne Reihe Neurobiologie, Braunschweig, 2015, S. 74–76.

Material 4

Farbenblindheit (Achromatopsie)

Menschen mit angeborener Achromatopsie erscheint die Welt immer in Grautönen, ähnlich einem Schwarz-Weiß-Film. Von dieser seltenen Sehstörung Betroffene leiden zudem unter verminderter Sehschärfe und sind so blendempfindlich, dass intensives Licht für sie oft schmerzhaft ist. Die Patienten zeigen außerdem einen sogenannten Nystagmus, d. h. eine ständige, nicht kontrollierbare, rhythmische Ausgleichsbewegung der Augen („Augenzittern“). Man unterscheidet viele verschiedene Formen von Achromatopsie.

Folgende Abbildungen zeigen Messwerte von Membranpotenzialen von Zapfen einer normalsichtigen Person und einer Person mit einer bestimmten Form von Achromatopsie nach Lichteinfall.

Abbildung 4.1: Membranpotenzial bei einer normalsichtigen Person

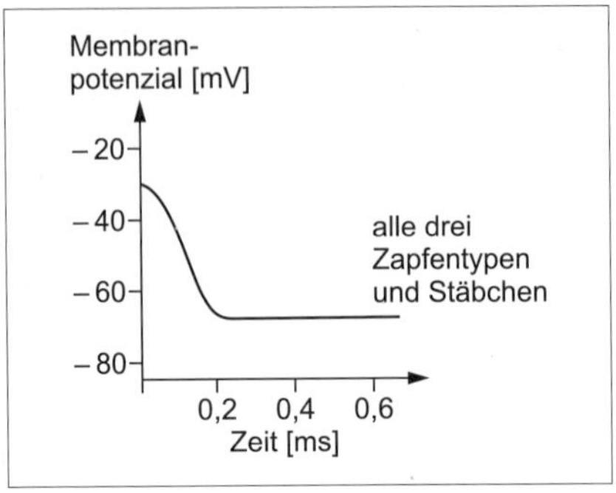

Abbildung 4.2: Membranpotenzial bei einer von Achromatopsie betroffenen Person

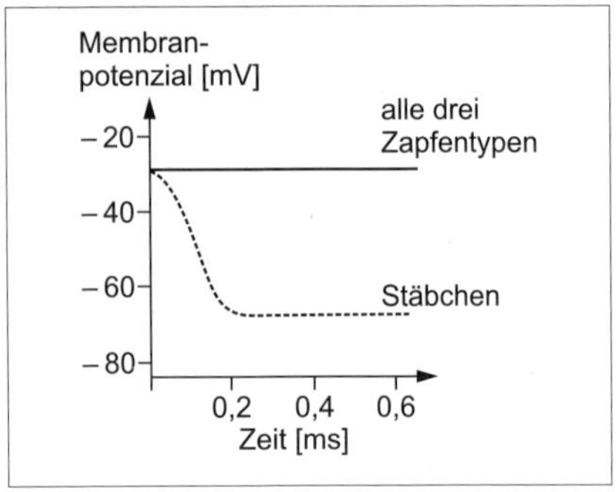

Material 4 basiert auf:
http://apickert.ch/farbenblindheit.pdf
https://www.uni-muenchen.de/aktuelles/medien/einsichten/archiv/2010/naturwissenschaften/licht_2010.pdf
Joachim Becker et al.: Biosphäre, Sekundarstufe II Neurobiologie Klausurenheft, Berlin, 2016, S. 39.
http://juser.fz-juelich.de/record/26448/files/Juel_4037_Traenkner.pdf

Material 5

Molekulare Ursachen für Achromatopsie

Auf der Suche nach der Ursache der Achromatopsie arbeiteten Wissenschaftler mit Mäusen als Modellorganismen. Sie identifizierten dabei mehrere Mutationen im Bereich von Genen, die Proteine der Signalkaskade bei Zapfen codieren und eine Rolle bei der Farbwahrnehmung spielen. Eine Form von Achromatopsie verursachender Mutationen betrifft das Gen CNGA3. Bei dieser Mutation handelt es sich um einen Aminosäureaustausch in den Polypeptidketten der α-Untereinheiten des CNG-Proteins. Die CNG-Kanäle sind hier im Vergleich zu den normalsichtigen Personen empfindlicher für die Bindung von cGMP.

Die Forscher untersuchten in diesem Zusammenhang auch die ligandengesteuerten Ionenkanäle des Außensegments der Zapfen bei farbenblinden und bei normalsichtigen Mäusen. Bei diesen zu der Gruppe der CNG-Kanäle (cyclic nucleotid gated channels) gehörenden Ionenkanälen handelt es sich um Kationenkanäle, die ebenfalls für Natriumionen permeabel sind. Sie unterscheiden sich in ihrem Aufbau von den Ionenkanälen der Stäbchen. Untersuchungen ergaben, dass ihre α- und β-Untereinheiten gemeinsam die Struktur des CNG-Ionenkanals bilden.

CNG-Kanalprotein in der Zapfenmembran bei Normalsichtigen

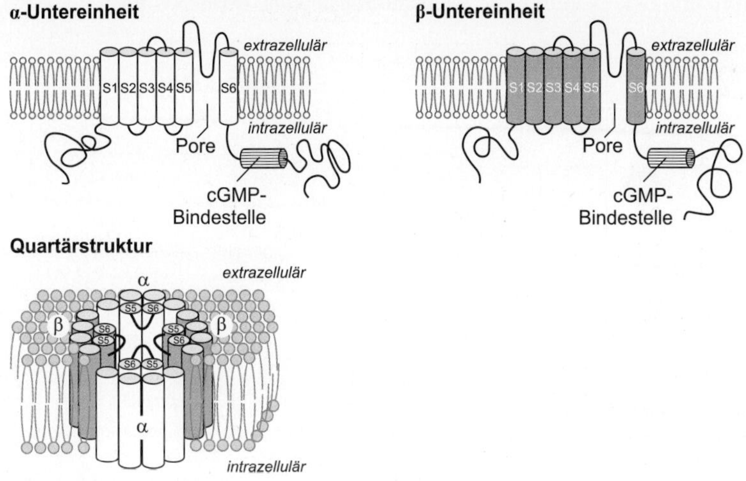

Erläuterung:
S1–S6 bezeichnen Segmente der Polypeptidkette

Material 5 basiert auf:
https://publikationen.uni-tuebingen.de/xmlui/bitstream/handle/10900/49451/pdf/Dissertation_Timm_Kraetzig.pdf?sequence=1&isAllowed=y
http://apickert.ch/farbenblindheit.pdf
https://www.uni-muenchen.de/aktuelles/medien/einsichten/archiv/2010/naturwissenschaften/licht_2010.pdf
http://oops.uni-oldenburg.de/1629/1/kraunt13.pdf
https://www.scinexx.de/news/biowissen/ursache-fuer-farbenblindheit-aufgeklaert/
Neil A. Campell, Jane B. Reece: Biologie, 8. Auflage, München, 2011, S. 1 481.
http://juser.fz-juelich.de/record/26448/files/Juel_4037_Traenkner.pdf

Material 6

Stammbaum einer Familie mit Achromatopsie vom Typ CNGA3

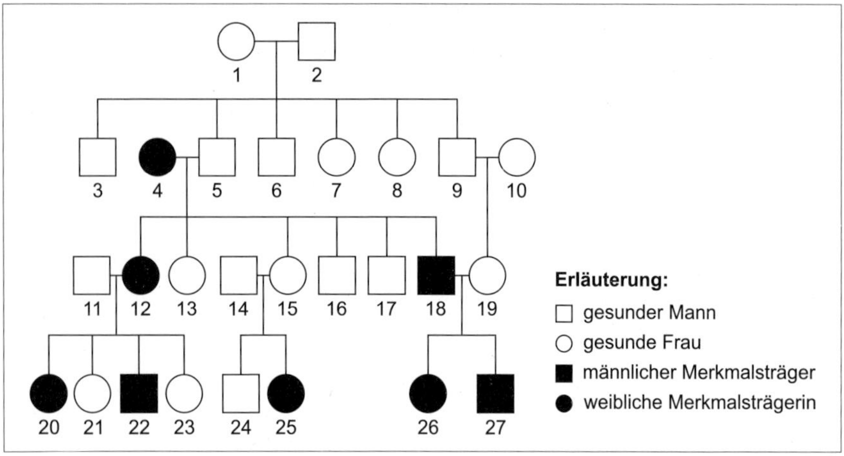

Material 6 basiert auf:
Michael Walory, Elsbeth Westendorf-Bröring: Biologie heute SII, Lehrermaterialien Teil 1, Braunschweig, 2012, S. 136.

Material 7

Adeno-assoziierte Viren (AAV) und Helferviren zur gentherapeutischen Behandlung der Achromatopsie

Adeno-assoziierte Viren (AAV) werden in der Gentherapie als Vektoren genutzt, um therapeutische Gene in menschliche Zellen zu schleusen. Diese sind so gut geeignet, weil durch dieses Vektorsystem keine Krankheiten ausgelöst werden können. Sie gehören zu den kleinsten bisher bekannten Viren und sind von einem Helfervirus, das dieselbe Zelle befällt, abhängig. Das Helfervirus liefert Proteine, die vom AAV für die Replikation in der Zelle benötigt werden. Bei einer Infektion gelangt in der Regel nur die DNA der AAV in den Zellkern der befallenen Zelle, kann sich dort aber nur mithilfe dieses Helfervirus (wie z. B. Adenoviren) sowie Polymerasen dieser befallenen Zellen replizieren. Andernfalls ruht das übertragene AAV-Genom im Zellkern der Wirtszelle, wird jedoch nicht ins Genom der Wirtszelle integriert.

Helferviren gehören zu den DNA-Viren. Die meisten Infektionen verlaufen mild und erfordern keine Therapie oder eine symptomatische Behandlung. Die für die AAV-Replikation erforderlichen Gene dieser Helferviren sind E1A, E1B, E2A, E4 und VA. Die von diesen Viren codierten Proteine entfalten ihre Wirkung auf die AAV-Replikation, indem sie die virale Genexpression regulieren und indem sie die Wirtszelle dazu bringen, in die S-Phase überzugehen.

Material 7 basiert auf:
https://silo.tips/download/die-funktion-der-viralen-phospholipase-a-2-whrend-der-infektion-des-adeno-assozi
https://edoc.ub.uni-muenchen.de/15723/1/Koch_Susanne.pdf
https://edoc.ub.uni-muenchen.de/8856/1/Herold_Tobias.pdf
http://archiv.ub.uni-marburg.de/diss/z2007/0642/pdf/dop.pdf
https://refubium.fu-berlin.de/bitstream/handle/fub188/7311/Endfassung1_%2BFormatierung_-LL.?sequence=1&isAllowed=y
https://europepmc.org/article/med/10982365
http://archiv.ub.uni-heidelberg.de/volltextserver/4439/1/Doktorarbeit_gesamt.pdf

Material 8

AAV-Genomaufbau

Das AAV-Genom enthält zwei Gene, das Replikations- (Rep)-Gen und das Capsid (Cap)-Gen. Das Rep-Gen codiert (u. a. durch alternatives Spleißen) mehrere Proteine, die die Replikation regulieren. Das Cap-Gen codiert Strukturproteine, welche die Hülle des Virus bilden. Diese Hülle ist für die spezifische Bindung an die Oberfläche der Zapfen von zentraler Bedeutung. Es gibt verschiedene Typen von AAV-Viren, die sich u. a. im molekularen Bau der Hülle unterscheiden und entsprechend auf verschiedene Zielzellen spezialisiert sind. Der codierende Bereich wird von zwei nicht-codierenden Sequenzen begrenzt, sogenannten inverted terminal repeats (ITRs). Die ITRs spielen eine entscheidende Rolle bei der Verpackung der AAV-Genome sowie der Replikation.

AAV-Genomaufbau

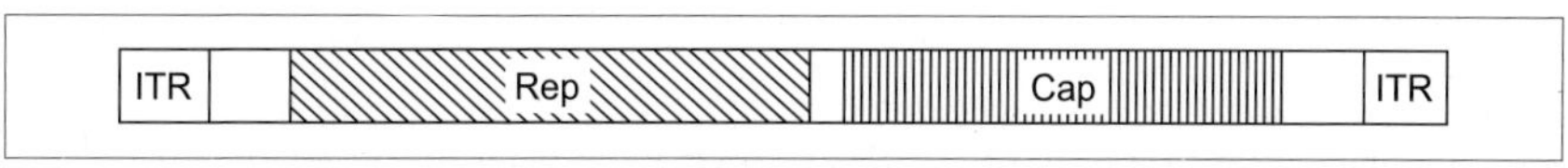

Material 8 basiert auf:
https://refubium.fu-berlin.de/bitstream/handle/fub188/6074/diss_m_a_plauth.pdf
https://edoc.ub.uni-muenchen.de/8856/1/Herold_Tobias.pdf

Material 9

Produktion des viralen Vektors rAAV für eine Genersatztherapie

Bei einer Genersatztherapie wird ein Krankheitszustand dadurch behandelt, dass man einen durch defekte Gene hervorgerufenen Mangel durch das Hinzufügen funktionsfähiger Gene beseitigt. Für die Gentherapie werden rekombinante AAV (rAAV-Vektoren) verwendet, die nicht ins Genom integrieren. Ein anschauliches Beispiel für den Aufbau eines rAAV-Vektorenkonstrukts, welches in der CNGA3-Gentherapie bereits klinisch erfolgreich erprobt worden ist, ist in der Abbildung (siehe Seite 48) dargestellt. Dazu werden neukombinierte Vektorsequenzen, sogenannte Expressionskassetten, verwendet, die eine Expression des CNGA3-Gens unter Kontrolle eines Opsin-Promotors (O. p.) ermöglichen. Diese Expressionskassette kann ausschließlich in Zapfen exprimiert werden.

Um AAV gentherapeutisch nutzbar zu machen, müssen große Mengen an rekombinanten Vektoren produziert werden. Für die Produktion von rAAV-Vektoren werden

HEK-Zellen verwendet. HEK-Zellen sind embryonale Nierenzellen, die DNA-Teile des menschlichen Adenovirus enthalten. In das Chromosom 19 dieser Zellen werden Gene der Helferviren E1A und E1B gentechnisch eingefügt und diese exprimieren kontinuierlich die entsprechenden Proteine.

Bei der Optimierung der Expressionsstärke von Kanalproteinen ist zu beachten, dass prinzipiell zwei Faktoren miteinander konkurrieren: Eine stabile und effiziente Expression des hinzugefügten Gens ist einerseits eine notwendige Voraussetzung für eine erfolgreiche Therapie, andererseits führt eine zu hohe Anzahl von Kationenkanälen auch zum Zelltod. Nur bei einer bestimmten Menge an CNG-Kanälen ist die Fotorezeptorzelle funktionsfähig. Daher ist bei gentherapeutischen Ansätzen die Menge an Plasmiden entscheidend.

Schematische Darstellung der rAAV-Vektorproduktion

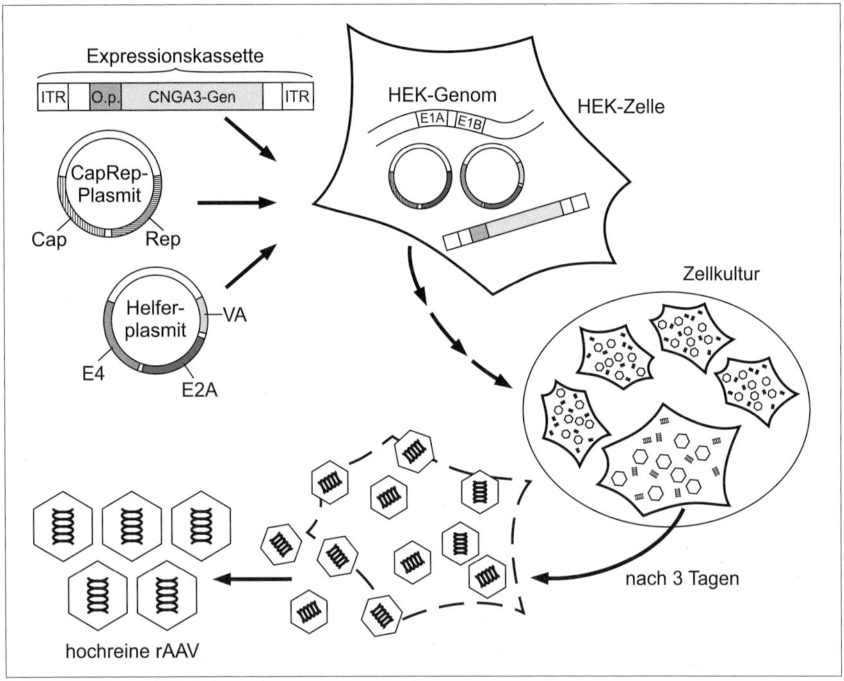

Material 9 basiert auf:
https://www.thieme-connect.com/products/ejournals/pdf/10.1055/s-0034-1368180-pdf
https://flexikon.doccheck.com/de/HEK-Zelle
https://ediss.sub.uni-hamburg.de/frontdoor.php?source_opus=9158&la=de
http://archiv.ub.uni-heidelberg.de/volltextserver/4439/1/Doktorarbeit_gesamt.pdf
https://de.wikipedia.org/wiki/HEK-Zellen
https://www.gesundheitsindustrie-bw.de/fachbeitrag/aktuell/gentherapie-am-auge-erstmals-in-deutschland

https://refubium.fu-berlin.de/bitstream/handle/fub188/6074/diss_m_a_plauth.pdf
https://www.researchgate.net/publication/318238320_Gentherapie_zur_Behandlung_von_Netzhauterkrankungen
https://www.gesundheisindustrie-bw.de/facheitrag/aktuell/gentherapie-am-auge-erstmals-in-deutschland

Material 10

Anwendung am Patienten

Gifte, hydrophile Stoffe, Mikroorganismen und gentherapeutische Vektoren können nicht aus den Blutgefäßen der Netzhaut in das umliegende Gewebe diffundieren, da die Wände der Blutgefäße eine Diffusionsbarriere bilden. Um ihre Zielzellen z. B. in der Netzhaut erreichen zu können, müssen rAAV-Vektoren daher direkt unter die Netzhaut injiziert werden. Unter Narkose werden den Patienten mit einer ultrafeinen Kapillare rAAV unter die Netzhaut injiziert. Diese Injektion führt zu einer kurzzeitigen Ablösung der Netzhaut (siehe auch Abbildung). Im Normalfall reicht eine einmalige Injektion für eine lebenslange Expression des intakten Gens.

In einer Versuchsreihe an Patienten mit Achromatopsie konnte man nach 8 Wochen Erfolge nachweisen. Diese Patienten waren in der Lage, Farben zu sehen. Standardisierte Augen-Untersuchungen verschiedenster Art werden an diesen Patienten regelmäßig zur Diagnostik eingesetzt und sind in der Regel für den Patienten ohne gesundheitliche Beeinträchtigungen. Dieses Verfahren wird zunächst an einem Auge durchgeführt, erst nach einer erfolgreichen ersten Therapie wird diese auch für das zweite Auge in Erwägung gezogen.

Darstellung der Injektion des Gentherapeutikums unter die Netzhaut

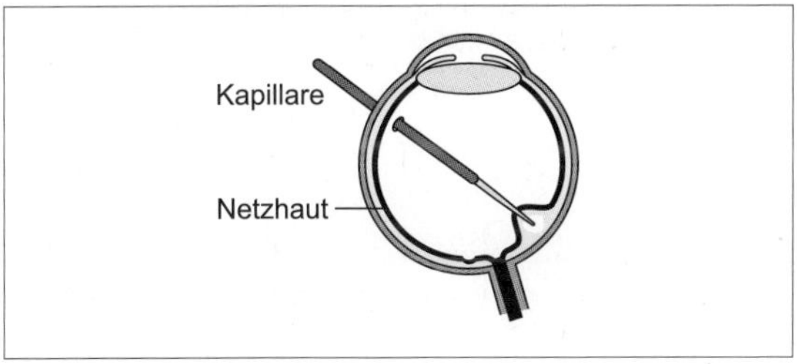

Material 10 basiert auf:
https://www.thieme-connect.com/products/ejournals/pdf/10.1055/s-0034-1368180.pdf

Lösungsvorschläge

In der Aufgabe thematisierte Unterrichtsinhalte sind:

Neuro- und Sinnesphysiologie:
- *Bau, Struktur und Funktion der Retina; Verteilung der Rezeptoren*
- *Ionen- und Transmitterströme bei Dunkelheit in Stäbchen und Zapfen*
- *Lichtreiz und Signaltransduktion in Stäbchen und Zapfen*
- *Bau und Funktion der CNG-Kanäle im Außenglied der Rezeptormembranen*
- *Deutung der bei Achromatopsie auftretenden Befunde bezüglich der Wahrnehmung (Verlust des Farbensehens, verminderte Sehschärfe und Nystagmus)*

Genetik und Gentechnik:
- *Analyse eines Stammbaums auf mögliche Vererbungsmodi der Achromatopsie*
- *Prinzipien der Vermehrung von DNA-Viren*
- *Gentechnische Herstellung von rekombinanten Adeno-assoziierten Viren als Vektoren*
- *Verfahren einer Genersatztherapie inkl. der Abschätzung von Gefahren für die Zielzellen und der Vorteile*

1 *Kompetenzbereiche (siehe S. I f.): F1, E1 und E2*
Die Strukturen der Netzhaut sind entsprechend der Bearbeitung im Unterricht zu benennen.
Weiterhin ist eine Zusammenfassung der wesentlichen Merkmale der Verteilung der Fotorezeptoren gefordert, d. h., sie soll fachsprachlich und in komprimierter Form erfolgen. Erinnern Sie sich an die Leistungen der Augen bzgl. Hell-Dunkel-Sehen, Scharf-Sehen, Farbig- und Schwarz-Weiß-Sehen sowie Sehfeld bzw. Sehwinkel, an den blinden Fleck und die dazugehörigen im Unterricht durchgeführten Experimente, die zur Erschließung der Netzhautfunktion dienten.

Benennung der Netzhautbestandteile:
1 Pigmentzellen
2 Stäbchen
3 Zapfen
4 Horizontalzellen
5 Bipolarzellen
6 Amakrine Zellen
7 Ganglienzellen
8 Sehnerv

Zusammenfassung der wesentlichen Merkmale der Verteilung der Fotorezeptoren:

An den Rändern des Sehfeldes sieht man nur schwarz-weiß und zunehmend weniger scharf. Bei geringer Beleuchtung sieht man auch im Zentrum des Sehfeldes nur schwarz-weiß, aber scharf. Farbig und scharf sieht man Objekte nur, wenn man sie fixiert und sie daher im Zentrum des Sehfeldes abgebildet werden. Daraus folgt:

In der zentralen Sehgrube (gelber Fleck) befinden sich keine Stäbchen, aber die höchste Dichte an Zapfen. Außerhalb der zentralen Sehgrube nimmt die Dichte der Zapfen drastisch ab. Ihre Anzahl in der Peripherie der Retina ist sehr gering.
Die Dichte der Stäbchen ist nahezu überall in der Retina größer als die der Zapfen. Sie ist bei einem Sehwinkel von etwa 15° temporal und etwa 25° nasal am höchsten und nimmt zur Peripherie hin ab. Als blinder Fleck wird die Region der Netzhaut bezeichnet, an der die Nervenfasern das Auge verlassen. Hier kommen keine Rezeptoren vor. Diese Fehlstelle wird durch das binokulare Sehen kompensiert.

2 *Kompetenzbereiche (siehe S. I f.): F2 und E3*
Der Sachverhalt der Signaltransduktion ist in eigenen Worten strukturiert und fachsprachlich wiederzugeben. Dabei sind die Zusammenhänge so darzulegen und zu veranschaulichen, dass sie verständlich werden.
Verknüpfen Sie Ihre Kenntnisse zur Funktion von Sehzellen mit den Informationen der Abbildungen 2.1 und 2.2. Beginnen Sie mit der Situation bei Dunkelheit, benennen Sie dann die Veränderungen im System bei Lichteinfluss und erarbeiten Sie sich die Gesetzmäßigkeiten der Reizaufnahme, der Verstärkung und der Weiterleitung. Denken Sie an Begriffe aus dem Unterricht, wie Photon, Konformationsänderung, sekundärer Botenstoff, Signalkaskade und Dunkelstrom.

Materialbezogene Beschreibung und Erläuterung der Signaltransduktion in einem Stäbchen der Netzhaut von der Absorption des Lichts bis einschließlich der Erregung der Bipolarzellen:
Das Außenglied der Stäbchen enthält Disks, in deren Membran (Diskmembran) der Sehfarbstoff Rhodopsin eingelagert ist. Er ist die lichtabsorbierende Komponente des Systems und besteht aus dem Eiweißkörper Opsin und dem eingelagerten Retinal, welches unbelichtet als 11-cis-Retinal vorliegt und sich bei Belichtung in das all-trans-Retinal umwandelt (Konformationsänderung). Diese Veränderung der räumlichen Struktur des Retinals bei Belichtung aktiviert das Rhodopsin zu Meta-Rhodopsin II, das über das benachbarte, ebenfalls in der Disk-Membran eingelagerte Protein Transducin das Enzym Phosphodiesterase aktiviert. Damit ist die lichtinduzierte Signalkaskade in Gang gesetzt, da die Phosphodiesterase die Umwandlung der im Zellinneren des Stäbchens vorliegenden Moleküle von cyklischem Guanosinmonophosphat (cGMP) zu Guanosinmonophosphat (GMP) katalysiert. In der Dunkelheit, bei ausreichender Konzentration an cGMP, sind die Natrium-Ionenkanäle der Zellmembran der Stäbchen mit diesem besetzt und daher geöffnet. Der permanente Natrium-Ionen-Einstrom führt zu einem konstant niedrigen Membranpotenzial von ca. –30 mV (Dunkelstrom). Bei Belichtung schließen

sich die Natrium-Ionenkanäle, da cGMP mithilfe der Phosphodiesterase in GMP umgewandelt wird und so die Kanäle nicht mehr besetzen kann. Dabei können mithilfe eines Moleküls des Enzyms bis zu 2 000 cGMP zu GMP umgewandelt werden (Signalkaskade). Natrium-Ionen können folglich nicht mehr oder nur vermindert in das Zellinnere eindringen. Die Folge ist ein Absinken des Membranpotenzials auf ca. –70 mV (Hyperpolarisation).

Die Erregungssituation in den Bipolarzellen stellt sich wie folgt dar: Dunkelheit (Membranpotenzial der Sehzelle von ca. –30 mV) bewirkt im synaptischen Endknöpfchen am Innenglied der Sehzelle einen ständigen Ausstrom des Transmitters Glutamat, der aus präsynaptischen Vesikeln in den synaptischen Spalt freigesetzt wird und die glutamatabhängigen Natrium-Ionenkanäle der postsynaptischen Membran der Bipolarzelle besetzt. Die Folge ist, dass die Natrium-Ionenkanäle geschlossen bleiben und das Ruhepotenzial der Bipolarzelle (ca. –70 mV) nicht gestört wird.
Belichtung (Membranpotenzial der Sehzelle –70 mV) bewirkt, dass die Vesikel mit Glutamat im Axonendknöpfchen der Sehzelle nicht mit der präsynaptischen Membran verschmelzen, d. h., es wird kein Transmitter in den synaptischen Spalt ausgeschüttet. Die Natrium-Ionenkanäle der postsynaptischen Membran sind somit geöffnet. Der Natrium-Ionen-Einstrom in die Bipolarzelle führt zur Depolarisation der Membran (ca. –30 mV), die Bipolarzelle ist erregt.

3 *Kompetenzbereiche (siehe S. I f.): E3 und K2*
Beginnen Sie am besten mit der Beschreibung der Bestandteile des CNG-Kanals. Aus dem Unterricht sind Ihnen bereits Beispiele für komplexe Quartärstrukturen von Funktionsproteinen (z. B. Hämoglobin oder Chlorophyll a) vertraut. Erläutern Sie, welche Folgereaktionen die Belichtung eines Zapfens auslöst.

Beschreibung und Erläuterung der Struktur und Funktion des CNG-Kanals der Zapfen bei normalsichtigen Menschen unter Einbeziehung der Abbildung in Material 5:
Ein funktionierender CNG-Kanal besteht aus zwei verschiedenen Untereinheiten, die jeweils doppelt vorhanden sind (je 2 α- und β-Untereinheiten) und die zu einer Quartärstruktur mit der Funktion eines Ionenkanals in der Membran zusammengefügt sind. Die Untereinheiten bestehen aus jeweils 6 membranständigen, vermutlich zu Helices aufgewundenen Proteinsegmenten und zwei endständigen Aminosäureketten, von denen jeweils eine die cGMP-Bindestelle trägt.
Bei Belichtung wird am Ende der Signalkaskade cGMP mittels Phosphodiesterase in GMP überführt und löst sich von der Bindungsstelle am Kanalprotein. Die damit einhergehende Konformationsänderung der Kanalproteine schließt den Ionenkanal in der Membran. Der Natrium-Ionen-Einstrom wird unterbrochen und damit auch die permanente Glutamat-Ausschüttung in den synaptischen Spalt zwischen dem Zapfen und der nachgeschalteten Bipolarzelle. Daraus folgt die Depolarisation der postsynaptischen Membran und eine fortgeleitete Erregung in Richtung Gehirn.

4 *Kompetenzbereiche (siehe S. I f.): E1 und B1*
Ziehen Sie die wesentlichen Informationen über die in Material 4 beschriebene Achromatopsie aus …

- *Material 2 und 3 über den normalen Verlauf der Transduktion bei Zapfen und Stäbchen.*
- *Material 4 über die Beschreibung des Phänomens der Achromatopsie, hier die hohe Lichtempfindlichkeit und das Sehen von Grautönen.*
- *Abb. 4.2 über die experimentellen Messungen an der Zapfen- und Stäbchenmembran bei Normalsichtigen und bei Personen mit Achromatopsie.*
- *Material 5 über die molekulare Struktur normaler und von der Mutation am Gen CNGA3 betroffener Proteine in den Untereinheiten des Ionenkanals.*

Nach der Erschließung der Informationen im naturwissenschaftlichen Zusammenhang sind diese fachsprachlich zu kommunizieren, d. h. in einen Argumentationszusammenhang zu bringen. Beginnen Sie auf der molekularen Ebene des Ionenkanals (Material 5). Definieren Sie für sich, was die Aussage „Die CNG-Kanäle sind hier … empfindlicher für die Bindung von cGMP" bedeutet!

Erklärung des Zusammenhangs zwischen den Mutationen und der Signalverarbeitung einschließlich der Farbwahrnehmung und der Wahrnehmung von Grautönen bei der in Material 4 beschriebenen Form der Achromatopsie unter Einbeziehung von Abb. 4.2:
Die beschriebene Mutation verändert durch den Austausch einer Aminosäure (Punktmutation) die Struktur und damit die Funktion der α-Untereinheiten der Kanalproteine in der Zapfenmembran dahingehend, dass cGMP leichter bzw. fester an die Bindestelle bindet. Diese erhöhte Empfindlichkeit führt zur Besetzung aller Ionenkanäle in der Membran mit cGMP-Molekülen. Daraus folgt, dass die Ionenkanäle dauerhaft geöffnet bleiben und Natrium-Ionen stetig in das Zellinnere diffundieren, woraus die dauerhafte Depolarisation der Membran auf ca. –30 mV und damit die andauernde Ausschüttung des Transmitters Glutamat in den synaptischen Spalt zur Bipolarzelle resultiert. Die Depolarisation der postsynaptischen Membran der Bipolarzelle ist wegen der Besetzung der Ionenkanäle mit Glutamat nicht möglich, da keine Natrium-Ionen einströmen können. Die Weiterleitung einer Erregung zum Gehirn ist folglich auch bei Belichtung nicht möglich.

Anders als die Kanalproteine der Zapfen sind die der Stäbchen von der Mutation nicht betroffen (vgl. Abb. 4.2). Wird Licht von den Stäbchen absorbiert, kommt es hier über die Signalkaskade also zur Abspaltung des cGMP von den Kanalproteinen. Die Kanäle schließen sich und eine Hyperpolarisation ist die Folge, die die Ausschüttung von Glutamat in den synaptischen Spalt hemmt. Die Erregung der Bipolarzelle durch den Natrium-Ionen-Einstrom und die damit einhergehende Depolarisation der postsynaptischen Membran kann hier also erfolgen. Infolgedessen ist die Wahrnehmung von Grautönen problemlos möglich.

5 *Kompetenzbereiche (siehe S. I f.): F2 und K2*
Zwei klinische Befunde im Zusammenhang mit Achromatopsie sind zu erklären, d. h. auf kausale Zusammenhänge zurückzuführen, wobei Material 1 die strukturelle und Material 4 die funktionelle Grundlage auf der zellulären Ebene darstellt. Stellen Sie sich vor: Alle Rezeptoren in der Sehgrube sind funktionslos. Wie kann das kompensiert werden?

Erklärung der bei Achromatopsie zusätzlich auftretenden Symptome der verminderten Sehschärfe und des Nystagmus:
Verminderte Sehschärfe: Der Bereich des schärfsten Sehens befindet sich in der zentralen Sehgrube des Auges, wo die Dichte der Zapfen am größten ist und die Verschaltung der Zapfen 1 : 1 auf die nachfolgenden Ganglienzellen erfolgt. Bei Personen mit Achromatopsie sind die Zapfen jedoch funktionslos oder funktionieren nur eingeschränkt. Damit ist neben der Farbwahrnehmung auch die Sehschärfe der Betroffenen stark beeinträchtigt.

Nystagmus: Das ständige Augenzittern stellt sicher, dass das einfallende Licht auf die Stäbchen in den an die zentrale Sehgrube angrenzenden Bereichen fällt und somit die Fehlfunktion der Zapfen teilweise ausgeglichen wird.

Von den Betroffenen wird ein nicht ganz scharfes Schwarzweißbild wahrgenommen.

6 *Kompetenzbereiche (siehe S. I f.): F1, F2 und E1*
Zunächst sind fachliche Kenntnisse zum Thema Vererbung konzeptbezogen darzustellen. Naturwissenschaftliche Gesetzmäßigkeiten und Regeln zur Beurteilung eines Stammbaums kennen Sie aus dem Unterricht.
Fragen Sie sich:
- *Welche verschiedenen Vererbungsmodi kenne ich aus dem Unterricht?*
- *Anhand welcher Konstellationen im Stammbaum einer Familie kann ich mit Sicherheit einen Vererbungsmodus zuordnen?*
- *Wie kennzeichne ich die Allele des Genotyps in einem Erbgang?*

Unter Umständen ist es hilfreich, für die Bearbeitung zunächst einen Vererbungsmodus anzunehmen und dann zu versuchen, den Personen im Stammbaum die entsprechenden Genotypen zuzuordnen. Treten Widersprüche auf?

Analyse des Stammbaums im Hinblick auf mögliche Vererbungsmodi:
- Die Vererbung der Achromatopsie vom Typ CNGA3 erfolgt rezessiv. Dieses Urteil kann dadurch begründet werden, dass phänotypisch gesunde Eltern (Personen 14 und 15 im Stammbaum) ein erkranktes Kind (Person 25) haben. Bei einem dominanten Gen müsste zumindest ein Elternteil auch Merkmalsträger sein.

- Männer und Frauen sind gleichermaßen betroffen, was gegen eine X-chromosomale Vererbung spricht. Erhärtet wird diese Annahme dadurch, dass aus der Verbindung einer erkrankten Mutter (Person 4) mit einem gesunden Vater (Person 5) unter anderem zwei gesunde Söhne (Personen 16 und 17) und eine merkmalstragende Tochter (Person 12) hervorgehen. Im Falle einer X-chromosomal-rezessiven Vererbung wären alle Söhne dieses Paares betroffen und keine der Töchter.

Die Vererbung der Achromatopsie vom Typ CNGA3 kann also nur **autosomal-rezessiv** erfolgen.

Erläuterung der verwendeten Symbole:
Mutiertes Allel: a

Nicht mutiertes Allel: A

Zuordnung der Genotypen:
4: aa
5: Aa
24: AA oder Aa

7 *Kompetenzbereiche (siehe S. I f.): F1 und K2*
Die Beschreibung erfordert einen Rückgriff auf im Unterricht erarbeitete Prinzipien der Vermehrung von Viren. Beachten Sie, dass Sie nur eine Variante der Virenvermehrung darstellen sollen.

Unterrichtsbezogene Beschreibung eines Prinzips der Vermehrung eines DNA-Virus:

Viren binden nach dem Schlüssel-Schloss-Prinzip an die Oberfläche ihrer Wirtszellen. Einige Viren injizieren ihre DNA in die Wirtszelle, andere schaffen das Einschleusen ihrer Erbinformation durch Verschmelzen der Hülle mit der Zellmembran der Wirtszelle oder mithilfe aktiver Endocytose durch den Wirt.

Im lytischen Zyklus wird die Viren-DNA nach dem Einschleusen mithilfe der DNA-Polymerase der Wirtszelle translatiert und über die entstehende mRNA wird die Biosynthese der Viren-Proteine in Gang gesetzt. Parallel dazu kommt es zur Replikation der Viren-DNA. Die synthetisierten Viren-Proteine und die Viren-DNA setzen sich zu neuen Viren zusammen. Die Wirtszelle platzt schließlich und setzt die Erreger frei, die neue Wirtszellen befallen können.

Oder:
Im lysogenen Zyklus kommt es zuerst zum Einbau der eingeschleusten Viren-DNA in das Genom der Wirtszelle (Prophage). Bei jeder Zellteilung wird das Erbgut des Virus dadurch mit dem Wirtserbgut verdoppelt. Im Verlauf der Infektion kann die Viren-DNA spontan oder durch äußere Einflüsse gesteuert wieder aus dem Genom der Wirtszelle herausgeschnitten werden und den lytischen Zyklus durchlaufen.

8 *Kompetenzbereiche (siehe S. I f.): F1, K2 und K3*
Da eine unterrichtliche Behandlung dieser Genersatztherapie nicht vorausgesetzt werden kann, sind alle fachlichen Kenntnisse aus den Materialien 7, 8 und 9 zu generieren und zu einem naturwissenschaftlichen Modell der Genersatztherapie zusammenzufügen. Zur Erschließung der Zusammenhänge ist es hilfreich, sich an Fragen zu orientieren, die in zwei Gruppen geordnet werden können:

- *Was bedeutet Genersatztherapie? Welches Gen ist bei Achromatopsie defekt? Wie und wo soll es durch ein nicht mutiertes Gen ersetzt werden? Wie bringt man die Zielzelle dazu, dieses rekombinante Gen zu exprimieren?*
- *Welche Rolle spielen die Expressionskassette und deren Gensequenzen sowie das CapRep- und das Helferplasmid bei der Produktion der rekombinanten Adeno-assozierten Viren (Vektoren)? Welche Funktion hat die HEK-Zelle?*

Haben Sie sich die Zusammenhänge erschlossen, sind die Sachverhalte in einem strukturierten Text zu dokumentieren, der diese so veranschaulicht, dass sie verständlich werden.
Beginnen Sie mit der Darstellung der Produktion der rAAV und erläutern Sie danach die Genersatztherapie in der menschlichen Retina.

Beschreibung und Erläuterung des Verfahrens einer Genersatztherapie bei einem Patienten mit Achromatopsie vom CNGA3-Typ:
Produktion der rAAV: Als Expressionskassette bezeichnet man eine mit gentechnischen Verfahren hergestellte rekombinante DNA-Sequenz, die im vorliegenden Fall das nicht mutierte CNGA3-Gen enthält, das für die α-Untereinheiten des CNG-Proteins codiert. Darüber hinaus umfasst sie hier den zapfenspezifischen Opsin-Promotor, der für die Expression des CNG-Gens in den Zielzellen (Zapfen) benötigt wird, sowie die auch im natürlichen Genom der als Vektor dienenden Adeno-assoziierten Viren (AAV) enthaltenen ITR-Sequenzen, da diese eine wichtige Rolle bei der Verpackung der AAV-Genome und bei deren Replikation spielen. Die Expressionskassette ersetzt das Genom der AAV.
Nach der Infektion einer embryonalen Nierenzelle (HEK-Zelle) mit der Replikationskassette und zwei weiteren gentechnisch hergestellten Plasmiden, dem CapRep- und dem Helferplasmid, geht diese in die Zellteilung über. Das CapRep-Plasmid enthält ein Strukturgen, das die Strukturproteine für den Aufbau der Virushülle codiert, und ein Rep-Gen, das die Replikation reguliert. Das Helferplasmid enthält die viralen Gene E4, E2A und VA. Außerdem sind in das Genom der HEK-Zelle die Helferviren-Gene E1A und E1B eingebaut. Somit sind alle Faktoren vorhanden, die die Voraussetzung für die Replikation der Expressionskassette bilden.
Anschließend erfolgt der Zusammenbau der rekombinanten Adeno-assoziierten-Viren (rAAV): Die Virenhüllen zur Verpackung der replizierten DNA-Sequenzen der Expressionskassette entstehen aus den vom Cap-Gen exprimierten Capsid-Proteinen. Die Genprodukte der ITR-Sequenzen sorgen für die Verpackung der rAAV-DNA. Schließlich löst sich die Zellmembran der HEK-Zelle auf und die rAAV werden freigesetzt. Hochreine AAV für den Einsatz am Patienten erhält man durch Aufreinigung, d. h. die Trennung der rAAV von den Zellresten der HEK-Zellen nach der Lyse.

Einsatz der rAAV bei der Genersatztherapie: Zur Genersatztherapie werden die rAAV in die Rezeptorschicht der menschlichen Retina eingebracht (injiziert). Dort binden sie spezifisch an ihre Zielzellen, die Zapfen, und schleusen die genetische Information ein. Anschließend werden die funktionsfähigen α-Untereinheiten des CNG-Kanals mithilfe des zapfenspezifischen Promotors anhand des CNGA3-Gens exprimiert. Die gebildeten α-Untereinheiten werden dann mit den vorliegenden β-Untereinheiten zu funktionsfähigen CNG-Kanälen zusammengefügt und diese in die Zellmembran integriert. Dadurch sind die gentechnisch veränderten Zapfen nun in der Lage, ihre Funktion bei der Signaltransduktion wahrzunehmen, was den behandelten Patienten die Farbwahrnehmung ermöglicht.

9 *Kompetenzbereiche (siehe S. I f.): F2 und E2*
Fachliche Kenntnisse aus den Materialien 5 und 9 sind hier zu vernetzen, um die Frage nach einem möglichen Zelltod sachgerecht zu beurteilen. Führen Sie Ihre Erkenntnisse auf kausale Zusammenhänge zurück, die hier im strukturellen Aufbau des CNG-Kanals liegen. Stellen Sie sich die Frage, ob es wahrscheinlich ist, dass es durch die Therapie zu einer zu großen Menge an funktionsfähigen CNG-Kanälen kommt.

Entwicklung einer Hypothese auf Grundlage von Material 5, die erklärt, dass bei einer Genersatztherapie zur Behandlung der Achromatopsie keine Gefahr des Zelltods besteht:
Bei der oben beschriebenen Genersatztherapie besteht (je nach Dosierung) grundsätzlich die Möglichkeit einer Überexpression des CNGA3-Gens. Diese Überexpression beträfe aber nur die α-Untereinheit der Ionenkanäle. Da der funktionsfähige CNG-Kanal aber aus zahlenmäßig gleichen Mengen an α- und β-Untereinheiten besteht, würde die Verfügbarkeit der β-Untereinheiten eine etwaige Überexpression der α-Untereinheiten kompensieren. D. h., es entstehen nur so viele CNG-Kanäle, wie das Angebot an β-Untereinheiten zulässt. Folglich würde also auch bei einer Überexpression des CNGA3-Gens nur die übliche Menge an CNG-Kanälen gebildet und in die Membran der Außensegmente der Zapfen eingebaut. Die Zapfen wären somit normal funktionsfähig und die Farbwahrnehmung ohne Einschränkung möglich.

Möglicherweise ist eine Überexpression des rekombinierten CNGA3-Gens sogar nötig, da nach wie vor auch das mutierte Gen in den Zapfen exprimiert wird und die beiden unterschiedlichen α-Untereinheiten beim Aufbau von CNG-Kanälen miteinander konkurrieren.

10 *Kompetenzbereich (siehe S. I f.): K2*
Begründen heißt hier, die in der Aufgabenstellung getroffene Aussage argumentativ auf kausale Zusammenhänge zurückzuführen und damit zu belegen. Fragen Sie sich, welche Eigenschaften ein Sinnesorgan, das zudem noch paarig angelegt ist und an der Körperperipherie liegt, für die beschriebenen Therapien besonders geeignet machen.

Begründung der Aussage, dass das Auge ein besonders geeignetes Organ für die Erforschung und die Kontrolle von Genersatztherapien ist:

- Das Auge ist ein relativ kleines, für eine präzise Injektion gut erreichbares Organ.
- Man braucht nur eine kleine Menge viraler Vektoren und benötigt nur eine einzige Injektion. Die rAAV-Vektoren mit der injizierten Lösung verteilen sich hinter der kurzzeitig abgelösten Netzhaut.
- Da es sich beim Auge um ein doppelt angelegtes Organ handelt, können Therapieerfolge gut kontrolliert werden, da man zunächst nur ein Auge behandeln kann und das unbehandelte als Kontrolle zur Verfügung steht.
- Die Messverfahren, mit denen man die Funktion der Augen kontrollieren kann, sind zahlreich, erprobt und wenig aufwendig.
- Die Probanden bzw. die Patienten können direkt in die Diagnosefindung miteinbezogen werden, da sie Veränderungen direkt wahrnehmen und artikulieren können. Dadurch ist man nicht auf biochemische Verfahren angewiesen.

Abiturprüfung 2022
Leistungskurs Biologie (Hessen)

Um Ihnen die Prüfung 2022 schnellstmöglich zur Verfügung stellen zu können, bringen wir sie in digitaler Form heraus.

Sobald die Original-Prüfungsaufgaben 2022 freigegeben sind, können sie als PDF auf der Plattform **MyStark** heruntergeladen werden (Zugangscode vgl. Farbseiten vorne im Buch).

Prüfung 2022

www.stark-verlag.de/mystark

PRÜFUNGS-ANGST

STOPP DIE PANIK

Mit der Fußsohlen-Methode

Prüfungen können Angst- und Fluchtsituationen sein. Dein Körper schüttet Adrenalin aus und dämpft das Gefühl in den Füßen. Z. B. beim Weglaufen ist es gut, wenn man die Füße nicht spürt. Eine Prüfung ist aber **keine Gefahrensituation**. Signalisiere deinem Körper, dass du nicht weglaufen musst, und bring das Gefühl in deine Füße zurück:

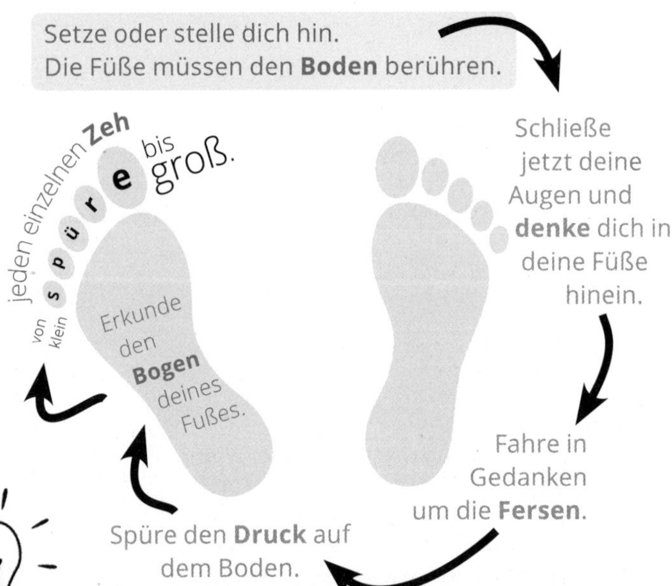

Dein Körper **fühlt** die Füße wieder und denkt, er sei in keiner Panik-Situation, sondern in **Sicherheit**.